Françoise Malby-Anthony
mit Katja

Ein Elefant in meiner Küche

Was mir die Herde über Liebe, Trauer und Lebensmut beibrachte

mvgverlag

Bibliografische Information der Deutschen Nationalbibliothek:
Die Deutsche Nationalbibliothek verzeichnet diese Publikation in der Deutschen Nationalbibliografie; detaillierte bibliografische Daten sind im Internet über http://d-nb.de abrufbar.

Für Fragen und Anregungen:
info@mvg-verlag.de

2. Auflage 2019

Nymphenburger Straße 86
D-80636 München
Tel.: 089 651285-0
Fax: 089 652096

Die englische Originalausgabe erschien 2018 bei Sidgwick & Jackson, einem Imprint von Pan Macmillan, Teil von Macmillan Publishers International Limited, unter dem Titel *An Elephant in My Kitchen*.

Übersetzung: Alfons Winkelmann
Redaktion: Desirée Šimeg
Umschlaggestaltung: Pamela Machleidt
Umschlagabbildung: iStock.com/1001slide
Satz: Daniel Förster, Belgern
Druck: CPI books GmbH, Leck
Printed in Germany

ISBN Print 978-3-7474-0037-1
ISBN E-Book (PDF) 978-3-96121-370-2
ISBN E-Book (EPUB, Mobi) 978-3-96121-371-9

Weitere Informationen zum Verlag finden Sie unter

www.mvg-verlag.de

Beachten Sie auch unsere weiteren Verlage unter www.m-vg.de

Meinen Familien von Thula Thula,
der wilden und der menschlichen,
mit bestem Dank für eure Liebe
und Unterstützung gewidmet.

Und Dank dafür, dass ihr mir die Kraft
verliehen habt, niemals aufzugeben.

INHALT

1 DIE EINZIGEN MAUERN ZWISCHEN MENSCHEN UND ELEFANTEN SIND DIEJENIGEN, DIE WIR SELBST ERRICHTEN

Stürmisches Wetter versetzte unsere Elefanten immer in Unruhe, und dass Winde von Sturmstärke vorhergesagt waren, bedeutete: Es bestand die Gefahr umstürzender Bäume, die den Begrenzungszaun von Thula Thula einreißen konnten. Der Zyklon hatte sich schon seit Tagen angekündigt, und auch wenn wir nach einem sengend heißen Sommer dringend Wasser benötigten, konnten wir ganz gewiss keinen Tropensturm gebrauchen.

Wir sorgten uns um die Herde, aber mein Mann Lawrence und ich vertrauten darauf, dass sie von ihrer neuen Leitkuh Frankie – meiner Namensvetterin – an einen sicheren Ort irgendwo in der Weite unseres Wildtierreservats geführt würde.

Wir hatten die Elefanten schon seit einer Weile nicht mehr in der Nähe des Hauses gesehen und ich vermisste sie. Bei jedem Besuch gingen ihre Rüssel sofort in die Höhe, um unser Haus zu »lesen«. Waren wir überhaupt zu Hause? Wo waren die Hunde? Lag der Hauch einer neuen Bougainvillea in der Luft?

Bijou, meine Malteserpudelhündin und souveräne Prinzessin des Reservats, hasste es, nicht im Mittelpunkt zu stehen, und kläffte sie daher immer empört an. Die erwachsenen Elefanten ignorierten sie, aber die Jungen waren ebenso übermütig wie sie und jagten sie fröhlich den Drahtzaun um unseren Garten entlang – eine schlaksige Bande aus wedelnden Ohren und winzigen pendelnden Rüsseln.

Wie sehr wir ihre Besuche auch zu schätzen wussten, so wussten wir doch genau, dass es nicht gut für sie war, wenn sie sich in der Umgebung von Menschen so wohlfühlten. Das Risiko, dass Wilderer ihr Vertrauen ausnutzten, war zu groß, und daher planten wir, sie langsam von uns zu entwöhnen oder, besser gesagt, uns von ihnen zu entwöhnen.

Lawrence war keineswegs erpicht darauf, seine geliebte Nana aufzugeben, die ursprüngliche Leitkuh der Herde. Das beruhte auf Gegenseitigkeit, denn Nana hatte ihrerseits ebenfalls keinerlei Absicht, ihre Bindung zu ihm aufzugeben.

Sie trafen sich heimlich. Lawrence parkte seinen zerbeulten Landrover immer einen guten halben Kilometer von der Herde entfernt und wartete. Nana fing dann seinen Duft auf, trennte sich leise von den anderen und trottete durch das dichte Buschland zu ihm, den Rüssel hoch erhoben zu einem Gruß voller Entzücken. Er berichtete ihr von seinem Tag und sie berichtete ihm zweifelsohne von ihrem, mit einem sanften, kehligen Kollern und Berührungen mit der Rüsselspitze.

Welch ein Unterschied zu der gequälten Kreatur, die damals, im Jahr 1999, in Thula Thula angekommen war! Wir hatten das Wildtierreservat gerade erst erworben – eine wunderschöne Mischung aus Fluss, Savanne und Wald breitete sich über die welligen Hügel von Zululand, KwaZulu-Natal, aus, das eine Überfülle an Schwarzbüffeln, Hyänen, Giraffen, Zebras, Gnus und Antilopen beherbergte, ebenso Vögel und Schlangen jeder Art, vier Nashörner, einen sehr scheuen Leoparden und drei Krokodile.

Wir waren sehr enttäuscht, als wir im Nachhinein herausfanden, dass der Besitzer die Nashörner verkauft hatte. Damals gab es hier keine Elefanten und sie waren bestimmt nicht Teil unseres Plans. Zumindest noch nicht. Ganz sicher nicht so bald.

Als daher eine Beauftragte einer Tierschutzorganisation uns bat, eine gefährliche Herde von Elefanten aufzunehmen, waren wir entgeistert. Wir wussten nichts über die Haltung von Elefanten und verfügten auch nicht über die erforderliche *Boma* – das sicher umzäunte Gelände innerhalb des Reservats, wo sie bleiben konnten, bis sie sich an ihr neues Leben bei uns gewöhnt hatten.

»Die Frau muss doch wissen, dass wir damit keine Erfahrung haben«, sagte ich zu Lawrence. »Warum wir?«

»Wahrscheinlich, weil sonst niemand blöd genug ist. Aber Frankie, wenn wir Nein sagen, werden sie erschossen, sogar die Babys.«

Ich war entsetzt. »Ruf sie an und sag Ja. Wir kriegen das schon irgendwie hin. Tun wir immer.«

Zwei Wochen später, es war mitten in der Nacht und es regnete sintflutartig, brachten drei riesige Sattelschlepper sie zu uns. Von der vollen Wucht dessen, was da ankam, wurde ich förmlich erschlagen. Zwei erwachsene Kühe mit Nachwuchs, zwei Jungtiere und drei kleine Tiere, keine zehn Jahre alt. Bis dahin verstanden wir genügend von Elefanten, um zu wissen: Wenn es Probleme gäbe, dann mit den älteren Tieren. Lawrence und ich tauschten Blicke. *Lass bloß die* Boma *halten.*

Gerade als die Laster ins Reservat einfuhren, platzte ein Reifen und das Fahrzeug neigte sich gefährlich in den Schlamm. Mir gefror das Herz bei dem erschrockenen Trompeten und Kreischen der Elefanten. Erst in der Morgendämmerung gelang es uns, sie in die Sicherheit der neuen Umzäunung zu befördern.

Doch dort blieben sie nicht sehr lange.

Schon am folgenden Tag entdeckten sie eine Möglichkeit, die brutalen 8000 Volt der elektrischen Umzäunung zu umgehen, indem sie einen neun Meter hohen Tamboti-Baum daraufwarfen. Es gab einen Kurzschluss – und weg waren sie, auf dem Weg nach Norden in ihre ehemalige Heimat. Hunderte von Dörfern sprenkelten die Hügel und Täler rund um unser Wildtierreservat, also war ihr Ausbruch eine Katastrophe von höchstem Ausmaß.

Wir bemühten uns nach Kräften, sie zu finden. Man sollte annehmen, dass es einfach sei, eine Herde Elefanten zu entdecken, aber das ist es nicht! Große und kleine Tiere verstehen es instinktiv, sich im Busch unsichtbar zu machen, und auch diesen Elefanten gelang es. Spurensucher zu Fuß, mit Geländewagen und in Hubschraubern konnten sie nicht finden. Ich konnte einfach nicht untätig herumsitzen, daher sprang ich in meinen kleinen Wagen und raste zusammen mit Penny, unserer stämmigen Bullterrierhündin, als meiner Gehilfin auf der Suche nach ihnen über die unbefestigten Straßen.

»*Sawubona*, hast du sieben Elefanten gesehen?«, fragte ich in meinem besten Zulu jeden, an dem ich vorbeikam. Aber wegen meines französischen Akzents, der ihrer Sprache Gewalt antat, starrten alle die gestikulierende Blondine vor ihnen bloß an und schüttelten höflich den Kopf.

Es dauerte zehn Tage, um die Herde zurück nach Thula Thula zu befördern. Zehn lange, erschöpfende Tage. Wir lebten von Adrenalin und Kaffee und bekamen sehr wenig Schlaf ab. Dass Lawrence es fertigbrachte, dass sie nicht erschossen wurden, grenzte an ein Wunder. Die örtlichen für Wildtiere zuständigen Behörden hatten jedes Recht zu verlangen, dass die Elefanten erlegt wurden. Sie mussten schließlich für die Sicherheit der Menschen sorgen, und abgesehen davon wussten sie nur allzu gut, dass die Wahrscheinlichkeit, die Gruppe zu rehabilitieren, verschwindend gering war. Wir wurden gewarnt, dass die Elefanten, sollten sie wieder entkommen, definitiv erschossen würden.

Der Druck, sie erfolgreich anzusiedeln, war extrem, und mein Leben änderte sich über Nacht. Hatte ich mir bisher Sorgen wegen Kobras oder Skorpionen gemacht, so lag ich nun wach und wartete auf die Rückkehr von Lawrence, vor Angst erstarrt, dass er bei seinem verzweifelten Versuch, die Elefanten dazu zu bringen, ihre neue Heimat zu akzeptieren, zu Tode getrampelt worden war. Nacht für Nacht blieb er so nahe an der *Boma*, wie er es wagte, sang zu ihnen, sprach mit ihnen und erzählte ihnen Geschichten, bis er heiser war. Mit zärtlicher Entschlossenheit und einer ordentlichen Portion Wahnsinn durchbrach Lawrence Nanas entsetzliche Furcht vor Menschen und gewann ihr Vertrauen.

Eines heißen Nachmittags kehrte er nach Hause zurück und schoss buchstäblich die Stufen zu mir herauf. »Du glaubst nicht, was geschehen ist«, sagte er, immer noch von Ehrfurcht ergriffen. »Nana hat ihren Rüssel durch den Zaun gestreckt und meine Hand berührt!«

Vor Schreck bekam ich große Augen. Nana hätte ihren Rüssel auch um seinen Leib schlingen und ihn durch den Zaun reißen können.

»Woher hast du gewusst, dass sie dir nichts tun würde?«

»Weißt du, wie das ist, wenn du jemandes Stimmung spüren kannst, ohne dass ein Wort gefallen wäre? Genau so war das. Sie ist nicht mehr wütend und sie hat keine Angst. Tatsächlich glaube ich, sie hat mir gesagt, dass sie bereit sind, ihr neues Zuhause zu erkunden.«

»Bitte sieh zu, dass du lebend da rauskommst«, bettelte ich.

»Wir sind über das Schlimmste hinweg. Bei Tagesanbruch werde ich die *Boma* öffnen.«

In dieser Nacht saßen Lawrence und ich auf unserer Veranda unter einem sternenübersäten Himmel und stießen Champagnergläser aneinander.

»Auf Nana«, seufzte ich.

»Auf meine Baba.« Lawrence grinste.

In den letzten 13 Jahren war die Herde zu unserer Familie geworden, daher waren wir äußerst besorgt, als die Sturmwarnungen schlimmer wurden und das Risiko, dass uns der Zyklon treffen würde, mit jeder Stunde anstieg.

Lawrence war geschäftlich unterwegs, ich war auf mich allein gestellt. Doch er rief mich unentwegt an. *Wie schlimm ist der Wind inzwischen? Hat es schon angefangen zu regnen? Patrouillieren die Ranger den Zaun entlang?* Einen schlechteren Zeitpunkt für seine Abwesenheit hätte er sich kaum aussuchen können. Zyklone sind in Zululand selten, aber wenn sie zuschlagen, können die Zerstörungen verheerend sein. Hinterher fand ich heraus, dass er unsere Versicherungsgesellschaft in Johannesburg angerufen hatte, um die Deckungssumme für witterungsbedingte Schäden zu verdoppeln. Das zeigt, wie beunruhigt er war. Ich konnte seine Rückkehr kaum erwarten.

Inmitten dieses Chaos, um sieben Uhr früh am Freitag, den 2. März 2012, erhielt ich einen Anruf und man teilte mir mit, dass mein unverwüstlicher Ehemann in der Nacht an einem Herzinfarkt gestorben war. Ich konnte es nicht fassen. Lawrence hatte das kriegsgebeutelte Bagdad überlebt, ebenso wüste Gewalt im Kongo – und jetzt würde ich ihn nicht mehr am Durban International Airport abholen und nach Hause bringen. Wie betäubt vom Schock sank ich aufs Bett.

Alle im Wildreservat verfielen in ungläubiges Schweigen.

»Es war, als hätte jemand den Stecker fürs Leben gezogen«, sagte Mabona, unsere Lodge-Managerin und Gästebetreuerin.

Wie ein Roboter machte ich weiter. Der Sturm wütete nach wie vor, und der KwaZulu-Natal-Notfalldienst hatte uns gewarnt, dass er sich in unsere Richtung bewegte. Ich sorgte dafür, dass den Gästen nichts zustoßen konnte, und wies die Ranger an, das Zeltlager mit zusätzlichen Schnüren und Drähten zu sichern.

Dann schenkte uns Mutter Natur eine unglaubliche Entlastung, denn Zyklon Irena schwenkte aufs Meer ab. Die Krise war vorüber. Wir stießen einen kollektiven Seufzer der Erleichterung aus und bereiteten uns darauf vor, der Trauer ins Gesicht zu sehen.

Wie würde ich auf Thula Thula ohne Lawrence überleben? Es erschien mir und unseren Angestellten als ein Ding der Unmöglichkeit. Viele glaubten, ich würde in meine französische Heimat zurückkehren und dort Zuflucht suchen. Er und ich hatten das Wildtierreservat als unzertrennliches Team geleitet. Lawrence oder *Lolo*, wie ich ihn nannte, hatte sich um alles gekümmert, was mit den Tieren und deren Sicherheit zu tun hatte, und ich war für Gäste, Marketing und Finanzen zuständig. Wir gingen nach dem Prinzip Learning by Doing vor, eigneten uns Dinge an, von denen wir bislang nichts verstanden, und packten einfach den Stier bei den Hörnern, bei jeder Herausforderung, die sich uns in den Weg stellte. Wie zum Beispiel eine Herde emotional geschädigter Elefanten aufzunehmen. Was hatten wir uns dabei bloß gedacht?

Aber uns war es mit Mut und Verrücktheit und unter viel Gelächter gelungen – mehr als gelungen. Wir liebten einander und wir liebten die Oase, die wir im afrikanischen Busch errichtet hatten. Tiere zu schützen, insbesondere Elefanten und Nashörner, war der Mittelpunkt unseres gemeinsamen Lebens.

Und jetzt war von einem Tag auf den anderen mein Partner in allen Lebenslagen verschwunden. Es war einfach undenkbar, und weil er nicht hier gewesen war, als es geschah, fühlte sich sein Tod auch nicht wirklich an. Die Neuigkeit breitete sich wie Buschfeuer aus und E-Mails, Anrufe und Nachrichten strömten aus aller Welt herein. Es war nicht nur meine Trauer, es war die Trauer aller. Dennoch konnte ich es nicht fassen. Immerzu erwartete ich einen Anruf von ihm: *Frankie, ich bin am Flugplatz! Wo bleibst du denn?*

Wie in Trance stolperte ich durch dieses erste Wochenende. Sehr früh am Sonntagmorgen informierte mich ein Anruf, dass die Herde aufgetaucht war und sich in Bewegung gesetzt hatte. »Sie ziehen nach Süden«, ertönte es knisternd im Funkgerät. »Richtung Haupthaus.«

Das war eine Überraschung. Das letzte Mal waren sie während der schlimmsten Sturmwarnungen gesichtet worden, gut zwölf Gehstunden von uns entfernt – und, nicht zu vergessen, das sind zwölf von Mammutmuskeln unterstützte Stunden. Jetzt waren sie nur noch 15 Minuten entfernt. Aber um ehrlich zu sein, ich dachte nicht weiter darüber nach.

Alles verschwamm vor meinen Augen und ich konnte kaum die Energie für die Dinge aufbringen, die ich zu erledigen hatte. Unsere Gäste wussten noch nicht, was geschehen war, und irgendwie musste ich für sie den Betrieb in der Lodge aufrechterhalten.

Promise, ein gut aussehender Ranger, der ebenso geschickt darin war, Cocktails zu mixen, wie darin, ein scheues Tier aufzuspüren, war der Erste, der die Herde zu Gesicht bekam, und wäre fast in sie hineingerauscht. Sie standen unmittelbar vor dem Tor zum Hauptgebäude und Empfangsbereich, sodass er nicht hereinfahren konnte. Sofort fiel ihm etwas Merkwürdiges auf: »Sogar die Bullen sind hier«, berichtete er.

Jungbullen halten sich eher von den anderen fern oder sie bleiben außer Sicht, wenn sie in der Nähe sind. Aber an jenem Morgen drängelten sich sämtliche 21 Mitglieder der Herde am Tor, eindeutig aufgeregt. Das war höchst ungewöhnlich, weil sie bei ihren Besuchen normalerweise total gelassen waren.

Wenn Lawrence nach längerer Abwesenheit zurückkehrte, tauchten sie manchmal auf, streunten herum und grasten geduldig, während sie darauf warteten, dass er herauskam und sie begrüßte. Oder wenn sie ein Baby vorstellen wollten, standen sie, Frieden ausstrahlend, am Zaun und stießen das Neugeborene sanft nach vorn, damit es ihn begrüßte.

Doch der Sonntag nach seinem Tod verlief ganz anders. Sie waren unruhig und tigerten hin und her. Völlig unorganisiert bewegten sie sich zur Front des Hauses, blieben dort ein paar Minuten lang stehen und schoben sich dann wieder zur Rückseite des Hauses – niemals grasend, immer in Bewegung.

»Sie waren beunruhigt, aber ich hatte keine Ahnung, warum. Vielleicht hatten sie eine Begegnung mit Wilderern. Als ich näher herankam, sah ich die verräterischen Streifen von Stress auf ihren Gesichtern, sogar bei den Babys«, sagte Promise hinterher und rieb sich erstaunt die eigenen Wangen.

Die Schläfendrüse eines Elefanten sitzt zwischen seinem Auge und Ohr und sondert Flüssigkeit ab, wenn das Tier unter Stress steht – was den fälschlichen Eindruck erwecken kann, dass es weint. Die Elefanten an unserer Zufahrt weinten nicht, aber die dunklen, feuchten Linien, die ihnen an den gewaltigen Wangen herabliefen, zeigten, dass etwas sie tief berührt hatte. Nach etwa 40 Minuten reihten sie sich an dem Zaun auf, der unser Haus vom Busch trennte, und ihre sanfte Kommunikation setzte ein.

Feierliches Kollern wälzte sich durch die Luft, dieselbe niederfrequente Sprache, die sie bei Lawrence stets benutzten. Mabula, der dominierende Bulle der Herde, bewegte sich mit den anderen auf und ab, nur Nana stand schweigend da, als würde sie darauf warten, dass Lawrence auftauchte, aber auch, als würde sie wissen, dass er nicht käme.

Wir hatten sie seit Monaten nicht gesehen. Warum jetzt? Warum genau an diesem Wochenende? Und warum waren sie so besorgt? Kein wissenschaftliches Buch kann erklären, warum unsere Herde an diesem Wochenende erschien. Für mich hingegen war das völlig klar. Als das Herz meines Ehemanns aufhörte zu schlagen, regte sich etwas in ihren Herzen, und sie legten die vielen, vielen Kilometer an Wildnis zurück, um mit uns zu trauern, um ihm ihren Respekt zu erweisen, genau so, wie sie es taten, wenn einer der ihren gestorben war.

Ich bin als Stadtmädchen aufgewachsen, eine Pariserin durch und durch, die jemandem den schnellsten Weg nach Saint-Germain-des-Prés erklären konnte, jedoch nicht das Geringste über Tiere wusste. In unserer Familie gab es nie Haustiere, obwohl wir einmal eine Schildkröte in unserem Garten hatten. Beim Leben und Arbeiten in einer Stadt, sogar in einer wunderschönen Stadt wie Paris, da bleibt keine Zeit, um die Natur wahrzunehmen, wie man es im Busch tut. Es geht nur um *métro, boulot, dodo* – Metro, Job, Heia –, wie die Franzosen sagen: Das Leben ist eine erbarmungslose Tretmühle aus Pendeln, Arbeiten und Schlafen. Doch sogar während ich die Pariser Tretmühle bediente, wusste ich irgendwo tief in mir stets, dass ich in einem fremden Land enden würde.

Aber am Ende der Welt in Afrika? So fremd nun auch wieder nicht.

Nichtsdestotrotz war ich jetzt am Ende der Welt, allein, und begrub meinen Ehemann. Ich wusste nicht, wo ich anfangen sollte. Ich bat Vusi und Promise, Lawrences Vertraute, zum Haus zu kommen und über das Ausstreuen seiner Asche zu sprechen.

»Wir sollten die Knochen von Mnumzane zum Stausee bringen. Ich möchte, dass Lawrence und er beieinanderliegen«, sagte ich leise.

Der Mkhulu-Stausee war Lawrences Lieblingsort in Thula Thula. Er und Vusi hatten ihn gemeinsam errichtet und dorthin war er immer gegangen, um den Kopf frei zu kriegen und seine Seele zu füllen. Mnumzane war sein liebster junger Elefantenbulle gewesen, der als Teil der ursprünglichen Gruppe zu uns gekommen war; ein verstörter Junge, dessen Mutter und Schwester vor seinen Augen erschossen worden waren. Obwohl er bei seiner Ankunft noch so jung gewesen war, eigentlich erst ein Kind, und noch dazu ein verstörtes, verstand er die Verantwortung, der älteste männliche Elefant zu sein, und als Allererstes jagte er Lawrence, um ihn daran zu hindern, seiner Familie zu nahe zu kommen. Lawrence bewunderte seinen Mumm sehr und taufte ihn daher auf den Namen *Mnumzane* – Zulu für »Sir« – und dies wurde eine seiner Lieblingsgeschichten.

»Er muss total verschreckt gewesen sein«, erzählte Lawrence gern. »Er war gerade 18 Stunden in einem klappernden eisernen Gefängnis auf Rädern gereist, und als er endlich draußen war, war alles fremd. Keine vertrauten Gerüche, kein sicheres Versteck, zu dem er rennen konnte, bloß ein Haufen erschöpfter Menschen, die eine extreme Gefahr für ihn darstellten, aber er scheuchte uns dennoch ganz schön herum. Wenn ich einen Hut aufgehabt hätte, dann hätte ich ihn vor ihm gezogen.«

Einige Monate später wurde Mnumzane von der Herde ausgestoßen. So ziehen Elefanten ihren männlichen Nachwuchs auf: Sie trennen sie und ihren steigenden Testosteronspiegel von ihrem jungen weiblichen Nachwuchs. Das verhindert Inzucht und es stellt sicher, dass die Gene weite Verbreitung finden. In Mnumzanes Fall traf das im Grunde nicht zu, weil er eine Waise war und daher keinerlei Familienbande mit irgendeinem weiblichen Nachkommen hatte, aber im Königreich der Elefanten sind Regeln eben Regeln, und Nana war eine strikte Herrin, die ein Techtelmechtel unter ihren Augen nicht duldete.

Es war herzzerreißend, wie er litt. Er hatte bereits seine Mutter und Schwester verloren und jetzt verlor er seine Ziehmutter und seine Geschwister auch noch. Er fraß kaum etwas und die einzige Möglichkeit, damit er nicht vor Kummer dahinsiechte, war, ihn mit besonderen Leckerbissen aus Alfalfa und dornigen Akazienzweigen zu locken, die er mit demselben Genuss verschlang wie ein menschlicher Teenager seine Burger.

Ich werde niemals den Tag vergessen, an dem Mnumzane beschloss, Lawrence unmissverständlich zu zeigen, was er für ihn empfand. Dieser prächtige, große, vier Tonnen schwere Elefant schlenderte zum Landrover und stellte sich davor, wodurch er ihn am Weiterfahren hinderte.

»Ich fürchtete um mein Leben«, erzählte mir Lawrence später, »aber dann fixierte er mich mit diesen seelenvollen Augen und schwang seinen riesigen Kopf hin und her, als ob er sagen wollte: *Du musst nicht so schreckhaft sein, Alter,* und ich wusste, dass er mir sagte, er sei gern mit mir zusammen.«

»Er sucht einen neuen *Papa*«, neckte ich.

»Wahrscheinlich hast du recht, und das ist etwas, worüber wir nachdenken müssen. Er kommt in das Alter, in dem ihn jemand an die Kandare nehmen muss, der einen härten Stoß verträgt als ich!«

Von da an suchte Mnumzane regelmäßig Lawrence für Plaudereien zwischen Vater und Sohn auf. Ich weiß nicht, wer diese Zusammenkünfte mehr liebte: Lawrence, der stolze Ziehvater, der seinen Sohn beim Aufwachsen beobachtete, oder Mnumzane, der zurückgewiesene Teenager, der unter Lawrences Liebe und Akzeptanz aufblühte.

Daher war es für Lawrence ein so vernichtender Schlag, als dieser sanfte Riese eines Tages gewalttätig wurde. Ohne dass es jemand gewusst hätte, trieb ein rasender Schmerz von einem Abszess Mnumzane in den Wahnsinn, und nachdem er ein Nashorn getötet und einen liegen gebliebenen Geländewagen in einen Schrotthaufen verwandelt hatte, wusste Lawrence, dass die Zeit gekommen war.

Ihn zu erlegen war eine der traumatischsten Entscheidungen, die er jemals treffen musste. Er zog sich in seinem Kummer zurück und ich wusste nicht, wie ich ihn trösten sollte. Er gesellte sich nicht einmal mehr zu den Gästen an der Bar, was er immer gern getan hatte. Oft verschwand er stundenlang und ich wusste, dass er den Ort aufsuchte, an dem sein Junge gestorben war.

Wir unternahmen lange Fahrten in den Busch. Wir saßen am Mkhulu-Stausee und erinnerten uns an all das, was Mnumzane während unseres kurzen Zusammenseins getan hatte.

»Ein verfluchter *Abszess*. Eine Ladung Antibiotika hätte ihm helfen können. Ich hätte es wissen müssen.«

»Hättest du nicht. Nicht einmal du, Lolo«, sagte ich unzählige Male.

Sie waren verwandte Geister, diese beiden – tapfer, unberechenbar, lustig und sanft. Ich wusste aus tiefstem Herzen, dass ihre Wiedervereinigung im Tod genau das war, was Lawrence gewollt hätte.

Nur Erinnerungsfetzen sind von dem Tag verblieben, an dem wir seine Asche verstreuten. Ich erinnere mich an den Konvoi von Autos, der ebenso lang zu sein schien wie die Straße selbst. Ich erinnere mich an die aufgewirbelten Staubwolken, als wir nach Norden fuhren, wo der Stausee lag. Ich erinnere mich, dass wir im Licht eines Halbmonds am Ufer standen. Ich erinnere mich an Anekdoten und Geschichten. Ich erinnere mich an Tränen und Gelächter. Ich erinnere mich an dunkle Wellen auf dem Wasser. Zu dieser Zeit war ich seit 25 Jahren in Südafrika und ich liebte seinen Schmelztiegel aus Traditionen und Kulturen, aber für wenige Augenblicke an diesem Tag verlangte es mich nach der hektischen Vertrautheit von Montparnasse, wo ich in Paris gelebt hatte. Es war das einzige Mal, dass ich mich nach Frankreich sehnte, denn mein Leben fand in Südafrika statt, und wie bei Nana waren meine Familie jetzt die Tiere und Menschen von Thula Thula.

Das Leben im Busch lehrt einen, dass das Leben ein großartiger Zyklus aus Geburt und Tod ist, und nichts zeigte mir das mächtiger als der Augenblick, als Nana etwa um die Zeit des Dahinscheidens von Lawrence ein wunderschönes männliches Elefantenbaby gebar.

Natürlich taufte ich es Lolo.

2 VERLIEBT IN THABO

Ich stand vor dem Ventilator in der Küche, strich mir die Haare aus dem Nacken und versuchte, mich auf das zu konzentrieren, was Winnie sagte. Es war der dritte schwüle Tag mit Temperaturen von 40 Grad und ich war todmüde. Das waren wir alle. Aber die Lodge war voll und wir gaben unser Bestes, um weiterzumachen.

»Ich glaube, Mango- und Avocadosalat wären eine gute Vorspeise bei dieser Hitze«, schlug sie auf ihre sanfte Art vor. Ich nickte unbestimmt. Lawrence hatte Mangos geliebt. Ich sah zu dem Lärm hoch, der aus dem Büro kam. Jemand sendete dieselbe Nachricht immer und immer wieder über den Sprechfunk.

»Elephant Safari Lodge, hört ihr mich?«

Schweigen.

»Vusi? Mabona? Hört ihr mich? *Nikuphi nina?!*«

Der Sprechfunk ist ein entscheidendes Werkzeug zum Überleben im Busch und alle können damit umgehen. Ich wusste nicht genau, wer der Ranger war, aber die Stimme klang panisch. Ich wollte schon antworten, da läutete mein Handy.

»Bist du das am Funkgerät, Promise?«, fragte ich.

»Françoise – Wilderer! Thabo hat eine Kugel abgekriegt!«

Ich packte das Handy fester. Thabo, unser Nashornkalb. »Und Ntombi?«

»Ihr geht's gut, aber sie will uns nicht an ihn ranlassen. Wir können nicht sagen, wie schwer er verwundet ist. Wir brauchen Mike hier, dringend!«

Ich hörte, was er sagte, begriff jedoch nicht so richtig. Die beiden Wochen seit Lawrences Tod waren ein blindes Durcheinander aus Entscheidungen und neuen Situationen gewesen, aber nichts war so erschreckend gewesen wie das hier. Ich setzte mich und kämpfte gegen einen Anfall von Übelkeit an.

»Bist du noch da, Françoise?«

»Ja, ich weiß nur nicht, wie ich an Mike rankommen soll«, erwiderte ich leise.

Lawrence hatte Dr. Mike Toft immer bei tierischen Notfällen hinzugezogen. Er war drei Autostunden entfernt oder 30 Minuten und 30 000 Rand mit dem Hubschrauber. Ich hoffte inständig, dass er nicht mit einem anderen Notfall beschäftigt war.

»Weiß Alyson, was passiert ist?«, fragte ich.

»Sie ist unterwegs.«

»Gut. Wenn jemand an Thabo rankommen kann, dann sie. Bleib bei ihnen und ruf mich an, wenn sich etwas ändert. Ich kümmere mich um Mike.«

Alyson war die »Mama auf Abruf« und erste Pflegekraft für unsere Nashornkälber. Sie vertrauten ihr blind, was jedoch nicht bedeutete, dass sie zulassen würden, nach ihren Verletzungen zu sehen. Verletzte Wildtiere sind unberechenbar und gefährlich, und ich hoffte, sie würde keine Risiken eingehen. Alyson war eine Löwin, wenn es um ihren Verantwortungsbereich ging.

»Wenn Wilderer jemals meinen kleinen Babys etwas antun, jage ich sie und verfüttere sie an die Hyänen«, drohte sie jedes Mal, wenn wir wieder einmal von Wilderern hörten.

Unsere eine Tonne schweren Nashornkälber würde kaum jemand als »kleine Babys« beschreiben, aber ich wusste genau, wie sie fühlte. Ich hatte mich in dem wundervollen Moholoholo Wildlife Rehabilitation Centre in Hoedspruit in Thabo verliebt, da war er gerade erst ein paar Monate alt gewesen. Jetzt war er ein strammer Dreijähriger, aber in meinem Herzen war er nach wie vor dasselbe liebenswerte kleine Kälbchen.

Nashornkälber haben keine Hörner und ihre sanften Gesichter wirken so verletzlich. Und sie sind verletzlich. Ein Nashornjunges kann allein im Busch nicht überleben. Thabo war als verstörtes Neugeborenes aufgefunden worden, dessen Nabelschnur immer noch hinter ihm im Staub hing. Dass er auch nur einen einzigen Tag auf sich allein gestellt überlebt hatte, war ein Wunder, und niemand wusste, was seiner Familie zugestoßen war.

Zum Glück haben diese Winzlinge noch keine Furcht vor dem Menschen entwickelt, was es einfacher macht, ihnen zu helfen, weil sie jedem vertrauen, der sie füttert und tröstet. Sie benötigen eine Rund-um-die-Uhr-Betreuung durch die Pfleger, die nachts bei ihnen schlafen, ihre Launen und den körperlichen Zustand überwachen, sie alle paar Stunden füttern und ihnen den Körperkontakt und all die Liebe schenken, die ihnen seitens ihrer richtigen Mütter fehlen.

Bei meiner ersten Begegnung mit Thabo war er bereits ein zutrauliches kleines Ding mit spitzen Ohren und neugierigen Augen. Ich wurde in seine *Boma* eingeladen und sah ihn mit seiner ersten Mama spielen: Elaine.

»Thabo, komm her und sag ›Guten Tag‹«, rief Elaine.

Baby-Nashörner rennen nicht, sie springen halb, und halb fliegen sie. Er sauste zu ihr hin, liebkoste sie, schaute dann auf und musterte mich.

»*Bonjour*, mein Kleiner.« Ich lächelte.

Als Antwort legte er seine Schnauze an mein Bein. Mein Herz schmolz. Er war so vertrauensvoll und sanft. Da wurde mir bewusst, dass ich, obwohl ich in einem Wildreservat lebte, nur wenig Kontakt mit unseren Tieren hatte. Die geschäftliche Seite von Thula Thula, das Managen der Lodge und der Umgang mit den Gästen waren meine Domäne, hinzu kam die Verwaltung all dessen, was mit unseren Tieren zu tun hatte.

Als wir zum Beispiel Nana und ihre Herde retteten, führte ich die Telefonate, pflügte mich durch Berge von Papierkram und kämpfte mit der wahnsinnigen Logistik, sie zu uns zu bekommen, aber es war Lawrence, der Nacht für Nacht draußen an der *Boma* war und Nana verzweifelt davon überzeugen wollte, dass sie bei uns in Sicherheit war.

In dem Moment, als Thabo mich mit so viel Vertrauen liebkoste, verlangte es mich danach, ihn zu beschützen und mehr für andere Waisen wie ihn zu tun. Ich kitzelte ihm das Gesicht und blickte in seine unschuldigen Augen, und es dämmerte mir, dass Thula Thula der ideale Ort wäre, um genau das zu tun. Ich kehrte nach Hause zurück, übersprudelnd vor neuen Ideen.

»Ich glaube, wir sollten ein Waisenhaus für Tiere bauen«, verkündete ich Lawrence.

»Fantastisch. Gehen wir's an!«

Aber die Rettung junger Tiere ist etwas völlig anderes als die Rettung älterer Tiere. Wir hatten Erfahrung in der Rettung von Elefanten, aber keinerlei Erfahrung in der Rettung verwaister oder verlassener Jungtiere. Unsere Herde hatte Lawrences Anwesenheit und beruhigendes Verhalten gebraucht, um sich einzugewöhnen, aber kleine Waisen benötigen weitaus mehr als Beruhigung. Sie brauchen handfeste Liebe und intensive Pflege – und dafür waren wir noch nicht eingerichtet. Aber der Same war gesät und ich behielt stets im Hinterkopf, dass wir, sobald wir Zeit und Geld hätten, unsere eigene Waisenstation für Wildtiere errichten würden.

Wenige Monate später erhielt ich einen Anruf, der den Ball viel eher als geplant ins Rollen brachte.

»Wir suchen nach einem Zuhause für Thabo«, sagte Moholoholos geschäftsführender Direktor. »Idealerweise ein Reservat, das für ihn sorgen kann, bis er alt genug ist, um in den Busch entlassen zu werden.«

»Wir sind perfekt für ihn!«, sagte ich.

Waren wir nicht. Weit entfernt davon. Aber so ist das Leben eben. Manchmal braucht es einen Schubs, damit Träume wahr werden. Lawrence zuckte nicht einmal mit der Wimper, als ich es ihm mitteilte.

»Wir hatten bloß ein paar Wochen, um uns auf sieben Elefanten vorzubereiten. Sich auf ein Nashornkalb einzurichten ist doch ein Klacks«, sagte er. »Der Zeitpunkt könnte nicht besser sein. In Anbetracht dessen, was Heidi zugestoßen ist, habe ich daran gedacht, weitere Nashörner zu holen.«

Während eines Sturms waren Wilderer in unser Reservat eingedrungen – in dem Wissen, dass der Lärm und der Regen das Geräusch ihrer Schüsse dämpfen und ihre Spuren davonspülen würden – und hatten unser letztes Nashorn getötet. Normalerweise sind wir in Vollmondnächten in höchster Alarmbereitschaft, weil das Mondlicht den Wilderern dabei hilft, sich ohne Taschenlampen zu bewegen, daher erwischte uns der Angriff auf Heidi inmitten eines Sturms eiskalt. Sie hatten sie angeschossen, ohne sie zu töten, was sie jedoch nicht daran gehindert hatte, ihr bei lebendigem Leib das Horn abzuschneiden. Das Entsetzen beim Anblick dessen, was sie ihrem sanften, ausdrucksvollen Gesicht angetan hatten, wird immer in mir lebendig bleiben. Es sorgte auch dafür, dass wir umso entschlossener waren, alles zu tun, um ihre Art zu retten.

Ich reichte Lawrence eine Liste der Dinge, die vorhanden sein mussten, bevor wir die Erlaubnis erhalten konnten, Thabo nach Thula Thula umzusiedeln. Er überflog das Blatt und nickte.

»Ein Klacks«, grinste er.

Etwas übertrieben. Wildtiere von einem Ort zum anderen zu bewegen, unterliegt einer strengen Kontrolle und erfordert sowohl eine spezielle Erlaubnis als auch ein gefülltes Bankkonto. Wir hatten weder das eine noch das andere. Aber das Unmögliche hatte uns noch nie abgeschreckt.

»Ich kümmere mich um die Erlaubnis. Du tust, was du kannst, um Geld zu sammeln«, sagte Lawrence.

Binnen einer Woche erhielten wir die Erlaubnis und hatten 100 000 Rand für Thabos Transport gesammelt. Der größte Teil der Summe stammte von Freunden und Gästen, die uns kannten und helfen wollten, Thabo in seine neue Heimat zu verfrachten.

Die nächste Hürde war ein Besuch seitens der Wildtierinspektoren. Eine Stunde vor ihrer Ankunft war ich ein Nervenbündel.

»Haben wir alles erledigt, wonach sie gefragt haben?«, fragte ich Lawrence.

»Beruhige dich, Frankie. Sie haben uns das Okay für unsere Elefanten gegeben, und sie werden uns auch jetzt keine Abfuhr erteilen.«

Er hatte völlig recht. Die Inspektoren bewilligten Thabos neue Unterkunft und das Freigehege und genehmigten auch die Transportkiste, die wir gemäß ihrer strikten Vorgaben in Durban speziell hatten anfertigen lassen. Die Übergabepapiere kamen noch am selben Tag. Ich war völlig aus dem Häuschen! Nach der ganzen Bürokratie und Warterei kam der kleine Thabo endlich zu uns.

Bis dahin hatte er als Heimat nur Moholoholo gekannt und wir machten uns Sorgen, welchen Effekt die lange Fahrt wohl auf ihn haben würde.

»Elaine wäre die ideale Person, um sich auf der Reise um ihn zu kümmern«, sagte der Direktor des Rehabilitation Centre. »Sie hat ihn gehütet, als er ein Baby war, und er vertraut ihr.«

»Das ist perfekt!«, sagte ich. »Wir übernehmen ihre Kosten.«

»Das ist etwas komplizierter. Ihr Berufspraktikum war vor ein paar Monaten zu Ende und sie ist nach England zurückgekehrt.«

Ich verfiel in Schweigen. Wir hatten nicht genügend Mittel für einen internationalen Flug.

»Ich schreibe ihr trotzdem eine E-Mail«, sagte ich leise.

Elaine reagierte prompt, sie wäre sofort bereit zu helfen. Doch sie hatte ihre Ersparnisse aufgebraucht, um beim ersten Mal an dem Programm teilzunehmen, und konnte sich das Flugticket nicht leisten.

»Ich versuche, jemand anders als Begleiter für Thabo zu finden, aber das ist nicht ideal«, sagte der Manager. »Es ist eine lange Reise für ihn, und das ohne einen Pfleger, den er kennt und dem er vertraut.«

Mit jedem verstreichenden Tag stieg meine Sorge, dass Moholoholo entscheiden würde, Thabo sei zu jung, um eine so stressige Reise mit einem Fremden zu überstehen. Eine Woche verging ohne Neuigkeiten. Ich bereitete mich schon auf das Schlimmste vor.

»Inzwischen haben sie für ihn bestimmt ein anderes Reservat gefunden«, sagte ich zu Lawrence.

»Wie viel Geld haben wir gesammelt?«

»Gerade mal die Hälfte dessen, was wir brauchen.«

Am nächsten Morgen war ich um vier Uhr früh auf den Beinen, rastlos und außerstande zu schlafen, also setzte ich mich mit einem Becher heißen Tee an meinen Computer und sah nach, ob es etwas Neues von Moholoholo gab. Nichts. Ich wusste nicht, ob ich erleichtert oder besorgt sein sollte. Da wurde eine E-Mail von Elaine angezeigt. Ich überflog sie verblüfft. Ihre Großmutter hatte angeboten, ihr den Flug zu bezahlen. Unser kleiner Junge hatte einen Schutzengel, der über ihn wachte! Ich rannte zum Schlafzimmer, um es Lawrence zu verkünden, während mein kleiner Pudel Gypsy um meine Füße herumsprang.

»Sie kommt! Sie kommt!«

Er richtete sich verschlafen auf und sah mich mit trüben Augen an. »Wer?«

Gypsy sprang aufs Bett und leckte ihm das Gesicht. Sie teilte meine Aufregung.

»Elaine! Sie kommt, um bei Thabo zu helfen«, grinste ich. »Sie kann nicht monatelang von zu Hause wegbleiben, aber sie hat gesagt, dass sie so lange bleiben würde, bis er sich eingewöhnt hat.«

Ab ging es nach Moholoholo mit Pieter, unserem Ranger mit dem Babygesicht, der nicht alt genug aussah für einen Führerschein, ganz zu schweigen für die Verantwortung, unser kostbares Nashornkalb zurückzuholen, aber er war der perfekte Mann für diese Aufgabe. Er war eine sanfte Seele und hatte ein natürliches Gespür für Tiere.

Der Plan sah vor, dass er mit mir zusammen mit dem Truck nach Lowveld fahren und dann Elaine und mir dabei helfen sollte, sich auf der 700 Kilometer langen Rückfahrt um Thabo zu kümmern.

Wir trafen an einem Donnerstag spätabends in Moholoholo ein, schliefen sechs Stunden, standen gleich nach Anbruch der Dämmerung auf und begannen mit einem dreitägigen intensiven Crashkurs in Nashornkalb-Pflege. Am Nachmittag holte ich Elaine vom Hoedspruit Airport ab. Sie war eine groß gewachsene dunkelhaarige junge Frau, und trotz der dunklen Ringe unter den Augen nach einer 24-stündigen Reise bestand sie darauf, ich solle sie direkt zu Thabo bringen.

»Ich hoffe, er erinnert sich an mich«, murmelte sie.

Sie schlüpfte in seine *Boma*, während ich an der Umzäunung stand und zusah.

»Thabo! Hallo, mein Junge!«, rief sie.

Sein Kopf fuhr hoch, und er schoss, vor Entzücken quietschend, auf sie zu, wobei die kleinen Beine hämmerten wie Kolben. Er prallte auf sie und warf sie um.

»Thabo, Thabo«, lachte sie. »Du bist größer geworden, du kleiner Strolch. Runter von mir!«

Man sagt, Menschen vergessen ihre erste Liebe niemals. Kleine Nashörner offenbar auch nicht.

Zwei Tage später waren wir bei Tagesanbruch auf den Beinen und traten die lange Heimreise an. Elaine bereitete Thabos Lieblingsmilchmischung vor und gab sie in eine Schüssel in seiner Reisekiste.

Er trottete hinein, ohne sich zu beschweren, und los ging es. Seine erste menschliche Familie winkte uns tränenreich zum Abschied, obwohl sie wusste, dass das seine beste Chance war, ein wahres Busch-Nashorn zu werden. Die Verantwortung dafür, dass aus ihm das echte wilde Tier wurde, als das er geboren war, lag jetzt bei uns.

Ein heftiger Sturm tobte, während wir über die Straße dahinkrochen, kaum imstande, die Fahrbahn vor uns im Regen zu erkennen. Nach vier Stunden hielten wir im Schutz einer Tankstelle an, um Thabo zu füttern. Elaine schüttelte den Kopf, als sie sah, dass der einzige Weg in die Kiste über eine Luke im Dach führte.

»Da werde ich mich nie mehr rausziehen können«, protestierte sie.

»Schon okay. Ich gehe«, bot Pieter an.

»Aber er kennt dich nicht. Was ist, wenn er die Flasche nicht von dir annehmen will?«, fragte sie beunruhigt.

»Du stehst einfach da an den Stäben und sprichst ihm beruhigend zu«, schlug ich vor.

Pieter ließ sich in die Kiste hinab und Elaine reichte ihm Thabos Milchflasche. Nahrung war Nahrung für dieses Nashornkalb und er saugte die Flasche leer und stieß dann mit dem Kopf gegen Pieters Bein, weil er mehr haben wollte.

»Seht ihn euch bloß an. Er ist nicht im Geringsten verstört«, sagte Elaine stolz.

Kurz vor der zweiten Fütterung riss eine heftige Sturmbö das Segeltuch von Thabos Kiste. Sobald wir eine sichere Abzweigung entdeckt hatten, hielten wir an und rannten zum hinteren Teil des Fahrzeugs, um zu sehen, wie es ihm ging. Er sah uns verwirrt an. *Was soll die Aufregung?* Er war ein so tapferer kleiner Soldat.

Jedes Mal, wenn wir zum Tanken anhielten, zog Thabo eine Menschenmenge an. Die Leute erwarten für gewöhnlich ein tiefes Grollen von einem Tier seiner Größe, keine Laute wie von einem Spielzeug, und sie waren dementsprechend verblüfft, als sie sahen, dass die Laute nicht von einem Welpen oder Ferkel stammten, sondern von einem ziemlich großen Nashornkalb.

Der Regen wurde so schlimm, dass es gefährlich wurde, den Schlaglöchern und Baustellen auszuweichen, also stellten wir das Navi so ein, dass es uns über einen anderen Weg führen sollte. Ein großer Fehler. 200 Kilometer später erkannten wir, dass die Route durch Swasiland führte. Kein Problem für uns, aber ein großes Problem für Thabo, denn wir hatten für ihn keinen Wildtierpass, der es einer gefährdeten Art erlaubt, das Land zu verlassen.

»Aber wir wollen doch nur durchfahren«, bettelte ich am Zoll.

»Keine Erlaubnis, keine Einfahrt.«

Bürokratie ist Bürokratie. Uns blieb keine andere Wahl, als umzukehren. 16 erschöpfende Stunden später trafen wir in Thula Thula ein. Ein Willkommenskomitee aus Rangern, neugierigen Gästen und einem sehr besorgten Lawrence begrüßte uns. Ich fiel ihm in die Arme.

»Wir haben's geschafft.«

Er drückte mich fest an sich. »Gut gemacht. Ich habe gewusst, dass du es schaffen würdest.«

Die nächste Herausforderung bestand darin, Thabo aus seiner Kiste zu bekommen. Er stand mit dem Hintern zur Tür und machte keinerlei Anstalten, sich umzudrehen oder gar rückwärts zu gehen. Nahrung war auch diesmal unsere Rettung: Elaine schüttelte eine weitere Flasche und lockte ihn damit die Rampe hinab.

»Essenszeit«, schmeichelte sie ihm. »Komm her und sieh dir dein neues Zuhause an.«

Er folgte seiner Flasche aus der Kiste hinaus und starrte benommen die Menge lächelnder, aber unvertrauter Gesichter um sich herum an. Elaine kniete sich neben ihn und stopfte ihm den Leckerbissen in den Mund. Er schloss die Augen und trank.

Mir rollten Tränen der Müdigkeit und Erleichterung die Wangen herab. Unser erstes gerettetes Kalb war zu Hause.

Genau diesen Augenblick wählte Thabo, um seine Benommenheit abzuschütteln und davonzurennen, direkt auf das gefährliche hohe Ufer des Nseleni-Flusses zu. Elaine schoss ihm nach.

»Thabo, nein!«, schrie sie.

»Halt ihn auf!«, kreischte ich.

Pieter und ein zweiter Ranger sprinteten ihnen nach. Das Großartige an südafrikanischen Männern ist, dass sie Ahnung vom Rugby-Tackle haben. Sie hatten ihn fast eingefangen, aber Thabo war ebenfalls Südafrikaner und hatte Lust auf ein Spiel mit den Jungs, denn er wand sich aus ihrem Griff und schleifte sie durch den Matsch hinter sich her. Elaine schoss los, um seine Flasche zu holen.

»Thabo, schau mal, was ich hier habe …!«, rief sie und schwenkte sie in der Luft.

Er erstarrte buchstäblich, ließ die Ranger im Matsch liegen, trabte zu ihr zurück und folgte glücklich seiner Flasche zu seinem neuen Schlafquartier, einem Raum, der an das Konferenzzentrum der Lodge angebaut worden war.

Ein junges Kalb muss von seinem Pfleger auch nachts gefüttert und besänftigt werden, also hatte ich dafür gesorgt, dass sie sich den Raum teilen konnten. Für ihn lagen weiche Decken auf dem Fußboden und für Elaine gab es ein bequemes Bett mit denselben weißen Baumwolllaken, wie sie auch unsere Gäste benutzten. Nicht sehr clever von mir. Ich musste noch so viel über die Pflege von Nashornbabys lernen.

In der ersten Nacht waren Thabo und Elaine so erschöpft, dass sie sofort einschliefen. Das war ein gutes Zeichen, und von da an war er ein glücklicher kleiner Camper, solange Elaine in der Nähe war. Sie wusste aus Erfahrung, dass er immer um fünf Uhr morgens aufwachte, und er war so zuverlässig, dass sie niemals den Wecker stellte. Wenn sie nicht aufwachte, quietschte er so lange, bis sie es tat. Wenn sie vorgab zu schlafen, stieß er sie mit der Schnauze an, und wenn das nicht half, setzte er die Vorderbeine aufs Bett und legte ihr den Kopf auf den Bauch.

»Es geht doch nichts über einen schweren Nashornkopf, der einen aus dem Bett holt«, grinste sie. »Und er weiß ganz genau, dass mich das aufspringen lässt.«

An einem besonders kühlen Morgen war Elaine noch immer in ihre Bettdecke eingekuschelt, doch Thabo fand wohl, dass es nun reichte. Seine Mama war genau hier vor seiner Nase, warum also wurde er nicht geknuddelt? Er hievte sich zu ihr aufs Bett. Elaine erwachte schlagartig durch das zusammenkrachende Bett und ein sehr glückliches kleines Nashorn, das sein Gesicht an ihres drückte. Er schmiegte sich eng an sie und erlaubte ihr einmal wenigstens, etwas länger zu schlafen.

Elaine schlief nach diesem Ereignis auf einer Matratze auf dem Fußboden, obwohl sie wusste, dass durchgehender Schlaf von nun an ein Ding der Unmöglichkeit sein würde. Die meisten Nächte kämpften sie um Platz auf der Matratze und um die Decken, und schließlich ersetzte ich ihre weißen Baumwolllaken durch weniger schmutzempfindliche.

Thabos Pflege war besser als regelmäßiges Fitnesstraining. Während er gefüttert wurde, hasste er alles, was sich bewegte, sogar einen zuckenden Zeh, und Elaine erlernte bald ein perfektes Manöver, auf den Tisch zu springen, um ihm aus dem Weg zu gehen. 200 Kilo verärgertes Nashornkalb haben es nämlich echt in sich! Die einzige Möglichkeit, ihm etwas von seiner überschüssigen Kleinkindenergie zu nehmen, bestand darin, mit ihm loszuziehen. Er trottete wie ein Welpe hinter ihr her, und jedes Mal, wenn sie an einer Baumgruppe vorüberkamen, rannte er auf den nächsten Baum zu und versteckte sich dahinter. *Ich kann dich nicht sehen, also kannst du mich auch nicht sehen.* Natürlich »übersah« Elaine den gewaltigen Hintern, der hinter dem Baum hervorragte, und spielte mit.

Thabos absoluter Lieblingsort – abgesehen von der Matratze – war seine Suhle. In der einen Minute graste er friedlich, in der nächsten schoss er über das Gehege, warf sich in den Schlamm und trat um sich, um den Schlamm aufzuwühlen. Je matschiger, desto besser! Dann krabbelte er hoch, kniete nieder, spritzte und sprang umher und sah uns glücklich aus seinen schlammbespritzten Augen an. Man musste kein Tierexperte sein, um zu wissen, dass dieser Nashornjunge Schlamm liebte – was wir unterstützten, weil Schlamm essenziell für die Gesundheit dieser Tiere ist. Er ist ein natürlicher Sonnenschutz, verhindert, dass es ihnen zu heiß wird, und schützt vor Insektenbissen.

Wie Menschenkinder tat Thabo das Gegenteil dessen, was Elaine von ihm wollte, und zur Veranda der Lodge hinaufzugehen und die Gäste beim Frühstück zu begrüßen, war eines ihrer striktesten Verbote. Ein Stoß mit seinem tollpatschigen Rumpf, und ein Tisch läge auf der Seite und Rührei und Toast wären überall verteilt.

An den meisten Morgen schlenderten die beiden ohne Probleme an der Veranda vorbei, aber wenn er die Ohren aufrichtete und sich in den Beinen anspannte, wusste Elaine, dass sich in »Thabo-Land« etwas zusammenbraute.

»Denk nicht mal dran!«, warnte sie ihn dann.

Er tat so, als würde er sich vorbildlich benehmen, und ignorierte die Verandastufen, aber sie merkte, dass sich seine Ohren drehten wie Minisatellitenschüsseln, und sprang vor ihn, um ihn abzulenken. Er flüchtete in eine Kehrtwende und jagte die Stufen hinauf. Es war zu spät, um ihn aufzuhalten. Mit einem wild entschlossenen kleinen Nashorn in vollem Lauf kann man nicht mithalten.

Beim letzten Mal duckte er sich hinter ihr weg, preschte die Verandastufen hinauf und versuchte, sein Spiegelbild in den Glastüren mit dem Kopf zu rammen, die daraufhin in Millionen Teilchen zersplitterten. Zerlegte Stühle und Tische waren das eine, aber zerbrochenes Glas war zu gefährlich. Von diesem Tag an wurde ein Tor hochgezogen und beendete seine Eskapaden auf die Veranda.

»Ich glaube, er langweilt sich«, sagte Elaine. »Er braucht einen Spielkameraden.«

Im Busch gibt es aber keinen Datingservice, daher waren wir entzückt, als das Moholoholo Rehabilitation Centre mitteilte, es habe eine Waise, die ein neues Zuhause suchte.

»Sie sind etwa gleichaltrig, also sollte es leicht sein, sie miteinander bekannt zu machen. Noch ist sie nicht ganz bereit für die Entlassung, aber wenn alles gut geht, können wir sie gegen Jahresende umsiedeln«, versprach der Direktor.

Meine romantische französische Seite drehte förmlich durch. Ich sah, wie Thabo sich verliebte. Ich sah Babys. Ich würde eine Nashorn-Oma werden!

Weihnachten 2012 erhielt Thabo das beste Geschenk seines Lebens – die kleine Ntombi. Alyson, ihre Hauptpflegerin, wollte ihren jungen Schützling nicht alleine lassen, also packte sie ihre Taschen und kam kurzerhand mit. Thabo bekam also zu Weihnachten nicht nur eine neue Freundin, sondern auch eine neue

Mama. Sie übernahm Elaines Aufgaben, da diese nach England zurückgekehrt war.

Ntombi war ein Opfer von Wilderei geworden, als sie gerade erst fünf Monate alt war. Ihre Mutter war im Kruger-Nationalpark abgeschlachtet worden und das arme kleine Ding hatte alles mitbekommen. Ich hasse den Gedanken an die entsetzlichen Erinnerungen, die sie mit sich herumtragen muss. Bei ihrer Ankunft in Moholoholo war sie starr vor Angst vor den Menschen, die eigentlich versuchten, ihr das Leben zu retten, und griff jeden an, der ihr zu nahe kam. Sie war so aggressiv, dass sie durch Lücken in der Umfriedung gefüttert werden musste, aber mit Liebe und Geduld lernte sie langsam, ihrer neuen zweibeinigen Familie zu vertrauen.

Deswegen sind Pflegezentren so wichtig. Sie sind ein sicherer Hafen, wo gequälte und verletzte Tierwaisen das Trauma der Wilderei überwinden und zu ausgeglichenen Nashörnern heranwachsen können.

An dem Tag, als Ntombi nach Thula Thula kam, brachten wir sie in eine Umfriedung gleich neben Thabo, nur ein starker Lattenzaun trennte sie. Mit angehaltenem Atem beobachtete ich, wie er wohl reagierte. Er ignorierte sie! *Monsieur* graste weiter, wälzte sich im Schlamm und nieste und ignorierte völlig die junge *Demoiselle* gleich nebenan. Mein Traum von der Kuppelei war wohl ausgeträumt.

Aber er gab sich nicht sehr lange als der harte Typ, vielleicht überwältigte ihn auch die Neugier, denn er schlenderte zu ihrer *Boma* und musterte sie mit großem Interesse.

»Los, mein Junge«, drängelte ich. »Fang mit einem kleinen ›Hallo‹ an.«

Ntombi beäugte ihn ein paar Sekunden lang und kehrte ihm dann den Rücken zu. Sie zeigte ihm eindeutig die kalte Schulter. Bezaubert trottete Thabo am Zaun entlang und legte das

Gesicht dagegen. Ntombi betrachtete ihn über die Schulter und fraß weiter. Nach ein paar koketten Blicken gab sie aber doch nach und flitzte zu ihm. Er steckte die Nase zwischen die Latten. Sie ging direkt zu ihm und rieb ihm die Schnauze.

»Sie küssen sich!« Ich lachte triumphierend.

3 WILDEREI IST KRIEG

Über die Jahre waren Thabo und Ntombi ein unzertrennliches Paar geworden, daher war ich nicht im Geringsten überrascht, als Promise mir mitteilte, dass Ntombi niemanden an Thabo heranließ. Sie wusste, dass er verletzt war, und beschützte ihn.

»Wie soll der Tierarzt seine Schussverletzungen behandeln, wenn sie jeden davonjagt?«, fragte ich Alyson und Promise.

»Vielleicht muss er sie beide betäuben«, erwiderte Alyson. »Das wirst du mit Mike entscheiden müssen, wenn er hier ist.«

Lawrence hatte sich immer um tierische Notfälle gekümmert, ich hatte keine Ahnung, was ich tun sollte. Ich warf einen Blick auf mein Handy. Immer noch kein Anruf von Mike. In ein paar Stunden wurde es dunkel und für einen Behandlungsversuch wäre es dann zu spät. Ich war schockiert, dass die Wilderer die Frechheit besaßen, im hellen Tageslicht unseren Elektrozaun zu zerstören. Seitdem Thabo und Ntombi alt genug waren, um die Sicherheit des Waisengeheges zu verlassen und freie Nashörner im Reservat zu sein, waren sie von bewaffneten Wächtern beschützt worden. Vielleicht wussten die Wilderer, dass Lawrence gerade gestorben war, und vermuteten, dass die Überwachung gestrichen wurde? Ich fühlte mich hilflos und total fehl am Platz.

»Bring mich bitte zu Thabo. Ich möchte ihn sehen«, sagte ich zu Promise.

»Keine gute Idee, Françoise. Ntombi steht zu sehr unter Stress und ein weiteres Fahrzeug wird die Sache nur noch schlimmer machen«, warnte er. »Alyson gibt ihr Bestes, um sie aus der Sicherheit des Geländewagens zu beruhigen.«

»Wie geht es ihm? Kannst du erkennen, wie schwer seine Verletzung ist?«

»Da ist viel Blut, aber Ntombi lässt uns nach wie vor nicht nahe heran, nicht einmal Alyson. Das Problem ist, dass die verdammten Hyänen das Blut gerochen haben und ihm zusetzen … Hier, sprich mit Alyson«, sagte er und reichte ihr das Handy.

Sie klang ziemlich aufgewühlt. »Ich hätte sie nicht verlassen sollen.«

»Ihr Schutz ist nicht deine Aufgabe und du kannst sowieso nicht die ganze Zeit über bei ihnen sein«, sagte ich bestimmt. »Wilderer scheren sich einen Dreck darum und wenn sie sich von den Wächtern nicht abschrecken lassen, dann wäre es ihnen auch egal gewesen, ob du da gewesen wärst oder nicht.«

»Ich hätte wachsamer sein sollen«, quälte sie sich. »Kurz bevor ich gegangen bin, haben sie beide aufgehört zu fressen und in die Ferne geschaut, als ob sie etwas gehört hätten. Ich wette, dass diese Bastarde bereits dort waren und uns beobachtet haben. Wie konnte mir das nur entgehen?«

»Zwei bewaffnete Männer haben sich um sie gekümmert«, wiederholte ich. »Wenn sie den Angriff nicht unterbinden konnten, wäre es dir auch nicht gelungen. Wie geht's ihm?«

Ihre Stimme brach. »Steht einfach bloß da, rührt sich nicht. Verwirrt und unter Schock.«

»Lass uns auflegen, falls Mike versucht durchzukommen. Ich rufe dich an, sobald ich etwas von ihm gehört habe.«

Verzweifelt sank ich in meinen Sessel zurück. Thabo und Ntombi hatten sich, auf sich allein gestellt, so gut entwickelt. Vor einem Jahr hatten Alyson und die Ranger mit dem langen Prozess angefangen, sie mit dem Busch vertraut zu machen. Sie nahmen sie zu Tagesausflügen mit, um sie zu lehren, wo die Wasserlöcher waren, und ihnen beim Erkennen der Düfte des Buschs, der Vegetation und der Tiere zu helfen, denen sie begegnen würden. Jeden Abend wurden sie in die Sicherheit der *Boma* zurückgebracht, bis sie eines Abends nicht mehr zurückkehren wollten. Herzzerreißend für uns, aber wir wussten, dass es ein gesundes Anzeichen und somit an der Zeit war, sie frei umherstreifen zu lassen. Alyson verbrachte nach wie vor viel Zeit bei ihnen im Busch, um sich zu vergewissern, dass alles in Ordnung war, und mich schauderte angesichts der Gefahr, in der sie sich befunden hatte.

Ich ging im Zimmer auf und ab. Wie sollte ich das Honorar für den Tierarzt aufbringen? Was wäre, wenn Thabo sterben würde? Zuerst Lawrence, jetzt Thabo. Für gewöhnlich halte ich mich gut in einer Krise, aber ich konnte einfach nicht klar denken und ich konnte nach wie vor nicht verwinden, dass bewaffnete Männer ins Reservat eingedrungen waren, um Thabo und Ntombi zu töten. Erst viel später begriff ich, wie naiv das war. Man kann nicht jede Minute des Tages einen 45 Kilometer langen Zaun überwachen. Als Lawrence noch lebte, hatte die Sicherheit einen guten Teil seiner Zeit beansprucht. Er war eng eingebunden in Patrouillen, die Suche nach Schlingfallen und die Zaunüberwachung gewesen und hatte sich um sämtliche Vorfälle mit Wilderern gekümmert. Connie, mein damaliger Sicherheitsmanager, war ein pensionierter Polizist, der ausgezeichnet den Anweisungen hatte folgen können, die Lawrence ihm erteilt hatte, der jedoch dem Druck nicht standhalten konnte, die Sicherheit eigenständig zu koordinieren.

In meinem ganzen Leben hatte ich mich niemals weniger geschützt und sicher gefühlt. Ich wusste nicht, wo ich anfangen sollte, geschweige denn wie ich Connie und seinen Sicherheitsleuten Anweisungen geben sollte, was sie zu tun hatten.

Gypsy, meine Zwergpudelhündin, lag mir zu Füßen, hechelnd in der Hitze. Ich spürte ihre großen schwarzen Augen auf mir und streichelte sie geistesabwesend, während ich auf mein

Handy starrte. Nach wie vor nichts von Mike. Gypsy gab nicht auf. Sie hat so ihre Art, mich anzustarren, ohne einen Laut von sich zu geben. Ich schaute auf und sah ihr in die Augen. Ihre Liebe berührte mich in der Seele. Mein Mädchen wusste, dass etwas nicht stimmte.

»Ach, meine Gypsy«, seufzte ich. »Was machen wir jetzt bloß?«

Sie hatte ihre Stellung als Prinzessin der Lodge übernommen, nachdem Bijou im Jahr 2010 an Altersschwäche gestorben war, aber sie war eine sanfte und bescheidene kleine Pudeldame, eine echte Prinzessin für das Volk. Ich hatte mich in sie verliebt, als sie nichts weiter als ein winziges Fellknäuel mit riesigen schwarzen Knopfaugen gewesen war, das mir folgte, während ich zwischen den Käfigen unseres örtlichen Tierheims umherging. Sie zeigte mir jeden einzelnen Tag ihre Dankbarkeit dafür, dass ich sie ihren Brüdern und Schwestern vorgezogen hatte.

Ich hob sie auf und drückte sie an mich. Sie leckte mir das Gesicht, um mir zu sagen, dass ich nicht allein und sie für mich da war. Ich grub mein Gesicht in ihr Fell und kämpfte gegen die Tränen an. Sie kuschelte sich noch fester an meinen Hals. Ich spürte ihren warmen Atem auf meiner Haut und wünschte mir, ich könnte auf ewig in ihrer süßen Umarmung bleiben. Aber das ging nicht. Es gab ein Tier, das in Schwierigkeiten steckte, und ich konnte mich nicht zurücklehnen und nichts tun.

»Auf geht's«, flüsterte ich und trug sie mit mir ins Büro.

Sie setzte sich auf den Stuhl auf der anderen Seite meines Schreibtischs und hielt ein wachsames Auge auf mich gerichtet, während ich meine Angst um Thabo dadurch dämpfte, dass ich mich beschäftigte.

Meine oberste Priorität war, die Sicherheit zu verstärken, falls die Wilderer zurückkehrten. Ich konnte nicht das Risiko eingehen, unsere vorhandenen Wächter von ihren Patrouillengebieten abzuziehen, also telefonierte ich mit der Sicherheitsfirma, die Lawrence für Notfälle angeheuert hatte, und sie versprachen, am Morgen zwei zusätzliche bewaffnete Männer abzustellen. Auf lange Sicht gesehen waren wir noch nicht sorgenfrei, weil ich nicht genügend Mittel hatte, sie über einen Monat hinaus zu bezahlen, aber es war ein Anfang. Ich würde Thabo und Ntombi beschützen, selbst wenn ich deswegen pleiteging. Unter meinem wachsamen Auge würden sie nicht getötet werden!

Schließlich rief Mike Toft an und teilte mir die schlechte Nachricht mit, dass er mitten in einem anderen Vorfall mit Wilderern steckte und an diesem Tag nicht mehr zu uns kommen konnte. Ich berichtete ihm, dass die Ranger gesehen hatten, wie Thabo ein paar Schritte machte.

»Das sind gute Neuigkeiten. Wenn er läuft, und das offenbar schmerzfrei, dann hat die Kugel wahrscheinlich keinen Knochen beschädigt«, sagte er. »Es geht ihm vermutlich nicht gut, aber es hört sich nicht lebensbedrohlich an. Ich komme gleich morgen früh. Sorgt bis dahin für seine Sicherheit.«

Normalerweise haben unsere Ranger nichts mit Sicherheitsaufgaben am Hut, weswegen wir Wächter beschäftigen, die speziell für diese gefährliche Tätigkeit ausgebildet sind. Aber sie wollten Thabo und Ntombi nicht allein lassen und Teil ihres Schutzteams sein.

»Die Wächter brauchen unsere Unterstützung«, beharrte Vusi.

Auch Alyson wollte unbedingt zu ihnen stoßen, aber ich sorgte mich zu sehr um ihre Sicherheit und redete es ihr aus. Den Wilderern war es nicht gelungen, die Hörner zu erbeuten, wegen derer sie gekommen waren, und ich hatte Angst, dass sie zurückkehren würden.

In jener Nacht tat niemand ein Auge zu. Thabo und Ntombi waren zickig und wollten die Ranger nicht in ihrer Nähe haben, also versuchten die Männer, ihnen Raum zu lassen, während sie gleichzeitig in Sichtweite blieben und über sie wachten. Schließlich legte sich Thabo hin, aber Ntombi hielt weiterhin Wache und verbrachte die meiste Zeit damit, Hyänen davonzujagen. Nashörner sind äußerst kurzsichtig, verfügen jedoch über einen ausgezeichneten Geruchssinn, daher wusste Ntombi lange vor den Rangern, dass diese kleinen, jedoch gefährlichen Räuber hergekommen waren, und war so außer sich – sie schnaubte und kreischte vor Stress –, dass die Männer einschritten und ihr dabei halfen, die Hyänen zu verscheuchen.

Um sechs Uhr morgens trafen zwei ehemalige Soldaten ein, um unsere Sicherheitsmannschaft zu verstärken. Sie schritten kerzengerade umher und ihre rastlosen Augen scannten ständig die Umgebung. Welche Erleichterung! Eine Stunde später kam Dr. Mike Toft an. Sogleich betäubte er Thabo mit einem Pfeil, während Alyson und die Ranger Ntombi in sicherer Entfernung hielten.

»Es ist eine Fleischwunde«, verkündete er.

Alyson gab mir über Funk die Neuigkeit durch. »Die Kugel hat den Knochen nur um Millimeter verfehlt.«

Ich werde stets dankbar sein, dass diese Wilderer so schlechte Schützen waren. Aus diesem schrecklichen Überfall erwuchs jedoch auch etwas Gutes, weil er mich dazu anspornte, einen eigenen Nashorn-Fonds ins Leben zu rufen. Mir wurde klar, dass meine Tiere ohne finanzielle Mittel nicht in Sicherheit wären und dass die einzige Möglichkeit, immer ausreichend Geld für den Notfall an der Hand zu haben, unsere eigene Fundraising-Organisation wäre. Geld floss herein – genug, um die zusätzlichen Wächter für mehr als einen Monat zu bezahlen und zusätzliche Waffen und Sicherheitsausrüstung zu erwerben. Ich hasse Waffen, aber Wilderei ist Krieg und die einzige Möglichkeit zu kämpfen besteht darin, auf das Schlimmste vorbereitet zu sein. Und das bedeutet eben, bewaffnet zu sein.

Diese grässlichen 24 Stunden, nachdem Thabo angeschossen worden war, werde ich nie vergessen, aber sie halfen mir dabei, den Sinn meines Lebens ohne Lawrence zu definieren, und mir wurde klar, dass die Verantwortung, Thula Thulas Wildtiere zu schützen, einzig und allein auf meinen Schultern lag.

4 DER MAGISCHE GELDBAUM

Oft schaue ich in den Busch hinaus und kann nicht glauben, wie sehr die Begegnung mit Lawrence mein Leben verändert hat. Ich war 33 Jahre alt und wegen einer Handelsmesse in London. Es war ein eisiger Freitag im Januar, ich stand in der Warteschlange für die Taxis draußen vor dem Cumberland-Hotel und mir lief die Zeit davon. Um zehn Uhr hatte ich einen Termin in der Earls-Court-Arena. Wegen des Winds schlang ich mir das Halstuch um den Hals, vergrub die Hände in meinen Manteltaschen und hoffte auf ein Taxiwunder.

Der Hotelportier tippte mir auf die Schulter.

»Entschuldigen Sie, Ma'am. Würde es Ihnen etwas ausmachen, ein Taxi mit einem Gast zu teilen, der auch zum Earls Court möchte?«, fragte er und zeigte nach hinten auf die Schlange.

Ich sah einen großen Mann mit rotem Haar in weißen Sommerhosen und einer blauen Kunststoffwindjacke. Ich beugte mich vor, um ihn besser in Augenschein nehmen zu können, und schüttelte den Kopf. Mir war nicht nach Touristen zumute.

Der Portier war überrascht von meinen so gar nicht britischen Manieren und setzte beherzt seine Suche nach jemandem fort, der etwas großzügiger wäre. Meine Grobheit blieb nicht ungestraft, denn eine halbe Stunde später stand ich immer noch dort. Schließlich gab ich es auf und kehrte ins Hotel zurück, um mich aufzuwärmen, und verfluchte mein Schicksal, während des schlimmsten Winters seit 50 Jahren in London zu sein. Und wer durchquerte zur gleichen Zeit die Lobby? Der Tourist. Er sah mich amüsiert an. Ich war beschämt und sagte das Erste, was mir durch den Kopf ging.

»Sie sehen wie ein Ausländer aus, der Hilfe braucht. Ich zeige Ihnen, welche U-Bahn Sie nach Earls Court nehmen müssen, wenn Sie möchten. Bei diesem Wetter wird das die schnellste Methode sein, dorthin zu kommen.«

Wenn es ihm komisch vorkam, dass ihn eine Frau, die mit französischem Akzent sprach, einen Ausländer nannte, so verbarg er es gut.

»Gern«, erwiderte er. »Ich muss nur rasch jemanden anrufen.«

Etwas frech, aber ich war ja auch ziemlich grob gewesen, also hielt ich den Mund und war selbst davon überrascht, dass ich einverstanden war zu warten. Schließlich machten wir uns zur U-Bahn-Station Marble Arch auf und kämpften uns die Treppe mit allen anderen hinab, die vom Wetter überrascht worden waren. Ich hatte Sorge, ihn in der Menge zu verlieren, aber seine hellblaue Jacke erwies sich als nützlicher Leuchtturm. Seine südafrikanischen Schultern waren ebenso nützlich, denn er brachte uns durch Drängeln leicht zum richtigen Bahnsteig. Wir fanden sogar einen Sitzplatz. Wie ich herausfand, war er geschäftlich in London und das einzig Touristische an ihm war die Tatsache, dass er tags zuvor von Florida herübergeflogen war.

»Schlechtes Timing, in diesem Wetter hier einzutreffen«, neckte ich ihn.

»Das können Sie laut sagen. Ich finde es furchtbar. Wo ich herkomme, hat es nie weniger als 15 Grad, nicht mal im Winter!«

Er erklärte, dass er sich mit einem Aussteller wegen eines revolutionären Produkts namens Aquaboy traf, das Menschen vor dem Ertrinken bewahren sollte. Es war von einem Surfer entworfen worden und wurde wie eine Armbanduhr am Handgelenk getragen. Wenn man die Geistesgegenwart besaß, es aufzureißen, während einen eine Drei-Meter-Welle wie eine

Spielzeugpuppe umherwarf, sollte es sich öffnen wie ein Unterwasserfallschirm und einen an die Oberfläche ziehen.

Ich hielt das für eine brillante Idee und erhaschte in diesem Moment den ersten Blick auf den leidenschaftlichen Visionär, der er war. Nur ein verrückter Südafrikaner konnte in ein verschneites London kommen, um ein Surfer-Gadget zu vermarkten.

Er verfiel in Schweigen und ich fand, dass er irgendwie krank wirkte. Ich überlegte, was ihm wohl fehlte, wollte ihn jedoch nicht darauf ansprechen. Also saß ich still neben diesem seltsam gekleideten Mann, der aussah, als wäre er seekrank. Hinterher erklärte er mir, dass er einen fiesen Kater hatte, nachdem ihn ein Comedian in einem Nachtklub ziemlich rundgemacht hatte, weil er Südafrikaner war. Im Jahr 1987 herrschte immer noch Apartheid und weiße Südafrikaner waren im Ausland nicht sonderlich willkommen. Danach sei er fast erfroren bei dem Versuch, ein Taxi zurück zum Hotel aufzutreiben. Kein Wunder, dass er so mitgenommen wirkte.

Ich wusste nichts von seinem Land und war neugierig, mehr zu erfahren, also fragte ich ihn, um das Gespräch in Gang zu halten, ob er Jazz mochte.

»Ja, total!«, erwiderte er ziemlich eifrig für jemanden, der so krank aussah. »Kennen Sie einen Jazzklub hier in London?«

»Ich gehe später mit Freunden in einen. Warum kommen Sie nicht mit?«

Wir trafen uns um neun Uhr an diesem Abend in der Hotellobby. Er trug jetzt Jeans und eine Lederjacke mit Flicken – nicht so recht passend für Ronnie Scott's, aber ich ignorierte meine Alarmglocken hinsichtlich der Mode. Seine Geschichten über das Leben in Südafrika faszinierten mich. Er war der geborene Verkäufer und ich bin mir ziemlich sicher, dass er genau wusste, was er tat, weil sich im eisigen London sein Land wie der Himmel auf Erden anhörte.

Zurück in Paris, fragte ich mich, ob ich ihn je wiedersehen würde, und war ziemlich verblüfft, als er sich für einen Besuch ankündigte. 10 000 Kilometer für ein Date zu fliegen war typisch für ihn – kühn, impulsiv und unaufhaltsam.

Das eisige Wetter, das bei unserer ersten Begegnung London in die Knie gezwungen hatte, war nicht mehr so schlimm, es hatte »gemütliche« null Grad, als er am Flughafen Charles de Gaulle landete.

»Hier ist es eiskalt. Können wir nicht irgendwo hingehen, wo es wärmer ist?«, stöhnte er nach ein paar Tagen.

»Wie wär's mit Venedig? Dort hat momentan es schweißtreibende 13 Grad«, scherzte ich.

»Perfekt. Fahren wir mit dem Zug.«

»Die einzigen durchgehenden Züge sind Nachtzüge und die brauchen ewig. Fliegen ginge viel schneller«, protestierte ich.

»Wo bleibt dein Sinn für Spaß? Bist du je mit einem Nachtzug gereist?«

»Nein, aber …«

»Umso mehr Grund, es mal zu tun! Ist doch egal, ob es ewig dauert. Es wird Spaß machen und wir werden zusammen sein.«

Zwölf Stunden Bahnfahrt anstelle zwei Stunden Flug? Das war nicht gerade meine Vorstellung von Spaß, aber er war so begeistert, dass ich nicht Nein sagen konnte. Und schon saßen wir in einem Taxi, das sich seinen Weg in der Hauptverkehrszeit zur Gare de Lyon bahnte. Am Bahnhof bekam Lawrence die Pariser Art von ihrer schlimmsten Seite zu spüren.

»Hors de question«, fauchte die Frau am Fahrkartenschalter. »Sie sind zu spät. Der Zug ist gerade dabei abzufahren. Sie werden es nie rechtzeitig zum Bahnsteig schaffen.«

»Sag ihr, wir möchten es versuchen«, flüsterte Lawrence.

Ich überredete sie, uns zwei Fahrkarten zu verkaufen. Wir sprinteten zum Bahnsteig 3 und kamen gerade rechtzeitig an, um den Zug abfahren zu sehen. Lawrence jagte ihm nach und wedelte verzweifelt mit den Armen, wahrscheinlich in der Hoffnung, der Lokführer hätte Erbarmen mit zwei hoffnungslos Verliebten, die nach Venedig fahren wollten.

Wir kamen uns so blöd vor und waren enttäuscht, aber wir sahen einander an – außer Atem auf einem verlassenen Bahnsteig – und brachen in schallendes Gelächter aus.

»Gehen wir und lassen wir uns den Preis erstatten«, sagte er.

»Von dieser knurrigen Alten? Das macht die nie!«

»Pass mal auf.«

Nicht nur dass er unser Geld mit seinen zwei Worten Französisch zurückbekam, er entlockte ihr sogar ein Lächeln. Ich sollte bald lernen, dass Lawrence stets das bekam, was er wollte.

Wenige Monate später ging ich an Bord eines Air-France-Flugs nach Südafrika und fand heraus, dass er mir tatsächlich nicht nur etwas hatte verkaufen wollen. Sein Land war in jeder Hinsicht so atemberaubend, wie er es beschrieben hatte, und ich liebte es vom ersten Augenblick an, als sich die heiße, feuchte Luft an meine Wangen schmiegte, nachdem ich das dampfende Rollfeld betreten hatte.

»Wir fahren direkt in den Busch zur Wildtierfarm eines Freundes«, sagte er.

Ich hatte keine Ahnung, was er meinte. »Busch?«

»Ihr Ausländer nennt das ›auf Safari gehen‹«, neckte er.

Wir fuhren durch die üppigen Hügel von Zululand, links eine Zuckerrohrplantage nach der anderen, rechts der wogende Indische Ozean. Schließlich bogen wir von der Küste ab ins Landesinnere, überwanden die chaotischen Straßen von Empangeni und bogen dann auf eine unbefestigte Straße durch ein ländliches Dorf ab, wo barfüßige Kinder, Hunde und Vieh die staubige Fahrbahn mit uns teilten. Es war anders als alles, was ich je zuvor gesehen hatte.

Wir hielten vor den Toren von Windy Ridge an.

»Willkommen in meiner Welt«, sagte Lawrence stolz.

Der Wächter ließ uns ein und Lawrence bestand darauf, dass wir sofort auf eine Wildtier-Beobachtungsfahrt gingen.

»Es ist die beste Zeit des Tages«, versprach er.

Doch mir gefiel das Aussehen des *Bakkie* – des Pick-up-Trucks – nicht, in den ich einsteigen sollte.

»Der soll uns vor wilden Tieren schützen?«, stöhnte ich ungläubig.

»Vertrau mir doch ein bisschen«, lächelte er. »Ich habe das schon Hunderte Male gemacht. Die Tiere sehen in uns Teile des Fahrzeugs und wir werden nicht im Geringsten belästigt.«

»Was ist mit Löwen?«

»Hier gibt es keine. Komm schon, rein mit dir! Es wird dir gefallen.«

Er verströmte so viel Zuversicht, dass ich mich entschied, ihm zu vertrauen. Wir ratterten über einen stark ausgefahrenen Pfad und parkten in der Nähe eines Wasserlochs, als gerade sechs Giraffen eintrafen. Sie waren so groß wie ein zweistöckiges Gebäude und gingen mit den langsamen, schwingenden Schritten von Tänzern dahin.

»Sie sind wunderschön, so anmutig«, murmelte ich.

»Lass dich nicht täuschen. Sie können sehr gewalttätig sein.«

Ich dachte, er würde Witze machen, und lachte.

»Ich meine es todernst. Ihre Hälse sind ihre Waffen – zwei Meter steinharte Muskeln, mit denen sie einander verprügeln.«

Er fügte hinzu, dass eine Herde von Giraffen im Englischen *tower of giraffes*, also ein Turm von Giraffen, genannt wurde. Ich suchte in seinem Gesicht nach verräterischen Anzeichen dafür, dass er mich veräppelte. Aber nein, er meinte es ernst.

Ich hatte nie zuvor wilde Tiere gesehen, nicht einmal in einem Zoo, also war jedes Tier, das ich sah, ein neues Erlebnis für mich. Die ersten Nashörner, die ich jemals zu Gesicht bekam, gab es in Windy Ridge. Vier dieser gewaltigen, prähistorisch anmutenden Tiere grasten etwa zehn Meter von uns entfernt. Sie wirkten ziemlich friedlich, aber ihre Größe und ihre Hörner jagten mir Angst ein.

»Du wirst nie erraten, wie eine Herde von Nashörnern auf Englisch genannt wird«, sagte er.

Ich schüttelte den Kopf.

»Ein *crash of rhinos*«, grinste er.

Crash, also Getöse, Krach, Zusammenstoß. Wenn er geglaubt hatte, das würde meine Nervosität verringern, so sah er sich getäuscht. Ich duckte mich in den *Bakkie*.

»Ich glaube, wir sollten zurück. Sie haben etwas gegen unsere Anwesenheit hier.«

»Unsinn, sieh sie dir an. Sie fressen bloß«, erwiderte er.

»Was ist, wenn sie uns angreifen?«

»Warum sollten sie? Sie haben Besseres zu tun, als uns zu belästigen.«

»Aber ist dieser Truck schneller als sie, sollten sie tatsächlich angreifen?«

Er muss sich in dem Moment gefragt haben, warum in aller Welt er ein Stadtmädchen in ein Wildreservat gebracht hatte. 30 Jahre später weiß ich viel mehr über Nashörner, zum Beispiel dass sie, auch wenn sie unberechenbar sind, für gewöhnlich nur angreifen, wenn sie provoziert werden.

Der größte Unterschied zwischen damals und heute ist die Wilderei. Damals gab es sie so gut wie gar nicht. Es gab keine bewaffneten Wächter, keine GPS-Halsbänder für Nashörner, keine Überwachungsdrohnen, die über Reservate flogen. Der Aufenthalt im Busch war einfacher, primitiver und reiner.

In jenen Tagen wuchs die Nashornpopulation tatsächlich, dank Dr. Ian Player, einem international renommierten Umweltschützer, der uns beiden ein enger Freund und Mentor war. Er war Vorkämpfer der Operation Rhino, einer ambitionierten Initiative, die zum Ziel hatte, in Reservaten das südliche Breitmaulnashorn wieder anzusiedeln, um so den Genpool zu erweitern. Es war ein riesiger Erfolg und holte diese spezielle Nashornart vom Rand des Aussterbens zurück.

Wie würde unser Freund wohl reagieren, wenn er noch am Leben wäre? Er wäre vermutlich am Boden zerstört angesichts dessen, wie die Wilderei die Tiere heutzutage ausrottet. Wenn Nashörner weiter in der gegenwärtigen Rate getötet werden, wird in 20 Jahren kein einziges Tier mehr übrig sein.

Alles war so anders in Südafrika. Die Menschen waren warm und herzlich, im Herbst war das Wetter feucht und dabei war es 30 Grad heiß. Sogar die Luft roch anders! Die schmutzige, smogbelastete Luft von Paris war gefühlt Millionen Kilometer weit weg. Ich war fasziniert. Nicht nur von dem übermenschlich großen Mann, der sich in mein Herz stahl, sondern auch von der afrikanischen Wildnis, die meine Seele aufwühlte.

Lawrence nahm mich auf diese erste Beobachtungsfahrt mit und ich blickte nie mehr zurück.

Ein Jahr nach unserer ersten Begegnung gab ich meinen Job und meine schicke Wohnung in Montparnasse auf und zog nach Südafrika. Ich war damals bei einer Handelskammer in Nordfrankreich tätig, und als Leiterin des internationalen Handels bestand meine Rolle darin, ausländische Investoren anzulocken. Ich reiste viel, traf einflussreiche Führungskräfte und es war mir bisher nie in den Sinn gekommen, etwas anderes zu tun. Unnötig zu sagen, dass mich meine Freunde für völlig verrückt erklärten, weil ich das alles wegwarf, um in ein Land voller Rassisten zu gehen – übrigens eine ziemliche Ironie, dass ausgerechnet Franzosen so etwas sagten.

Natürlich hatte ich noch nicht gesehen, wie das Leben in Südafrika wirklich war. Ich hatte einen wunderbaren, lustigen, verrückten Mann getroffen, der in einem prächtigen Land lebte, und ich wollte bei ihm sein. So einfach war das.

Eines Tages nahm mich Lawrence zum Umdloti Beach an der Nordküste mit. Weicher gelber Sand erstreckte sich kilometerweit, das Meer war so ruhig wie ein Teich und kleine Wellen trafen auf den Strand. Am Eingang stand ein Schild: *Net Blankes – Nur für Weiße.* Stirnrunzelnd blickte ich den Strand entlang.

»Lawrence, warum gibt es hier keine Schwarzen?«

»Das ist die Apartheid.« Er verzog das Gesicht.

Ich wusste von ihrer Existenz, aber sie tatsächlich so in eindeutige Worte gefasst zu sehen, war seltsam. Danach entdeckte ich die Schilder überall: an Bushaltestellen, bei der Post, sogar auf Bänken.

Während meiner Reisen war ich früher schon auf Rassendiskriminierung gestoßen, aber niemals auf diese Art und Weise, und sie kroch in alle möglichen unerwarteten Ecken meines Lebens.

Haushaltsführung war nie meine starke Seite gewesen. Ich hatte stets jemanden zum Putzen gehabt, sogar in Paris. Als Lawrence und ich unsere erste Wohnung bezogen hatten, Jahre bevor wir Thula Thula kauften, engagierte ich rasch eine junge Zulufrau namens Beauty als Hilfe.

»Wo sind meine Teller, Messer und Gabeln?«, fragte sie mich an ihrem ersten Tag.

»Wie bitte?« Ich runzelte die Stirn.

Ich erfuhr, dass schwarze Angestellte Essutensilien niemals mit den weißen Familien teilten, für die sie arbeiteten. Was für ein Schock! Ich zeigte Beauty, wo ich unser Geschirr und das Besteck aufbewahrte.

»Was wir benutzen, benutzt du auch«, sagte ich einfach.

Beauty war oft verwirrt von meinen Speisen, insbesondere wenn ich etwas Französisches zubereitete wie Schnecken in Knoblauchsoße, aber die Zulukultur ist sehr höflich und sie äußerte sich nie zu etwas, das ich für sie zubereitete. Erst Jahre später wurde mir klar, dass unsere Zusammenarbeit für sie ebenso seltsam gewesen sein musste wie für mich.

Meine Angestellten in Thula Thula sind immer besorgt, wenn sie mich in der Küche der Lodge kreativ am Werk sehen.

»Was braust du denn jetzt wieder zusammen?«, beklagt sich Mabona dann.

Sie war eines der ersten Dorfmädchen, die ich damals, im Jahr 2000, beschäftigte, und ist von einem zaghaften Teenager, der etwas lernen wollte, zu einer selbstbewussten jungen Frau erblüht, die mir wie eine Tochter geworden ist und die die Lodge mit Humor und Effizienz führt. Sie ist schön, clever, singt wie ein Engel und zögert nie, mir zu sagen, was sie denkt.

»Pass auf, gleich bist du ein Versuchskaninchen!«, drohe ich dann spielerisch – was genau der Grund ist, weswegen sie sich alle Sorgen machen.

Einmal hatte ich ein Curry aus Krokodilfleisch mit einer dunklen Schokoladensoße zubereitet, und obwohl sie meine Experimente tolerierten, sah ich das blanke Entsetzen in ihren Augen: *Was kocht sie denn jetzt wieder für uns*? Promise und Mabona sind die bei Weitem abenteuerlustigsten Vorkoster und immer bereit, etwas Neues zu probieren, selbst wenn sie nicht identifizieren können, was ich ihnen auf den Teller gelegt habe. Sie sind auch meine weitaus besten Kritiker, weil sie nie Angst haben, mir zu sagen, was sie mögen und was nicht, oder mir Hinweise zu geben, wie ich eine Speise verbessern könnte.

»Erzähl mir etwas über deinen Namen«, bat ich Beauty einmal.

Sie lächelte schüchtern, gab jedoch keine Antwort.

»Gibt es dahinter eine Geschichte?«, drängte ich weiter.

»Mein erster Boss konnte meinen Zulunamen nicht aussprechen.« Sie zuckte die Achseln.

Ich war verblüfft, dass Beauty nicht ihr richtiger Name war.

»Das bedeutet mein Zuluname *Buhle* auf Englisch und Beauty war für diesen Boss eben leichter auszusprechen«, erklärte sie. »Später bin ich einfach dabei geblieben.«

Von diesem Tag an nannte ich sie Buhle und ihre Geschichte war der Anstoß für mich, ein paar Zulustunden zu nehmen. Leider, und ich konnte mich so sehr anstrengen, wie ich wollte, tat mein französischer Akzent dem Zulu Schreckliches an, und alle baten mich, damit aufzuhören.

»Dein Zulu ist *technisch* gut, viel besser als das von Lawrence, aber es schmerzt uns wirklich in den Ohren«, grinste Mabona. »Sprich lieber Englisch mit uns.«

Ich hatte sehr gern in der Pariser Geschäftswelt gearbeitet, und als ich im Jahr 1987 nach Südafrika kam, freute ich mich darauf, etwas Herausforderndes anzugehen. Doch rasch erkannte ich, dass das Geschäftsleben in den Tropen anders war, insbesondere in Durban, wo alle total cool und mehr am Wellengang als am Börsengeschehen interessiert waren. Es war jedoch eine perfekte Umgebung für Kreativität, also entschloss ich mich, mich als Modedesignerin zu versuchen, und sah mich nach einer Schule um, in der ich lernen konnte, Kleider zu entwerfen und zu nähen. Ich fand eine im Zentrum von Durban und fragte die Frau an der Rezeption, ob sie montags für mich einen Kurs hätten.

»Tut mir leid, dieser Tag ist für Inder.«

»Was ist mit Dienstag?«, fragte ich.

»Der ist für Schwarze.« Sie runzelte die Stirn.

»Haben Sie einen Tag für Franzosen?«, fragte ich gereizt und überzeugt davon, dass sie das alles erfunden hatte, weil sie mich nicht wollte.

Letztlich schrieb ich mich an einer Schule ein, die ein Inder leitete und an der ich die einzige Weiße war. Zum Ende des Kurses lud ich meine neuen Freunde in unsere Wohnung im Norden von Durban zu einer Abschlussfeier am französischen Nationalfeiertag ein. Meine weißen Nachbarn waren ziemlich überrascht, aber sie hielten mich wahrscheinlich für eine verrückte Ausländerin und beschwerten sich nicht.

Ich besorgte mir eine Industrienähmaschine und holte Buhle an Bord, der ich alles beibrachte, was ich vom Nähen verstand. Wir waren ein fantastisches Team, und später in jenem Jahr verkaufte ich meine Mode und eine Auswahl an Accessoires an Chichi-Boutiquen in Kapstadt und Johannesburg. Wenn ich so zurückblicke, war ich ebenso verrückt wie Lawrence. Wir glaubten beide, wir könnten alles tun, was uns in den Sinn kam.

Eines Abends kehrte er mit der Neuigkeit nach Hause zurück, dass sein Freund Windy Ridge verkaufte. Er breitete eine Landkarte aus und zeichnete das Gebiet um die Jagdhütte ein. Ich sah ihn an, weil ich nicht so recht wusste, worauf er hinauswollte, aber das Feuer in seinen Augen ließ mich ahnen, dass dahinter wahrscheinlich eine total verrückte Idee brodelte.

»Es ist mein altes Revier.« Er seufzte. »Und alles darum herum ist wildes Stammesgebiet.«

»Ja, und …?«

»Kaufen wir es und machen daraus ein gewaltiges Schutzgebiet.«

»Aber wir verstehen nichts von Tier- oder Wildtierreservaten!«

»Du hast nichts vom Kleidermachen verstanden.«

»Wie in aller Welt sollen wir das bezahlen?«

»Wir kaufen bloß Windy Ridge, der Rest bleibt Stammesgebiet. Verstehst du? Die dortige Gemeinschaft soll Teil davon sein. Wir tun das mit ihnen. Wir kreieren ein riesiges Naturreservat, schaffen Jobs *und* helfen den wilden Tieren – alles zugleich.«

»Wir schwimmen nicht gerade in Geld, Lolo.«

»Das ist unsere geringste Sorge. Wir finden schon was«, schnaubte er geringschätzig.

Ich musste jedes Mal laut lachen, wenn er sagte, er würde Geld *finden*. Als Kind wurde mir beigebracht, dass man Geld *verdient*, und ich neckte ihn stets damit, dass er einen magischen Geldbaum vor mir verbarg.

Wir verkauften unsere wunderschöne Wohnung, er überredete die Banken zu einem happigen Kredit und Windy Ridge gehörte uns – 1500 Hektar unberührter Busch, ein rustikales Camp mit vier Hütten und ein sehr spärlicher Wildbestand.

Zwei Dinge taten wir sofort: die Jagd beenden und das Reservat umtaufen.

Die Menschen hatten seit den Tagen König Shakas dort gejagt und zwischen Gewehrschüssen und Testosteron war ein Großteil des Wildbestands getötet worden. Der Name musste unsere Vision widerspiegeln, aus den Feldern des Todes ein Refugium zu machen. Wir wählten *Thula Thula*, weil das die Ruhe und den Frieden ausdrückte, die wir den Tieren bieten wollten. Auf Zulu wird das Wort *Thula* – Ruhe – gewöhnlich mit unterdrückter Stimme ausgesprochen: *Pst, Thula, sei still, mein Baby schläft*. Es ist ein zartes kleines Wort, das durch das Schlaflied auf Zulu bekannt wurde: *Thula Baba*.

Als Nächstes mussten wir einen Plan entwickeln, wie wir unseren Traum verwirklichen konnten.

Das war es, was ich am Zusammenleben mit Lawrence so liebte. Es gab keinen einzigen langweiligen Augenblick. Er wollte etwas verändern auf dieser Welt, und das taten wir. Die Aussage »Geht nicht« gehörte nicht zu unserem Vokabular. Wenn wir nicht wussten, wie etwas zu tun war, dann fanden wir es eben heraus.

Des Nachts saßen wir auf der *Stoep*, der Veranda, und sogen die Stille in uns ein, uns zu Füßen unsere Hunde Max, Tess und

Bijou. Kein Wummern von Autos, keine Flugzeuge am Himmel, keine schrillenden Alarmsirenen. Und nach einer Weile sprach die Stille zu uns und die Luft füllte sich mit dem Knurren, Quieken, Pfeifen und Tirilieren von Tieren, Vögeln und Insekten.

Und Gewehrschüssen.

Wir hatten das Jagen zwar verboten, waren jedoch machtlos gegen die Wilderer.

Bis heute ist das meine größte Herausforderung. Die Hörner von Nashörnern sind wertvoller als Gold und Platin geworden. Sie gelten in Fernost als Wundermedizin. Einige behaupten, sie würde Krebs heilen, andere verwenden sie als Katermedizin und Männer glauben, dass sie die Potenz steigert. Totaler Unsinn! Die Hörner bestehen aus Keratin, genauso wie menschliche Fingernägel. Diese Leute bezahlen riesige Summen für ein Produkt, das an ihren eigenen Händen wächst.

Lawrence und ich hatten keine Ahnung, dass Wilderei ein derart großes Problem war, was uns jedoch nicht davon abhielt, das größte Schutzgebiet zu erschaffen, das KwaZulu-Natal jemals gesehen hatte. Allerdings hing ein größeres Preisschild daran, als wir uns leisten konnten.

Wir überlegten immer noch, wie wir an Geld kommen sollten, als Lawrence den lebensverändernden Anruf von Dr. Marion Garai erhielt, dass eine kleine Herde von Elefanten in einem Reservat nahe des Kruger-Nationalparks Amok lief. Das Geld war knapp und uns blieben nur zwei Wochen, um einen 32 Kilometer langen Elektrozaun zu ziehen, dazu eine *Boma* zu bauen, die groß genug für neun verstörte und wütende Elefanten war.

Lawrence besprach seinen magischen Geldbaum und machte sich dann an die Arbeit, um die erforderliche Infrastruktur in halsbrecherischer Geschwindigkeit zu errichten. Unser Traum wurde sehr real, und das sehr rasch. Nägelkauen war angesagt, bis zum allerletzten Augenblick.

Kurz vor Ankunft der Herde musste Lawrence wegen eines Notfalls nach Deutschland reisen. Während seiner Abwesenheit erhielt ich einen Anruf vom Direktor des Reservats, dem die Elefanten gehörten.

»Sie müssen die Herde früher übernehmen. Wir können sie keinen weiteren Tag hier behalten.«

»Das geht nicht. Wir sind nicht fertig!«

»Wenn sie morgen nicht verschwinden, müssen wir sie erschießen.«

»Sie können jetzt nicht kommen. Lawrence ist in Übersee«, sagte ich ruhig.

Er schwieg.

»Können Sie uns bis nach diesem Wochenende Zeit lassen? Dann ist er zurück. Ich kann ihre Ankunft unmöglich selbst organisieren«, bettelte ich.

Er war nicht glücklich darüber, gab jedoch nach.

»Sie fahren am Montag. Keinen Tag später.«

Das gab uns fünf Tage. Ausreichend Zeit für Lawrence, um nach Hause zurückzukehren, die Umzäunung fertigzustellen und die letzte Hürde zu nehmen: die Genehmigung durch die Naturschutzbehörde. Eine Stunde vor Eintreffen der Inspektoren bemerkte Lawrence jedoch, dass der elektrische Draht auf der falschen Seite des Zauns angeschlossen worden war.

»Wenn sie das sehen, werden sie dem verdammten Ding nie die Genehmigung erteilen«, sagte er verzweifelt.

Ich war fassungslos. Wir waren bereit, aber jetzt könnte die Herde vielleicht doch noch erschossen werden.

»Soll ich versuchen, das Reservat dazu zu bringen, dass sie den Transport der Elefanten verschieben?«, schlug ich vor.

»Es ist wahrscheinlich zu spät. Sie werden bereits zu uns unterwegs sein. Hoffen wir bloß, dass unsere Herde Schutzengel hat!«

Ich begrub mein Gesicht in den Händen. Der einzige Grund, warum die Inspektoren hier waren, war der, nach Fehlern und Schwächen in der Umzäunung zu suchen. Sie würden nie die Genehmigung erteilen, wenn etwas mit den elektrischen Drähten nicht stimmte.

Das Leben der Herde lag in ihren Händen.

5 DIE WIRKLICHKEIT SCHLÄGT ZU

Ich tigerte auf unserer Veranda auf und ab, sah immer wieder auf die Uhr und fragte mich, warum die Inspektoren so lange brauchten. Das war kein gutes Zeichen. Wir wollten so verzweifelt die Elefantenherde retten, und jetzt würden die Tiere aufgrund von nacktem Pech und der Achtlosigkeit eines Elektrikers erschossen werden.

Mein Handy klingelte. Es war Lawrence.

»Sie haben abgelehnt, nicht wahr?«, fragte ich.

»Lass die Korken knallen, Frankie! Unsere Herde hat gerade ihren Pass zu einem neuen Leben gewonnen.«

Ich kreischte entzückt. Den Inspektoren war entgangen, dass nicht alles in Ordnung war. Gleich nachdem sie abgefahren waren, hatten Lawrence und seine Männer die Verkabelung repariert. Endlich waren wir bereit für Nana und ihre Herde.

Am Montagmorgen klingelte mein Telefon. Ich verzog das Gesicht, als ich sah, wer dran war: der Besitzer der Herde. Die Elefanten sollten an diesem Abend eintreffen.

War etwas schiefgelaufen? Waren sie am Ende doch getötet worden?

»Wir hatten ein paar Probleme mit der Leitkuh«, sagte er ohne Umschweife.

»Was wollen Sie damit sagen? Geht es ihr gut?«

»Ich habe sie erschossen.«

»Sie haben … was?«

»Sie ist ein verdammter Albtraum, wäre aus Ihrem Reservat ausgebrochen und hätte jemanden plattgemacht.«

Ich war sprachlos.

»Ich habe auch das Baby erlegt, also werden nur sieben Elefanten eintreffen.«

»Warum, verdammt noch mal? Wir waren auf sie alle vorbereitet, Probleme hin oder her«, fuhr ich ihn stinkwütend an.

»Die Leitkuh war eine Katastrophe. Ich habe Ihnen einen Gefallen getan.«

Ich war außer mir vor Ärger und Verzweiflung. Die Leitkuh einer Herde erbt für gewöhnlich die Rolle von ihrer eigenen Mutter. Sie ist Lehrerin, Schiedsrichterin, das Gedächtnis, die Reiseführerin und Busch-Staatsfrau – alles in einem. Die anderen wenden sich in einer Krise an sie, die Jungen lernen das Leben in der Wildnis von ihr und sie »verhandelt« mit anderen Herden, denen sie vielleicht über den Weg laufen. Sie ist der Fels in der Brandung.

Als ich es Lawrence sagte, explodierte er förmlich. Die Leitkuh zu töten widersprach allem, wofür wir standen. Die totale Gleichgültigkeit ihres Besitzers hinsichtlich der Folgen dieser Tat ist die brutale Wahrheit hinter der Keulung, also der vorsorglichen Tötung der Elefanten. Er glaubte tatsächlich, er würde uns helfen.

»Das ist schlimm, Frankie, wirklich schlimm«, sagte Lawrence. »Wie zum Teufel glaubt er, dass diese arme Herde sich anpassen wird, nachdem sie ihre Anführerin verloren hat? Wahrscheinlich hat er die Leitkuh auch noch vor ihren Augen erschossen.«

Allmählich machte ich mir Sorgen darüber, was wir uns da aufgebürdet hatten. Die Herde war zuvor bereits in einem schlechten Zustand gewesen und jetzt wäre sie noch stärker traumatisiert – ohne Anführerin, die sie hätte beruhigen können.

»Weißt du, Lolo«, sagte ich ruhig. »Sie brauchen uns jetzt umso mehr. Das kriegen wir hin.«

»Ja«, stimmte er zu. »Das werden wir.«

Als die Herde in jener stürmischen Nacht eintraf, hatte Nana bereits die Rolle der Leitkuh übernommen, und zwar mit einem Selbstvertrauen, das aus dem Wissen herrührte, dass es eine Aufgabe war, die sie zu erledigen hatte. Die übrigen Elefanten akzeptierten sie mit derselben Leichtigkeit, als würden sie wissen, dass Mutter Natur immer vorgehabt hatte, sie zu ihrer Anführerin zu machen.

Sie sicher zu verwahren würde ein Vermögen kosten, also hatte die Suche nach einem regelmäßigen Einkommen für uns oberste Priorität.

»Was, wenn wir eine richtige Luxus-Lodge hätten?«, fragte ich Lawrence eines Morgens bei Croissants. »Ökotourismus ist das Ding der Zukunft. Das könnte eine konstante Einnahmequelle für uns werden.«

»Brillante Idee. Gehen wir's an!«

Wir bauten sieben Luxus-Chalets unter den Akazien und den Tamboti-Bäumen am Ufer des Nseleni und eröffneten die Elephant Safari Lodge im Juni 2000. Ich platzte geradezu vor Stolz.

»Wie stets mit den Buchungen?«, fragte Lawrence am Ende jedes Tags.

»Nicht gut«, sagte ich düster. »Zwei Zimmer fürs Wochenende.«

Nur eine Handvoll Gäste tröpfelte herein. Wir waren so naiv gewesen. Die Menschen besuchten keine Orte, von denen sie niemals zuvor gehört hatten, aber wir hatten kein Budget für Marketingmaßnahmen. Doch wir weigerten uns aufzugeben.

»Die Chalets sind klasse. Dein Essen ist fantastisch. Die Leute werden darüber reden«, sagte Lawrence.

»Mag sein, aber bei dieser Rate können wir uns nicht mal Angestellte mit Lodge-Erfahrung leisten.«

Wir packten so weit wie möglich selbst mit an und gaben die Information heraus, dass wir Einheimische beschäftigen wollten, egal ob mit oder ohne Erfahrung. Der Buschtelegraf der Zulu verbreitete die Nachricht wie ein Lauffeuer und schon am folgenden Tag bildete sich draußen vor dem Tor eine lange Schlange junger Männer und Frauen auf Arbeitssuche. Ich stellte diejenigen ein, die am besten Englisch sprachen, und ging die Herausforderung an, ihnen die Büroarbeit, den Umgang mit Gästen und die Zubereitung französischer Mahlzeiten beizubringen, von denen sie noch nie im Leben gehört hatten.

Lawrence kümmerte sich um alles, was mit dem Reservat zu tun hatte: Er reparierte Zäune, überwachte die Sicherheitsleute, verbesserte das Netzwerk aus unbefestigten Straßen und schnitt die Vegetation zurück.

Es war eine gnadenlose Knochenarbeit. Wir stolperten in einem ständigen Zustand der Erschöpfung dahin und fingen gerade erst an, die Früchte unseres Werkes zu ernten, als der Krieg im Irak ausbrach.

»Ich muss hingehen und helfen«, verkündete Lawrence.

»Was in aller Welt meinst du damit?«

»Ich kann nicht hier rumsitzen und nichts tun, während sie den Zoo von Bagdad zerbomben. Jemand muss die Tiere retten!«

Ich versuchte nicht einmal, ihm das auszureden. »Wie lange wird das dauern, was meinst du?«

»Keine Ahnung. Ein paar Wochen vermutlich.«

Er war sechs Monate weg.

Die größte Herausforderung, der ich mich in der Zwischenzeit gegenübersah, waren die Menschen. Im Busch herrscht eine Machomentalität und Lawrence war ein Alphamann, von den Männern, die er beschäftigte, respektiert. Ohne ihn war ich bloß eine ausländische Blondine, die komisch redete und vom Busch keinen blassen Schimmer hatte. Statt als Team an einem Strang zum Besten der Tiere zu ziehen, nutzten viele die Situation für ihren eigenen Vorteil aus.

Ich weiß nicht, wie ich das aushielt. Ich weiß nur, dass mir keine andere Wahl blieb, und ich machte weiter und kam damit zurecht. Wenn ich nicht zu 100 Prozent hinter dem gestanden hätte, was Lawrence im Irak tat, wäre das unmöglich gewesen. Der Krieg hat selten einen Notfallplan für menschliche Opfer und er hat nie einen für Tiere. Während ich also wahnsinnig besorgt um seine Sicherheit war, war es gleichermaßen dringend nötig, dass er Erfolg hatte.

Lawrence hatte mich mit einem neuen Manager für das Wildreservat zurückgelassen, der offenbar glaubte, in seiner Jobbeschreibung stünde auch, dass er den Romeo bei unserer jungen freiwilligen Tierärztin spielen konnte, der Tochter eines Freundes aus Frankreich. Er war ein Macho von der schlimmsten Sorte.

»Unser Grenzzaun könnte ebenso gut aus Zahnseide sein«, verkündete er. »Alles kann da durch. Wir haben Glück, dass wir immer noch Tiere übrig haben.«

Doch statt loszuziehen und das Problem zu lösen, riss er Witze darüber, dass die Elefanten abhauten. Ich war immer noch traumatisiert von den früheren Ausbrüchen der Herde und brauchte solche Ansagen nicht ausgerechnet von dem Menschen, der sich darum kümmern sollte, dass das nicht mehr vorkam. Sein Verhalten gegenüber der Tochter meines Freundes bereitete mir ebenfalls Sorgen.

Während der ersten paar Wochen, als Lawrence im Irak war, fand ich kaum Schlaf. Die Gespräche über Satellitentelefon mit ihm waren ein Albtraum. Die Hälfte der Zeit hörte es sich an, als wäre er unter Wasser, was es nahezu unmöglich machte, meine aktuellen Probleme mit ihm zu besprechen.

Kurz gesagt, ohne ihn herrschte völliges Chaos. Die Ranger waren undiszipliniert. Die Wilderer nutzten das Durcheinander aus. Zu allem Überfluss befanden sich mehrere Elefantenbullen in der *Musth* – einem Zustand, in dem ihr Testosteronspiegel in die Höhe schießt. Sie waren völlig außer Kontrolle, jagten Fahrzeuge und kämpften gegeneinander.

Und Nacht um Nacht war alles, was ich im Fernsehen sah, Bomben und noch mehr Bomben auf Bagdad.

Eines Morgens erwachte ich und dachte: *Jetzt reicht's!*

Ich feuerte den Romeo und ersetzte ihn durch Vusi, einen Ranger, der Lawrences höchsten Respekt genoss. Er verfügte eigentlich nicht über ausreichend Erfahrung, um als Manager für das Reservat zu arbeiten, aber er war ein gut gebauter Zulu mit soliden Kenntnissen über den Busch, einer ruhigen Würde und einer sanften Stimme. Er reparierte den Zaun, optimierte die Sicherheitsvorkehrungen und stellte neue Ranger ein. Ihn zu befördern war mit das Beste, was ich hatte tun können, da er nach Lawrences Tod eine unersetzliche Stütze werden sollte.

Lawrences Rettungseinsatz in Bagdad war meine Feuertaufe für die eigenständige Leitung des Reservats, obwohl ich nicht unmittelbar etwas mit dem Naturschutz und den Tieren zu tun haben musste – darum kümmerte sich ja Vusi. Wir waren beide dennoch sehr erleichtert, als Lawrence endlich nach Hause kam und wieder die Kontrolle über die Sicherheitsleute übernahm.

Im Jahr 2012 beschäftigten wir 23 Wächter in Vollzeit, die unsere Tiere bewachten, das Gebiet nach Schlingfallen durchkämmten und als Erste reagieren sollten, falls Wilderer in das Reservat eindrangen. Es war ein Schock für mich, dass es so rasch nach Lawrences Tod Probleme mit ihnen gab. Ich war am Boden zerstört, als mir der Beamte, der die Ursache von Thabos Schussverletzung untersuchte, mitteilte, dass sie einen der Angestellten in Verdacht hatten.

»Wie ist das möglich?«, keuchte ich. »Wissen Sie, wer?«

Officer Khuzwayo, der Untersuchungsbeamte, schüttelte den Kopf.

»Unser Informant hat bloß gesagt, dass es jemand von Thula Thula war. Wahrscheinlich einer der Wächter.«

Wie betäubt sank ich zurück. Konnte wirklich einer meiner Angestellten versucht haben, meinen geliebten Thabo zu töten? Es war etwas so Persönliches. Alle wussten, wie sehr mir Thabo und Ntombi am Herzen lagen, und mir kam der Gedanke, ob mir womöglich jemand so viel Angst einjagen wollte, dass ich ging. Offensichtlich kannte derjenige mich nicht gut, denn ich hatte keinerlei Absicht, irgendwohin zu gehen. Thula Thula war mein Leben.

»Was soll ich tun? Was ist, wenn er es erneut versucht?«, fragte ich.

»Ich lasse Sie wissen, wenn ich etwas höre«, versprach er.

Sogleich rief ich den Sicherheitsmanager in mein Büro.

»Was geht da vor, Connie?«, verlangte ich zu wissen.

»Es könnte jeder sein«, gab er zur Antwort.

»Hattest du Probleme mit einem der Männer?«, drängte ich.

»Es gibt immer Probleme.« Er zuckte mit den Schultern.

Ich sah ihm in die Augen und überlegte, ob ihn das Ganze überhaupt juckte. Ich wusste nicht, was ich tun sollte. Unser nach wie vor ungelöstes Wildererproblem und meine Instinkte sagten mir, dass einer der Wächter unzuverlässig war, aber ich hatte keine Möglichkeit herauszufinden, wer mich verraten hatte. Connie war offensichtlich nicht daran interessiert, Anordnungen meinerseits zu befolgen, und ich konnte nicht direkt mit den Wächtern sprechen, weil die meisten von ihnen kein Englisch sprachen und mein Zulu nicht annähernd gut genug war, um ein so heikles Thema anzugehen.

Ich zwang mich dazu, nicht überhastet vorzugehen. Spontane Entschlüsse in Panik sind selten die richtigen, und ich wusste eindeutig nicht genug über Sicherheitsvorkehrungen, um ohne Beratung eine fundierte Entscheidung zu treffen.

»Gibt es überhaupt irgendeinen Hinweis, wer das getan haben könnte?«, fragte ich Vusi.

»Es wird getuschelt, dass jemand von außerhalb, der sauer ist …« Er hielt inne, als wollte er mir nicht noch mehr Sorgen machen.

»Aber Officer Khuzwayos Informant sagte, der Typ sei immer noch hier.«

Vusi rieb Daumen und Zeigefinger aneinander.

»Meinst du, einer unserer Wächter wurde bestochen?«

»Gut möglich.« Er nickte ernst. »Ich glaube, wir sollten die Wächter von Thabo und Ntombi austauschen. Warum bittest du nicht Connie, Richard zum Vollzeitwächter für sie zu ernennen, und dann soll Richard diejenigen auswählen, die zu seinem Team gehören sollen?«

Das war ein guter Ratschlag. Richard war ein hochgewachsener, drahtiger Zulu mit einer von der Sonne gerunzelten Haut und weisen, achtsamen Augen. Er hatte direkt mit Lawrence zusammengearbeitet und ich wusste, ohne zu fragen, dass er unsere Nashörner mit seinem Leben beschützen würde.

Zusätzlich zu diesem Sicherheitsschlamassel hatte ich kein Geld. Als sich die Nachricht von Lawrences Tod verbreitete, traf eine Buchungsstornierung nach der anderen ein. Es war, als würde ich nicht existieren und als würden die Leute glauben, dass Thula Thula ohne ihn zusammenbrechen würde. Der Geldfluss versiegte, verschlimmert durch behördliche Komplikationen hinsichtlich Lawrences Grundbesitz und ein gewaltig überzogenes Konto, dessen Minus über die Jahre hinweg immer mehr angeschwollen war. Blitzartig befand ich mich wieder in der erschreckenden Lage, in der wir uns vor Jahren befunden hatten, als wir jeden Rand und Cent zusammengekratzt hatten, um zu überleben. Es ist ein Wunder, dass wir es geschafft haben, und bis heute habe ich im Grunde meines

Herzens etwas gegen Kredite. Wenn ich das nötige Geld nicht habe, kaufe ich nichts.

Lawrence war weg, ich hatte Probleme mit einem Nashorn, dazu Wachleute, denen ich nicht vertrauen konnte, und es herrschte Ebbe auf dem Bankkonto. Der Druck war gewaltig und ich kämpfte gegen die Skepsis von Menschen an, die nicht an mich glaubten und die nicht daran glaubten, dass ich es schaffen würde. Niemand sagte es mir ins Gesicht, aber ich spürte es. Im Laufe der Jahre gaben einige zu, dass sie damals gedacht hatten, dass ich auf mich allein gestellt nicht zurechtkommen würde. Die meisten glaubten, ich würde nach Frankreich zurückkehren, aber das war mir nie in den Sinn gekommen. Wie hätte ich den Traum von Thula Thula aufgeben können, für den Lawrence und ich so erbittert gekämpft hatten? Ich arbeitete mit den wunderbarsten Menschen vor Ort zusammen, die von mir abhingen. Ich hatte einen Ehemann verloren, aber sie hatten einen Mann verloren, der ihnen wie ein Vater gewesen war.

Und dann waren da unsere besondere Elefantenherde und die Nashörner, die wir von Kindesbeinen an aufgezogen hatten. Sie waren ebenfalls meine Familie. Es war undenkbar, sie zu verlassen!

Ich hatte viel zu lernen, aber Tragödien und Widerstände haben so ihre Art, neue Wege der Hoffnung und guter Gelegenheiten zu öffnen, und ich fand langsam wieder festen Boden unter den Füßen. Es gab Augenblicke, da hatte ich das Gefühl zu ertrinken, und andere, in denen mir völlig klar war, was ich zu tun hatte. Ich klammerte mich an das Bild eines Schiffs, das durch stürmische See navigierte, und ich war wild entschlossen, den Sturm zu überleben.

Vusi und ich setzten tägliche Besprechungen an, um gemeinsam die Probleme im Reservat und mit den Tieren zu diskutieren und unsere Prioritäten abzustimmen. Wenn ich etwas nicht verstand, erklärte er es mir geduldig. Alle langjährigen Mitarbeiter taten das. Ich lernte so viel von ihnen während dieser Zeit.

Eines Morgens teilte mir Vusi mit, dass die Naturschutzbehörde in der folgenden Woche eine Tierzählung per Hubschrauber durchführen wollte.

»Warum?«, fragte ich.

»Es ist Teil ihrer Umweltuntersuchung für das langfristige Management des Buschs.«

»Können wir ihnen nicht einfach mitteilen, wie viele Elefanten wir haben? Können wir ihnen nicht sagen, dass seit Nanas Ankunft 16 Babys geboren wurden und dass wir jetzt insgesamt 22 Elefanten haben?«

»Sie zählen sämtliche Wildtiere, Françoise, nicht bloß die Elefanten.«

»Aber ein Hubschrauber wird sie erschrecken. Warum tun sie es nicht vom Boden aus und nehmen unsere Geländewagen?«

Er gab keine Antwort, was seine sanfte Art und Weise war, mir zu sagen, dass wir nichts dagegen tun konnten.

»Was passiert da tatsächlich?«, hakte ich nach.

»Die Männer im Hubschrauber zählen das Wild und geben die vollständige Anzahl per Funk an ein Team am Boden weiter, das alles aufzeichnet.«

»Was tun sie mit all diesen Informationen?«

»Hauptsächlich verfolgen sie damit Trends. Sie schicken uns einen Bericht, sobald er fertig ist.«

Mir missfiel die Vorstellung aufs Äußerste, dass die Tiere von dem Hubschrauber gestört würden, aber ich wusste auch, dass diese Art von Umweltforschung von unschätzbarem Wert für die Sicherheit von KwaZulu-Natals Wildtiere war.

Etwa zwei Wochen nach der Wildtierzählung trafen sich Vusi, Alyson und ich, um über Thabos Zustand zu sprechen. Körperlich erholte sich unser junges Nashorn gut und er erlaubte Alyson, jeden Tag seine Schusswunde zu säubern, aber emotional ging es ihm schlecht. Er war immer noch traumatisiert, zeigte wieder Babyverhalten und brauchte ununterbrochen Liebe und Zuspruch. Er hatte an Gewicht verloren, schrie nachts und war besorgniserregend lethargisch.

Tags zuvor hatte er sich am Rand des Staudamms hingelegt, das Gesicht komplett untergetaucht. Nashörner können natürlich unter Wasser nicht atmen und obwohl sie ziemlich lange die Luft anhalten können, war sein Wächter Richard so besorgt um ihn, dass er sich die Hose ausgezogen, sich neben ihn an den Stausee gesetzt und Thabos Kopf auf seinem Schoß gewiegt hatte, bis der Kleine wieder bereit war, herauszukommen. Alle setzten Himmel und Hölle in Bewegung, um ihm bei seiner Genesung zu helfen, aber es dauerte noch ein weiteres Jahr, bis er über sein Trauma hinweg war.

Als Alyson gegangen war, reichte mir Vusi den Bericht, den die Naturschutzbehörde ihm geschickt hatte. Ich runzelte die Stirn angesichts seines düsteren Gesichtsausdrucks.

»Stecken wir in Schwierigkeiten?«

Er gab keine Antwort. Ich überflog den Bericht und starrte ihn an.

»Zu viele Elefanten? Was soll das denn heißen, zum Teufel?«

»Es gibt strikte Richtlinien, wie viele Elefanten in einem Reservat unserer Größe leben dürfen, und unsere Herde ist anscheinend zu groß für das Land geworden, das wir besitzen.«

Ich hatte wirklich Mühe, das zu begreifen. Als Lawrence noch am Leben war, hatten wir uns zweimal erweitert, es waren insgesamt 3000 Hektar zum Reservat hinzugekommen.

Die erste Erweiterung war im Jahr 2008 erfolgt, zehn Jahre nachdem wir Windy Ridge erworben hatten, und umfasste Land, das ursprünglich den *Amakhosi* überlassen worden war – den Stammesführern –, aber es gab dort ernste Wasserprobleme, was zur Folge hatte, dass Viehhaltung unmöglich war. Als Lawrence daher an die Stammesführer herangetreten war und erklärt hatte, dass Thula Thula sich vergrößern müsse, und ihnen vorschlug, ein gemeinsames Naturschutzprojekt zu schaffen, hatten sie nicht gezögert und uns grünes Licht gegeben, den Zaun zwischen unseren beiden Ländereien niederzureißen.

Lawrence liebte den großartigen Busch auf dem neuen Land so sehr, dass er und Vusi ein Jahr später dort den Mkhulu-Stausee errichteten. Dort wurde seine Asche verstreut und dort liegen auch die Knochen seines geliebten Mnumzane bis zum heutigen Tag.

Zwei Jahre nach der ersten Erweiterung einigten wir uns mit der Familie Robarts, um das Reservat auch mit ihrem Buschland südlich von Thula Thula zu erweitern.

»Vusi, wir haben dreimal mehr Land als zu Beginn. Das reicht doch bestimmt!«

»Die Herde hat sich ebenfalls vergrößert, Françoise.«

»Und was soll das hier von wegen ›nicht heimische Vegetation und Feuerschneisen‹?«

»Das hat alles mit der Umweltplanung zu tun. Wir müssen Pflanzen herausreißen, die nicht heimisch sind, und ausreichend Platz entlang beider Seiten des Zauns schaffen, der als Feuerschneise dienen soll.«

Das war Lawrences Gebiet, ich hatte keine Ahnung, was diesbezüglich zu tun war.

»Lass mich mal überlegen, wie wir das handhaben können.« Ich seufzte.

Wie sich herausstellte, gab es nicht viel, was ich tun oder sagen konnte, und selbst mein Kontakt im obersten Gremium der Naturschutzbehörde wiederholte nur, was in dem Brief stand. Die nicht heimische Vegetation musste entfernt, Feuerschneisen mussten angelegt werden, und das Schlimmste von allem war seine Bestätigung, dass Thula Thula nicht ausreichend groß für unsere Herde sei und wir uns etwas einfallen lassen müssten, um die Zahl zu begrenzen.

Das war alles schön und gut, aber was sollten wir uns denn einfallen lassen? Und wie?

»Es gibt zwei Möglichkeiten«, sagte mir der Mann. »Holen Sie Leute herein, die sie keulen, oder siedeln Sie einige Tiere um.«

Ich beendete das Telefonat unter Tränen. »Keulen« ist lediglich ein anderes Wort für »töten« und der Gedanke daran versetzte mich total in Panik. Und eine Umsiedlung? Unsere Elefantenfamilie auseinanderreißen? Unmöglich! Diese Herde hatte genug gelitten. Lawrence und ich hatten nicht die letzten 13 Jahre damit verbracht, sie zu schützen und ihr Vertrauen in Menschen wiederaufzubauen, nur um ihnen jetzt erneut ein Trauma zuzufügen.

Es musste eine bessere Lösung geben!

6 ENFANT TERRIBLE

Wenn ich daran dachte, dass Lawrence und ich uns einmal Sorgen gemacht hatten, weil wir nur drei trächtige Elefantenkühe hatten … und nun war ich mit der Tatsache konfrontiert, zu viele Elefanten zu haben!

Die ursprünglichen drei – Nana, ihre Tochter Nandi und die temperamentvolle Frankie, die Lawrence nach mir benannt hatte – waren nicht die einzig Verantwortlichen für die glückliche Schar an Nachkommen, denn ein Jahr nach ihrer Ankunft hatten wir eine weitere Elefantenkuh gerettet.

Dr. Marion Garai ist eine leidenschaftliche Verteidigerin traumatisierter Elefanten. Sie hat die Tiere 30 Jahre lang auf mehreren Kontinenten studiert und ihre Doktorarbeit befasste sich mit Traumata bei jungen Elefanten. Dank ihrer Initiative und Entschlossenheit hatten Nana und ihre Herde Frieden in Thula Thula gefunden, und als sie davon hörte, dass ein Elefant versteigert werden sollte, ergriff sie unverzüglich die Initiative.

»Was meine Aufmerksamkeit erregte, war, dass diese junge Elefantenkuh allein war. Ich meine, wie ist das möglich? Wo war ihre Herde?«, sagte sie traurig. »Als ich weiterrecherchierte, war ich total entsetzt über die Entdeckung, dass das arme Ding seit einem Jahr allein war. In einem Großwildreservat. Kannst du dir vorstellen, wie schrecklich das gewesen sein muss? Sie ist erst zwölf.«

»Wie zum Teufel ist es dazu gekommen, dass sie allein war?«, fragte Lawrence.

»Ursprünglich war sie Teil einer Gruppe von Waisen, aber als sie älter wurden, bereiteten sie Probleme und der Besitzer schob sie im Grunde in jedes Reservat ab, das sie nehmen wollte. Ein Tier wurde sogar erschossen, wahrscheinlich bei einer bezahlten Großwildjagd. Sie ist die einzige Verbliebene der Herde, und jetzt will er sie auch loswerden. Ich werde ein Zuhause für sie suchen, weil allein der Himmel weiß, wer sie bei der Versteigerung kaufen wird und was ihr dann zustoßen könnte.«

»Ist sie ein Problemelefant?«

Marion hielt inne.

»Um ehrlich zu sein: Ich kenne sie nicht, also kann ich nicht die Hand für sie ins Feuer legen, wie ich es für Nana könnte. Aber wenn sie tatsächlich Probleme macht, liegt das an ihrem Trauma, nicht unbedingt daran, dass sie eine aggressive Elefantenkuh ist.«

»Die Sache ist die. Wenn er sie bei einer Versteigerung verkauft, muss er annehmen, dass sie etwas wert ist.« Lawrence stöhnte. »Wir zahlen immer noch die Raten für den Kredit an die Bank zurück, den wir für Nana und ihre Herde aufgenommen haben. Ist sie in Gefahr, erschossen zu werden?«

»Noch nicht. Aber wenn auf der Versteigerung ein Jäger für sie bietet …«

»Also, wir können sie bestimmt aufnehmen, aber wir haben nicht das nötige Geld.«

»Schon gut. Es ist gut zu wissen, dass ihr sie aufnehmt, wenn ihr könnt. Zumindest weiß ich, dass ich für sie ein mögliches Zuhause habe. Sie verdient es nicht, ihr Leben vor dem Lauf eines Gewehrs zu beenden. Es muss eine Möglichkeit geben, wie ich Geld für sie auftreiben kann. Ich rufe mal ein paar Leute an.«

Mir ging diese junge Elefantenkuh nicht mehr aus dem Kopf. Zwölf Elefantenjahre entsprechen zwölf Menschenjahren und der Gedanke daran, dass sie so lange einsam und allein gewesen war, war kaum auszuhalten. Und jetzt wurde sie verkauft und könnte überall enden – womöglich sogar getötet werden.

Wildtierauktionen sind ein riskantes Unterfangen. Es war total ungewiss, wer sie erwerben würde.

Ein paar Tage später rief Marion mit einer unerwartet guten Neuigkeit an: Die Beamten der Naturschutzbehörde hatten dem Besitzer die Erlaubnis zur Versteigerung verwehrt.

»Er ist aber nach wie vor entschlossen, sie zu verkaufen, und wird die Entscheidung anfechten, also gibt es keine Garantie, dass sie lebend da rauskommt. Zumindest verschafft mir das etwas Zeit. Ich habe meine Fühler nach einem alten Kollegen ausgestreckt, der Mitglied einer Tierschutzorganisation in Zürich ist, und er sagt, er werde mit seinen Vorstandsdirektoren reden, ob sie uns vielleicht mit dem Geld aushelfen können.«

»Ich sorge dafür, dass die *Boma* für sie bereitsteht«, sagte Lawrence.

Sie lachte wehmütig.

»Ich wünschte, das Problem ließe sich so rasch lösen, aber ich fürchte, dass es immer noch eine Weile dauern wird. Die nächste Vorstandssitzung ist erst in einem Monat und der Besitzer könnte in der Zwischenzeit einen anderen Käufer finden.«

»Ein Monat ist ein Monat. Warum starten wir nicht über einen Radiosender eine Spendensammlung? Ich bin mir verdammt sicher, dass uns viele Leute helfen möchten«, schlug er vor.

»Wenn wir sie selbst kaufen könnten, wäre das fantastisch. Ich vergewissere mich aber lieber, ob das für den Besitzer in Ordnung ist.«

Sie rief zurück, das Herz gebrochen.

»Er hat sie bereits verkauft. Irgendein amerikanischer Jäger hat eine große Summe für sie bezahlt. Mehr als den ursprünglich geforderten Preis. Wir haben sie verloren …«

Wir waren außer uns. Sie war eine Haaresbreite von ihrer Rettung entfernt gewesen.

»Was ist, wenn wir so viel Geld sammeln, wie sie jetzt kostet?«

»Es ist zu spät. Die Rechnung ist beglichen und die Jagd ist für den 14. Februar angesetzt. Anscheinend sitzt der Käufer im Rollstuhl, also gehe ich mal davon aus, dass ein verschreckter junger Elefant ohne eine Herde, die ihn beschützt, die einzige Möglichkeit ist, wie er an seine Trophäe kommt«, sagte sie bitter.

Die Jagd ist mir ein Rätsel. Dass Menschen prächtige wilde Tiere erschießen wollen, geht über meinen Horizont hinaus, und die Tatsache, dass diese Jagd auf den Valentinstag angesetzt war, verursachte bei mir Übelkeit. Da war ein junger Elefant, der seine Familie verloren hatte, nicht einmal, sondern zweimal, der von einem Reservat ins nächste verbracht und – was das Allerschlimmste war – zu einem erbärmlichen Leben in Einsamkeit verdammt worden war, und jetzt sollte sein wunderschöner Kopf über dem Kamin irgendeines Amerikaners enden.

Lawrence telefonierte mit dem Radiosender und sagte den Spendenaufruf ab. Wir bliesen Trübsal und zermarterten uns das Hirn, wie wir die junge Elefantenkuh retten könnten.

Die Tage flogen vorüber. Nur ein Wunder konnte ihr jetzt noch helfen.

Eines Morgens klingelte ganz früh Lawrences Telefon. Es war Marion. Er verzog das Gesicht. Jeder ihrer Anrufe in den letzten Monaten hatte schlechte Nachrichten bedeutet.

Diesmal nicht.

»Die Jagdgenehmigung des Reservats ist Ende Januar erloschen«, jauchzte sie. »Die Jagd ist für den Augenblick abgesagt. Der Amerikaner hat seinen Flug stornieren müssen, aber er möchte sie immer noch, also stellt der Besitzer erneut einen Antrag auf Genehmigung.«

Ein Schritt vor, zwei zurück, aber für den Augenblick gab es wenigstens einen Stillstand.

»Er hofft, sie Anfang März zu erhalten, und ich werde alle Hebel in Bewegung setzen, um das zu verhindern«, sagte sie.

Was hatte der kleine verlassene Elefant in Marion für einen Schutzengel! Lawrence beschloss, gleich wieder an die Arbeit an der *Boma* zu gehen.

»Man weiß nie«, sagte er. »Vielleicht kommt alles zusammen, wenn wir es am wenigsten erwarten, und dann wäre es doch schrecklich, wenn wir nicht für sie bereit wären.«

Er besorgte einen neuen Transformator für den Elektrozaun und dann reparierte er zusammen mit Vusi und einem Arbeitertrupp den Zaun und verstärkte das Tor. Gegen Ende Februar war alles erledigt. Jetzt brauchten wir nur noch ein letztes Wunder.

Am 3. März geschah es. Der Antrag des Besitzers für eine neue Jagdgenehmigung war abgelehnt worden. Den Grund dafür fanden wir nie heraus und er war uns auch egal. Der jungen Elefantendame war eine weitere Galgenfrist geschenkt worden. Jetzt mussten wir das Geld auftreiben, um sie zu kaufen. Und zwar schnell.

Lawrence sprang zum Telefon und rief sofort seinen Freund beim Rundfunk an, um den Spendenaufruf zu reaktivieren. Schlechte Nachrichten: Der Mann war in Pension gegangen. Wir fingen wieder einmal von vorne an. Wir organisierten selbst Spendenaufrufe, boten kostenlose Wochenenden in Thula Thula als Preise an. Wir verschickten unseren Newsletter mit einem Hinweis auf die Notlage unseres Elefanten. Etwas Geld kam herein, aber nicht genug.

»Ich versuche es noch mal bei meinem Freund in Zürich«, sagte Marion. »Es ist zwar ziemlich aussichtslos, aber man weiß ja nie.«

Fünf Minuten später rief sie zurück. »Ich habe das Geld!«

Lawrence und ich brachen auf dem Sofa zusammen, zu ausgelaugt zum Jubeln.

Drei Wochen vor Ostern erhielt der Besitzer des Reservats sein Blutgeld und der Transport wurde sofort für den folgenden Montag angesetzt. Je schneller wir sie dort herausbekamen, desto besser. Unsere unglückliche Waise war vier Tage von ihrem neuen Zuhause in Thula Thula entfernt.

Wir wagten nicht, allzu überschwänglich zu sein. Lawrence kontaktierte die örtlichen Behörden, um ihre Transporterlaubnis unter Dach und Fach zu bringen. Sie versprachen, sich am folgenden Tag mit ihm in Verbindung zu setzen.

Gegen Mittwochmittag wurde der Antrag abgelehnt.

Wir konnten es nicht fassen.

»Wir haben uns über die Elefantenkuh informiert und herausgefunden, dass sie Probleme macht«, sagte der Behördenvertreter. »Wir haben genug Probleme hier bei uns und brauchen keine weiteren. Sie muss woandershin.«

Wir waren am Boden zerstört. Das Geld war bezahlt, wir hatten seit Wochen in Rufbereitschaft gestanden und jetzt durfte sie nicht zu uns. Lawrence fuhr los, um direkt mit den Behördenvertretern zu sprechen. Wenn wir ihr Einverständnis nicht bis Freitag bekämen, würde Marion den Transport, den wir für Montag gebucht hatten, stornieren müssen, und niemand wusste, was dem jungen Elefanten danach zustoßen würde.

Leider wusste keiner von uns aus erster Hand etwas über sie, nichtsdestotrotz lehnte sich Lawrence weit für sie aus dem Fenster und versicherte den Mitarbeitern der Behörde, dass sie keine Probleme bereite, sondern lediglich traumatisiert sei, und dass es ihr gut ginge, sobald sie wüsste, dass sie in Sicherheit war. Auch Marion riskierte ihre professionelle Glaubwürdigkeit und stützte alles, was Lawrence sagte.

»Wie können Sie sich so sicher sein, dass Ihre Herde einen aggressiven Neuankömmling akzeptieren wird?«, fragte ein Behördenmitarbeiter.

Jetzt befanden wir uns auf sicherem Boden. Die Herde war zwar erst ein Jahr bei uns, aber wir wussten, dass sie freundlich und einfühlsam war, und es war uns nie in den Sinn gekommen, dass sie ein neues Mitglied nicht willkommen heißen würde.

»Weil unsere Herde das durchgemacht hat, was sie durchgemacht hat. Diese Elefanten kennen das Entsetzen, dass ihre Familie vor ihren Augen erschossen wurde. Sie werden verstehen, dass sie keine Bedrohung darstellt und dass sie sie braucht«, erwiderte Lawrence ruhig.

Der Mann überlegte hin und her und sagte schließlich, dass er die Entscheidung nicht ohne seinen Vorgesetzten treffen könne, der derzeit aber außer Landes war.

Nach acht erschöpfenden Monaten des Kampfs um einen Elefanten, dem sie nie begegnet war, war Marion mit ihrer Weisheit am Ende. Wenn dieses kleine Kalb nur wüsste, wie hart alle um sein Leben kämpften!

»Der Besitzer wird sie nicht über Ostern hinaus bei sich behalten«, berichtete sie uns unter Tränen. »Meine Kollegen halten mich für verrückt und sagen, dass ich sie einfach jagen lassen solle, damit sie endlich von ihrem Elend erlöst wird.«

Wir weigerten uns aufzugeben. Wir alle drei rückten jedem auf die Pelle, den wir auch nur entfernt kannten, um Hilfe zu erhalten. Am späten Freitagnachmittag ratterte ein Fax aus dem Gerät. Ich sprang auf und sah es herausgleiten.

Der Antrag. Genehmigt.

Wir wagten nicht zu atmen, denn diese Elefantenkuh schien irgendwie verhext zu sein. Würde sie wirklich am Montag auf diesen Sattelschlepper verfrachtet?

Nur wenige Minuten bevor die Geschäfte fürs Wochenende zumachten, schloss Marion die Versicherung für die Umsiedlung ab. An jenem Abend hatten wir jeden Fetzen Papier, jeden einzelnen Stempel und jede Unterschrift, die wir brauchten. Aber unsere Sorgen waren noch längst nicht vorüber.

Die Elefantenkuh musste eine zwölfstündige Reise vom Reservat in Gauteng zu uns ins Zululand ertragen. Sie war zwar gesund und stark, aber würde sie nach allem, was sie durchgemacht hatte, diesen Stress überstehen?

Sie überlebte und traf endlich in Thula Thula ein. Ihr Leben in der Hölle war vorüber. Wir brachten sie direkt in die *Boma* und Lawrence schlug zusammen mit zwei Rangern draußen ein Lager auf.

Sie verabscheute deren Anwesenheit und griff Lawrence jedes Mal an, wenn er sich der Umzäunung näherte. Durch ihre Feindseligkeit und Furcht verdunkelten sich ihre Augen regelrecht vor Wut.

»Wir müssen Geduld mit ihr haben. Sie ist unser *enfant terrible*«, sagte ich unter Verwendung eines liebevollen französischen Ausdrucks für schwierige Kinder.

»Der ist gut«, sagte Lawrence sarkastisch. »Wir nennen sie kurz ET.«

»Sie hat so viele Traumata in ihrem kurzen Leben erfahren. Wir werden sie jetzt nicht aufgeben.«

»Es ist seltsam, dass sie trotz all ihrer Wut so leise ist. Sie hat nicht einmal trompetet«, überlegte er verwirrt. »Ich mache mir Sorgen um dieses Mädchen.«

ETs Wut schlug in tiefe Verzweiflung um. Unvertrautes Territorium. Furchterregende neue Gerüche. Schreckliche Menschen in der Nähe. Das alles war offenbar zu viel für sie. Sie hörte auf, sich zu verstecken, und machte sich nicht mehr die Mühe, Lawrence anzugreifen. Sie fraß nicht mehr und ging unermüdlich in kleinen Kreisen herum. Lawrence brachte mich zu ihr, doch sie nahm unsere Anwesenheit kaum zur Kenntnis. Sie hatte aufgegeben.

Ich konnte es nachvollziehen. Menschen repräsentierten für sie Gefahr, Schmerz und Kummer. Und nun war sie wieder in einer fremden Umgebung gefangen.

Was konnten wir tun? Man kann einen wütenden Elefanten nicht umarmen und trösten. Lawrence wäre monatelang bei ihr geblieben, wenn er geglaubt hätte, dass ihr das helfen würde, aber sie wirkte, als hätte sie den Lebenswillen verloren.

»Wir müssen Nana herbringen«, entschied er. »Wenn sie nicht bald Gesellschaft bekommt, wird sie an gebrochenem Herzen sterben.«

Mit Futter und süßen Worten lockten er und Vusi die Herde zu ETs *Boma*. Wahrscheinlich hatten sie bereits die Anwesenheit eines fremden Elefanten in der Nähe gespürt, aber sie vertrauten Lawrence nach wie vor genügend, um ihm zu ihr zu folgen.

In dem Augenblick, als Nana und Frankie den verschreckten Teenager zu Gesicht bekamen, trampelten sie zum Zaun, »sprachen« mit ihr und streckten die Rüssel durch den elektrischen Zaun, um sie zu berühren. Sie stand wie gelähmt da und starrte sie an. Das waren die ersten Elefanten, die sie seit einem Jahr gesehen hatte. Zaghaft hob sie ihren Rüssel den ihren entgegen. Leises Kollern rollte zwischen ihnen hin und her. Selbst unsere Macho-Ranger wischten sich die Augen.

Die übrige Herde trat zur Begrüßung näher heran, als ob es das Normalste der Welt wäre. Und das war es auch. In ihrer Welt hätten sie niemals infrage gestellt, dass sie das Recht hatte, bei ihnen zu sein.

»Ich glaube, sie reden ihr gut zu«, murmelte Vusi.

»Ich hoffe es«, lächelte ich.

Er nickte zuversichtlich.

»Wahrscheinlich erzählen sie ihr ihre Geschichte – dass sie auch ihre Familien verloren haben und wissen, wie es ist, verschreckt und allein zu sein. Sie sagen: *Dir wird's gut gehen. Wir nehmen dich mit.*«

Angesichts des wunderschönen Bilds, das er malte, schluckte ich meine Tränen hinunter und hoffte aus ganzem Herzen, dass er recht behielt.

»Ich öffne das Tor zur *Boma* und lasse sie raus«, sagte Lawrence überzeugt. »Sie muss bei ihnen sein.«

Er schob das Tor zur Seite und wir beobachteten vom Landrover aus, ob ET herausbekäme, wie sie hindurchgehen könnte. Sie ging mehrmals an dem offenen Tor vorbei, begriff jedoch nicht, dass es ihr freigestellt war, sich der Herde anzuschließen.

Nana und Frankie gingen umher, bewegten sich bedächtig vor dem Tor, wie um ihr zu zeigen, was sie zu tun hätte. ET folgte ihnen – hin und her –, verstand aber nicht, dass nichts sie daran hinderte, zu ihnen zu gehen. Ihr Elend war herzzerreißend.

Die Herde machte sich irgendwann auf den Weg und sie stieß einen erstickten Schrei aus. Lawrence schüttelte verzweifelt den Kopf.

»Oje, das arme Ding hat keine Stimme.«

Später fanden wir heraus, dass sie sich nach dem Verlust ihrer Gefährten in dem anderen Reservat aus lauter Furcht heiser geschrien und ihre Stimmbänder dauerhaft geschädigt hatte. Bis zum heutigen Tag kann sie nicht trompeten und lediglich erstickte Geräusche, ähnlich einer Hupe, ausstoßen.

Gerade als wir für diesen Tag aufgeben und das Tor wieder schließen wollten, blieb sie davor stehen, den Blick auf die entschwindende Herde gerichtet, und ging dann schnurstracks hindurch.

Ehrfürchtig beobachtete ich das Mitgefühl und die Zärtlichkeit unserer Herde im Umgang mit ihr. Sie akzeptierten diesen verschreckten jungen Elefanten ohne Zögern, und während der ersten Monate war sie niemals allein. Eines der älteren

Weibchen war stets in ihrer Nähe. Manchmal glaube ich, dass Elefanten ein größeres Gefühl für Gemeinschaft und Verantwortlichkeit einander gegenüber haben, als Menschen es jemals haben werden. Ich war so stolz auf unsere Herde und erleichtert darüber, dass es ET in ihrem Leben nie mehr an Liebe mangeln würde.

Am Ostersonntag rief Lawrence bei Marion an.

»Sie macht sich gut und hat bereits einen Mutterersatz in Frankie«, berichtete er. »Die ganze Herde ist gerade am Fluss entlang an der Lodge vorbeigezogen. Sie war mittendrin, Nana vor ihr, Frankie neben ihr und Mnumzane hinter ihr mit seinem Rüssel auf ihrem Rücken. Sie hat eine neue Familie, Marion. Dank dir.«

Bis heute haben Frankie und ET eines der stärksten Bande in der Herde.

Nicht dass sich ET gleich beruhigt hätte. Lange Zeit blieb sie ängstlich und launisch, ganz ihrem Namen *Enfant Terrible* entsprechend, und einmal jagte sie Promise den schlimmsten Schrecken seines Lebens ein.

Er war aus seinem Geländewagen gestiegen, um Wildtierspuren zu verfolgen, und er hörte ET, bevor er sie sah. Er fuhr zu ihr herum, doch da kam sie schon auf ihn zu, die Ohren angelegt und den Rüssel eingerollt.

»Ihre Augen waren so verdammt schwarz und wütend, dass ich nicht hinsehen konnte«, berichtete er mir hinterher. »Das war keine ihrer Launen, das war ein ausgewachsener Angriff. Mein Geländewagen war 20 Meter hinter mir, und ich konnte es mir abschminken, ihn rechtzeitig zu erreichen.«

Elefanten können über 40 Stundenkilometer erreichen, und sie kam rasch heran. Weglaufen war also keine Option.

»Lawrence hat mir immer gesagt, dass man bei einer Konfrontation mit einem Elefanten das Gegenteil dessen tun solle, was einem der Körper erzählt, also blieb ich an Ort und Stelle. Welche Wahl hatte ich sonst?«

90 Kilo gegen fünf Tonnen.

Die Distanz zwischen ihnen verringerte sich. ET war nur ein paar Meter entfernt und donnerte heran. Promise wäre fast am Staub erstickt. Der Boden vibrierte unter seinen Füßen. Er konzentrierte sich auf seine Atmung und blieb ruhig. Wenn sie seine Angst witterte, hätte er nicht den Hauch einer Chance.

Sie blieb stehen.

Er rührte sich nicht, spürte ihren Atem auf seinem Kopf. Sie türmte sich über ihm auf und er starrte die ungeheuerlichen Beine vor sich an. Sie könnte ihm mit einem Schlag den Schädel zerquetschen. Er redete leise auf sie ein: *»Ich werde dir nicht wehtun. Lass mich bitte in Ruhe.«*

Abrupt fuhr sie herum und stolzierte davon, den Schwanz vor Ärger hoch erhoben und steif.

»Du hättest sehen sollten, wie abrupt sie zum Stehen kam. Ich weiß nicht, wie sie das ohne ABS hinbekommen«, scherzte er an diesem Abend in der Bar.

»Meine Fresse«, sagte ein Gast, ein Farmer aus Nelspruit, anerkennend. »Du hast Eier aus Stahl, Mann.«

»Nö, er hat bloß 'nen Buschkoller«, lachte ein anderer Ranger und tippte sich an die Schläfe.

»Ich wusste einfach, dass ich nicht weglaufen konnte«, sagte Promise schulterzuckend. »Nicht mal Usain Bolt hätte das hingekriegt!«

Nichts trägt mehr zur Beruhigung der Seele bei als eine eigene Familie, und noch im Jahr ihrer Ankunft wurde ET schwanger. 22 Monate später wurde Baby Jurgen geboren. Es war das vierte Baby seit der Ankunft der Herde in Thula Thula, aber für Lawrence und mich war dieses Kleine etwas Besonderes. Für ET schloss sich nun der Kreis.

7 FRANZÖSISCHES TEMPERAMENT

Frankie wurde nach mir benannt, weil sie, Lawrence zufolge, die zweite in der Kommandohierarchie war.

»Aber eigentlich ist es so, weil ich in ihr jemanden erkannt habe, den ich ziemlich gut kenne«, neckte er mich.

Ich grinste, biss aber nicht an.

»Dieses quirlige französische Temperament ...«, grinste er höhnisch.

»Mit diesem quirligen französischen Temperament wird sie noch weit kommen«, lachte ich.

Frankie war aber etwas mehr als quirlig. Anfangs hatte sie einen launischen und unberechenbaren Charakterzug, was bedeutete, dass wir uns nie sicher sein konnten, wie sie sich während der Wildtier-Beobachtungsfahrten verhalten würde. Aber über die Zeit entwickelte sie Zutrauen und inneren Frieden, was ihr gute Dienste leistete, als sie die Funktion als Leitkuh übernahm.

Ich werde nie vergessen, wie Nana ihr im Jahr 2003 allmählich die Zügel überließ, vier Jahre nach ihrer Ankunft in Thula Thula. Anfangs waren wir verwirrt, weil Nana nach wie vor jung war, noch keine 40 Jahre alt. Es war kein Machtkampf, weil es, anders als bei Bullen, zwischen alten und neuen Leitkühen nie einen Kampf gibt.

Lawrence hatte bemerkt, dass ein ungewöhnlicher Rollenwechsel zwischen ihnen stattfand, und er kehrte eines Abends sehr besorgt zum Essen nach Hause zurück.

»Ich habe etwas sehr Seltsames gesehen«, sagte er und langte beim T-Bone-Steak mit Gratin dauphinois tüchtig zu. »Nana hat die Herde durch die Bäume in der Nähe des Stausees geführt, als sie anscheinend vom Kurs abkam.« Er runzelte verwirrt die Stirn. »Dann übernahm Frankie die Führung und Nana ließ es glücklich zu. Das habe ich nie zuvor bei ihnen gesehen. Da stimmt etwas nicht.«

»Meinst du, sie ist krank?«

»Hoffentlich nicht. Morgen werde ich noch mal einen Blick auf sie werfen. Im Tageslicht ist es leichter zu erkennen, ob es ein Problem gibt.«

Wir hatte eine unruhige Nacht, keiner von uns schlief sonderlich viel. Bei Anbruch der Dämmerung gab er mir einen Abschiedskuss und eilte davon, um nach seinem Mädchen zu sehen. Ich hoffte inständig, dass es keine Wilderer gewesen waren und sie womöglich an einer schwärenden Schusswunde litt. Mich schauderte bei dem Gedanken daran, sie zu verlieren, oder, was das betrifft, irgendein anderes Mitglied unserer Herde. Sie waren uns so wichtig wie unsere eigenen Familien. Jeff, unser Labrador, spürte offenbar meine Angst, sprang aufs Bett und kuschelte sich an mich. Ich umarmte ihn fest und stand dann ebenfalls auf, zu besorgt um Nana, als dass ich hätte liegen bleiben können.

Am Nachmittag kehrte Lawrence mit einem grimmigen Gesichtsausdruck zurück.

»Ich glaube, sie hat einen grauen Star im rechten Auge. Er ist schlimm. Es sieht aus, als würde er das Auge fast völlig bedecken. Es würde mich überraschen, wenn sie überhaupt etwas auf diesem Auge sehen kann. Kein Wunder, dass Frankie ihr gestern Abend geholfen hat.« Er schüttelte den Kopf. »Ich kann nicht glauben, dass ich das erst jetzt entdeckt habe.«

»Meinst du, wir können ihn entfernen lassen?«

»Keine Ahnung. Ich warte darauf, dass Cobus zurückruft. Wenn es überhaupt jemand kann, dann er.«

Dr. Cobus Raath war ein Tierchirurg aus Nelspruit, der die Umsiedlung der Herde zu uns organisiert hatte, und Lawrence wusste, dass er ihm vertrauen konnte. Er konnte sich aber erst in einer Woche Zeit nehmen und nach Thula Thula kommen. Während der Wartezeit war Lawrence jeden Tag bei Nana.

»Frankies und Nanas Zusammenarbeit ist unglaublich«, berichtete er mir. »Sie teilen sich die Verantwortung. Tagsüber kann Nana gut mit einem Auge sehen, also ist sie die Chefin, aber sobald es dunkel wird, übernimmt Frankie. Ich hoffe inständig, dass wir ihr helfen können.« Der Tierarzt traf mit drei Studenten im Schlepptau ein und Lawrence nahm sie sofort mit auf die Suche nach Nana. Den ganzen Tag über blieb ich in Funkkontakt mit ihnen, während sie überall nach ihr suchten. Doch Nana war verschwunden. Die Nacht brach herein und sie kamen widerstrebend überein, es am folgenden Tag erneut zu versuchen. Als hätte Nana ihre Kapitulation gespürt, tauchte sie unter den Bäumen auf und schlenderte über die Lichtung auf sie zu.

»Hallo, Nana, meine *Baba*. Ich hab dich schon überall gesucht. Wo bist du denn gewesen?«, sagte Lawrence und fühlte sich im nächsten Augenblick unfassbar schuldig, als er Cobus signalisierte, sie zu betäuben.

Die Herde zerstreute sich und die Jungtiere trompeteten entsetzt. Lawrence schoss ein paarmal in den Boden, um dafür zu sorgen, dass sie sich fernhielten, damit er und Cobus sich Nana gefahrlos nähern konnten. Der Tierarzt holte seine Tasche aus dem Geländewagen und beide Männer rannten auf sie zu.

»Sie haben recht. Es ist ein grauer Star, ein schlimmer.« Cobus verzog das Gesicht.

»Kannst du das operieren?«

»Nicht ohne eine echte Gefährdung für das Auge. Ich lindere es mit einem Desinfektionsmittel, um das Risiko weiterer Probleme zu verringern, und dann …«

»Lawrence! Pass auf!«, schrie Vusi.

Frankie kam donnernd über die Savanne auf sie zu.

»Gib mir Deckung! Ich kann Nana nicht so liegen lassen«, rief Cobus.

»Verschwindet sofort von da!«, schrie Vusi.

Der Tierarzt injizierte Nana das Gegenmittel.

Lawrence riss ihn auf die Füße. »Lauf!«

Die beiden Männer rannten zum Geländefahrzeug, die Ranger zogen sie hektisch hinein. Frankie schoss an ihnen vorbei zu Nana. Total außer Puste beobachteten Lawrence und der Tierarzt, wie sie über Nana wachte, bis das Medikament Wirkung zeigte und eine sehr erschöpfte Nana sich wieder aufrichtete und aufstand. Den Rüssel über Nanas Leib gelegt, funkelte Frankie die Männer an, während sie Nana zart in die Sicherheit unter den Bäumen stieß.

Nana wusste wohl, dass sie erblinden würde, und begriff, dass sie nicht mehr in der Lage wäre, sich noch sehr viel länger um die Herde zu kümmern. In dieser weisen weiblichen Welt geht Sicherheit über das Ego, und ihr wurde klar, dass die Zeit gekommen war, die Verantwortung abzugeben. Wenn nur die Anführer der Welt ebenso würdevoll die Macht übergeben würden!

Wir waren so dankbar für Frankie. In ihrem Leben hatte sie viel durchgemacht, aber sie war zäh ohne Ende und erwies sich als raffinierte und furchtlose Leitkuh. Welch ein Kontrast zu dem extrem nervösen Elefanten, der sie einst gewesen war, als sie Lawrence und mich – kurz nachdem Lawrence die Herde zum ersten Mal ins Reservat entlassen hatte – fast umgebracht hätte.

Lawrence war damals zu dem Entschluss gekommen, dass die Herde sich genügend eingewöhnt hatte, um aus der *Boma* entlassen zu werden, damit sich die Tiere am gesamten Reservat erfreuen konnten. Alle paar Stunden fuhr er hinaus, um nach ihnen zu sehen und sicherzugehen, dass sie nicht versuchten, den äußeren Zaun zu durchbrechen.

»Heute Morgen waren sie in Flussnähe. Sollen wir hinfahren und sehen, wie es ihnen geht? Wir können das Quad nehmen«, schlug er vor.

Total aufgeregt, die Herde endlich in der Wildnis zu sehen, sprang ich auf den Rücksitz des Fahrzeugs. Es ging über eine unbefestigte, holprige Straße zu einem Aussichtspunkt. Lawrence glaubte, dass wir von dort aus das Gebiet überblicken könnten, wo sie sich aufhielten. Ein Hitzedunst hing tief über dem Reservat und die Hügel und die Savanne waren milchig verschwommen, aber Lawrence, immer mit einem sechsten Sinn hinsichtlich ihres Aufenthaltsorts ausgestattet, entdeckte sie sofort.

»Sie sind beim Fluss und es sieht aus, als ob sie in Bewegung wären. Lassen wir ihnen etwas Zeit, das Ufer zu verlassen, und dann fahren wir durch den Fluss zu ihnen«, sagte er.

Der Nseleni verläuft direkt durch das Reservat – eine perfekte Busch-Autobahn. Es hatte seit einer Ewigkeit nicht geregnet, also fuhren wir lachend durch das niedrige Wasser und hielten dabei unsere Füße hoch, damit sie nicht nass wurden. Lawrence ließ den Motor richtig hochdrehen und jagte das steile Ufer hinauf, damit wir aus dem Flussbett kamen. Ich klammerte mich an ihn, um nicht hinten runterzufallen. Als ich aufschaute, waren die Elefanten direkt vor uns.

»Scheiße …«, knurrte Lawrence.

Wir waren mitten unter ihnen. Ich fühlte mich klein, sehr exponiert und dennoch seltsam furchtlos. Ich wusste, dass sie wild waren und dass unser Reservat immer noch neu für sie war, aber in meiner Naivität glaubte ich, dass sie glücklich bei uns waren – und glückliche Elefanten würden uns nichts antun, stimmt's? Stimmt nicht.

Frankie hielt sich im hinteren Teil der Herde auf und war ebenso verblüfft wie wir, aber dann preschte sie zwischen den anderen Elefanten auf uns zu, die Ohren angelegt, der Körper zitternd vor Wut, und ihre Augen … sie hat einen Ausdruck, ein Stirnrunzeln, eine Art und Weise, einen aus den Augenwinkeln anzusehen, bei der mir das Blut in den Adern gefriert. Bei keinem der anderen Elefanten ist das so, nur bei ihr.

»Wir haben ein Problem«, murmelte Lawrence leise.

Ich ließ meine Arme um ihn gleiten und hielt mich fest. Wenn er besorgt war, dann war ich zu Tode erschrocken.

Wir konnten nicht umkehren. Wir konnten aber auch nicht weiterfahren. Die Herde war vor uns, der Fluss hinter uns und wir steckten zwischen Frankie und zwei Babys, die panisch quietschten und trompeteten. Der Rest der Herde bewegte sich unruhig, nervös und angespannt. Frankie schüttelte ihren großen Kopf. Nana stand schweigend da und beobachtete alles achtsam. Ich wunderte mich darüber, dass sie so erregt waren. Mir war nie der Gedanken gekommen, dass sie anders als friedlich sein konnten. Ich sollte an diesem Tag ein oder zwei Dinge über wütende Elefanten lernen.

Lawrence holte seine 9-mm-Pistole heraus, um sie mit ein paar Schüssen in die Luft zu vertreiben.

»Nicht, Lolo. Wir wissen nicht, wie sie darauf reagieren.«

Frankie stieß ein markerschütterndes Trompeten aus und jagte auf uns zu, den Rüssel eingerollt für maximale Stoßkraft, die Augen blitzend. Allein dieser Blick hätte töten können. Nana unternahm nichts, um sie aufzuhalten.

»Wir stecken in der Tinte«, zischte Lawrence und reichte mir die Waffe. »Schieß, wenn es schlimm wird.«

Er hätte mir ebenso gut eine Spielzeugpistole reichen können, die hätte genauso viel bewirkt. Ich nahm sie widerstrebend entgegen. Es war mir sogar zuwider, sie anzufassen.

Frankie jagte weiter auf uns zu. Ich schloss die Augen. Nichts würde sie aufhalten. Wir würden hier sterben.

Lawrence stellte sich auf das Quad und warf sie Arme hoch in die Luft, um sich größer zu machen.

»Frankie, ist okay, meine *Baba*. Ich bin's. Ich bin's.«

Sie war uns sehr nahe und ihre Wut sengend wie ein Laser.

Das war's, wir sind tot, dachte ich.

»Frankie, Frankie! Meine *Baba*. Ich bin's. Ich bin's.«

Etwas in seiner Stimme – Verzweiflung? Liebe? – erreichte sie. Ich spähte vorsichtig an Lawrence vorbei. Frankies Rüssel schwang uns in wilden Kreisen entgegen, aber ihre Feindseligkeit war um einen Bruchteil zurückgegangen. Ich weiß nicht, woher ich es wusste, aber ich spürte es irgendwie.

»Alles in Ordnung, meine *Baba*. Ich bin's. Ich bin's.«

Ihre Ohren schlugen vor und zurück, waren nicht mehr angelegt – das wäre ein Anzeichen dafür, dass sie uns töten wollte. Ihre Stimmung veränderte sich. Ich schluckte einen Schluchzer herunter und kauerte mich hin. Wieder machte sie einen Satz auf uns zu.

Doch Lawrence blieb stehen, keuchend, die Arme nach wie vor hoch erhoben.

»Frankie, ich bin's!«

Sie blieb direkt vor dem Quad stehen.

Die Welt wurde still und ich hielt den Atem an.

Frankie sah uns funkelnd aus ihrer Höhe herab an. Ich sah die tiefen Furchen auf ihrer Haut, das feine Haar auf ihrem Rüssel, die langen dünnen Risse in ihren gewaltigen Stoßzähnen. Ein Stoß damit könnte uns und das Quad in die Luft schleudern wie Insekten.

Sie wich ein paar Schritte zurück und wartete darauf, dass die Kälber an ihr vorüberrannten.

Wir rührten uns nicht.

Sie schwenkte den Kopf von einer Seite zur anderen, überschüttete uns dabei mit Staub und ließ uns keine Sekunde aus den Augen.

Lawrence sank auf seinen Sitz zurück.

»Meine *Baba*«, flüsterte er.

Aus ihrem Zorn wurde Überraschung, als ob sie plötzlich realisierte, wer wir waren, dass die Menschen, die sie töten wollte, diejenigen waren, die ihr ein neues Zuhause geschenkt hatten, diejenigen, denen sie dabei war zu vertrauen. Ihr Blick wurde weicher. *Ach, ihr seid's.* Sie ging hinter ihrem Sohn und ihrer Tochter in den Busch zurück und warf uns einen verwirrten Blick zu, als sie verschwand.

Lawrence und ich sanken aneinander. Die Herde entfernte sich. Wir saßen starr vor Schreck da, wir wagten nicht, uns zu rühren. Wir waren gerade nicht von einem wütenden Elefanten zertrampelt worden.

An jenem Tag habe ich dem Tod ins Auge gesehen und ein Entsetzen verspürt, wie ich es noch nie im Leben verspürt habe.

Im Nachhinein begriffen wir, dass der fürchterliche Lärm des Quads ihr eine solche Angst eingejagt haben musste, dass ihre Erinnerung daran, was Menschen ihr angetan hatten, sie blind dagegen gemacht hatte, wer wir wirklich waren. Es war so achtlos von uns gewesen, dass wir mit dem Quad herumgedüst waren, aber wir hatten uns noch nie zuvor um Elefanten gekümmert und lernten jeden Tag dazu.

Danach sah ich diese majestätischen Wesen mit anderen Augen, weil ich verstand, wie ähnlich sie uns waren. Sie taten genau das, was wir in dieser Situation getan hätten: Sie schützten ihre Familie vor drohender Gefahr. Ich erkannte ebenfalls, dass Elefanten der Einsicht fähig sind, der Erkenntnis von Irrtümern. In einem Moment war Frankie ganz und gar darauf aus gewesen, uns zu töten, und im nächsten hatte sie erkannt, dass wir nicht der Feind waren, und sie war davongegangen. Doch nach diesem Erlebnis wurde ich sehr vorsichtig ihr gegenüber. Ich hatte die schwarze Wut in ihren Augen gesehen und wusste, dass sie uns hätte töten können, wenn sie es gewollt hätte.

Wilde Tiere sind wie das Meer – wunderschön, unberechenbar, gefährlich. Ein überfälliger Augenöffner, den sowohl Lawrence als auch ich nötig gehabt hatten.

8 DIE KLEINE THULA

Hüter und Beschützer von wilden Tieren zu sein ist nichts für schwache Nerven. Die Belohnungen sind gewaltig, aber die Sorge schwindet nie, und wenn etwas schiefgeht, sind der Verlust, das Schuldgefühl, der Schmerz unbeschreiblich.

Damals, im Sommer des Jahres 2004, hatten wir seit Wochen darauf gewartet, dass Nanas Tochter Nandi ihr Baby zur Welt brachte. Bei Elefanten ist es schwierig, ein genaues Datum festzulegen, weil die Schwangerschaft 22 Monate dauert, und man merkt nur, dass sie guter Hoffnung sind, wenn die Schwangerschaft schon weit fortgeschritten ist. Bis dahin ist es unmöglich herauszufinden, wie weit sie schon sind.

An einem Morgen berichteten die Ranger, dass das Kalb – ein weibliches – endlich geboren war, dass die Herde sich jedoch merkwürdig verhielt. Lawrence fuhr sofort hinaus, um nachzusehen. Gegen Mittag kehrte er aschfahl im Gesicht zurück.

»Da stimmt etwas nicht mit ihren Füßen. Die Kleine kann nicht stehen.«

Ich sah ihn verwirrt an. Mehrere Kälber waren seit der Ankunft der Herde geboren worden und wir hatten nie Probleme mit einer der Geburten gehabt.

»Sie versucht aufzustehen und alle helfen ihr, schlingen ihre Rüssel unter ihren Körper und halten sie aufrecht, aber sobald sie loslassen, bricht sie zusammen. Ich war stundenlang dort und es ist verdammt schwer, das mit anzusehen.«

»Wie saugt sie denn, wenn sie nicht stehen kann?«

Er verzog düster das Gesicht.

»Sie saugt nicht. Sie kann Nandis Zitzen nicht vom Boden aus erreichen – was bedeutet, dass sie seit ihrer Geburt keinerlei Nahrung bekommen hat. Und in dieser verfluchten Hitze hat sie keine Chance. Vielleicht sind wir bereits zu spät dran.«

»Sind sie irgendwo in Sicherheit? Wo sind sie?«

»Auf der Straße zur Lodge, kurz vor der Furt, wo kein verfluchter Baum weit und breit zu sehen ist. Nana und Nandi schirmen die Kleine mit ihren Körpern vor der Sonne ab, aber selbst so kann die Herde nicht tagelang dort bleiben. Es ist eine Katastrophe, Frankie! Das kleine Ding kann unmöglich überleben.«

»Das kannst du nicht wissen, *chéri*. Elefanten sind schlauer, als wir glauben. Sie finden einen Weg, ihr zu helfen.«

»Was ist, wenn sie das Gefühl haben, die Kleine im Stich lassen zu müssen?«

»Das täten sie niemals!«

»Vielleicht müssen sie es. Wenn das Baby die Herde aufhält, bleibt Nana und Frankie keine andere Wahl.«

»Dann werden wir sie eben retten. Wir können sie nicht einfach sterben lassen.«

Er nickte erschöpft.

»Das weiß ich, aber die Kleine muss nicht bloß gefüttert werden, Frankie. Sie braucht einen Orthopädiespezialisten. Ich weiß nicht mal, ob es so etwas für Elefanten überhaupt gibt. Wir haben immer gesagt, wir würden der Natur ihren Lauf lassen, aber …«

Er verfiel in Schweigen. Ich wusste, dass er recht hatte, aber wir hatten diese Einstellung noch nie zuvor auf die Probe stellen müssen.

»Vielleicht verlassen sie die Kleine ja nicht«, sagte ich hoffnungsvoll.

»Ohne Milch wird sie keinen weiteren Tag überleben.« Er tigerte auf und ab. »Was sollen wir nur tun, verdammt?«

»Fahr zurück, Lolo. Sieh dir an, was passiert, und wir entscheiden dann.«

Ich machte ihm schnell ein paar Sandwiches und er packte Wasserflaschen in eine Kühlbox und fuhr zur Herde zurück. Ich warf einen Blick aufs Thermometer an der Tür: 37 Grad, und es war zwei Uhr nachmittags. Ich rannte ihm mit seiner Kappe nach. Seine Haut ist so »unafrikanisch«, wie es nur geht, und ohne die Kappe würde er garantiert puterrot werden.

Ich schlief bereits, als er in jener Nacht ins Bett schlüpfte und mich aufweckte, um mir zu sagen, dass die Kleine noch lebte.

»Sie ist bemitleidenswert schwach, aber sie sind noch alle bei ihr. Sie haben sie noch nicht aufgegeben. Bitten wir Gott, dass sie die Nacht übersteht.«

Bei Anbruch der Dämmerung war er wieder weg, um der Großmutter und Mutter des Kalbs beizustehen und ein Auge auf die Kleine zu haben. Schließlich gehörte sie zur Familie. Ich rief ihn am Vormittag an, um herauszufinden, wie es ihr ging.

»Sie lebt noch, aber nur so gerade«, erwiderte er niedergeschlagen. »Aber wie es aussieht, ist Nana zu dem Entschluss gekommen, dass es an der Zeit ist zu gehen.«

Weibliche Elefanten sind zutiefst mütterlich veranlagt und kümmern sich oft um die Babys der anderen, also wäre es für sie alle niederschmetternd, das Neugeborene zurückzulassen.

Nana machte den Anfang. Sie ging, und Lawrences Beschreibung ihres melancholischen Gangs weg von ihrer sterbenden Enkelin brach mir das Herz.

»Sie schlurft mit so schweren, langsamen Schritten«, sagte er verzweifelt.

Frankie hatte bereits als Anführerin übernommen, aber Nana war nach wie vor eine wichtige Ratgeberin, und sie war darüber hinaus die Großmutter des Kalbs, also ist es möglich, dass Frankie ihr die Entscheidung überließ. Nana muss ein starkes Verlangen verspürt haben, zu bleiben und ihre Tochter zu trösten, aber sie führte stattdessen die Herde weg. Das war so typisch für unsere geliebte weise Anführerin. Ihre Entscheidungen traf sie nie für sich selbst, sie stellte immer die Herde an erste Stelle. Hoffentlich finde ich mich nie in einer solchen Situation wieder wie die, in der sie an jenem Tag war. Deswegen fällt die Rolle der Leitkuh an Anführerinnen, die nicht nur die Einsicht haben, solche großen Entscheidungen zu treffen, sondern auch den Mut, sie in letzter Konsequenz durchzuziehen.

So wurde das Elefantenbaby Thula zurückgelassen, um zu sterben.

Nur Nandi blieb, völlig erschöpft von der Geburt und der ununterbrochenen Wache, die in ihren zweiten Tag ging.

Wie in aller Welt hätten Lawrence und ich ihre verzweifelte Notlage ignorieren können? Eigentlich war unsere Einstellung, der Natur ihren Lauf zu lassen, aber das war in diesem Fall unmöglich. Wir hätten nicht mehr in den Spiegel schauen können, in dem Wissen, nicht alles Menschenmögliche zur Rettung der Kleinen unternommen zu haben, insbesondere nachdem die Herde selbst ihr Möglichstes versucht hatte, um ihr zu helfen.

»Ich fahre mit den Jungs hin und hole sie«, sagte Lawrence.

Ich umarmte ihn heftig, dankbar für sein großes Herz.

Da er wusste, dass Nandi seit der Geburt weder feste Nahrung noch Wasser gehabt hatte, belud Lawrence seinen Landrover mit frisch geschnittenem Alfalfa und Wasser und kehrte vorsichtig zu ihr zurück. Es war riskant, weil sie ihn angreifen würde, falls sie argwöhnisch hinsichtlich seiner Absichten wäre. Ein Geländewagen wirkt sehr stabil, ist aber gegenüber einer drei Tonnen schweren Mama, die ihr sterbendes Junges beschützt, nichts weiter als eine Blechbüchse.

In dem Augenblick, als Nandi das Futter roch, schoss ihr Rüssel in die Höhe und sie schlurfte zu dem Fahrzeug hinüber, saugte das Wasser literweise auf und spritzte es sich ins Maul.

Lawrence fuhr behutsam ein Stück von ihr weg und Nandi folgte vertrauensvoll. Voller Schuldgefühle blieb er stehen, um sie trinken zu lassen. Sie trank und trank, stillte einen 36-stündigen Durst. Dann rückte er im Schneckentempo mit dem Fahrzeug erneut vor und führte sie hinter ein paar Büsche, bis das Baby nicht mehr zu sehen war.

Die Ranger eilten dann sofort zu dem Kalb,um es auf ihren Truck zu heben. Minuten später fuhren sie zum Haus herauf.

Das Baby war abgemagert, teilnahmslos, die Ohren von der Sonne versengt und hatte offene Stichwunden an den Seiten, als ob ihre Mutter und Tanten die Kleine mit den Stoßzähnen gestupst hätten, um sie zum Stehen zu bringen. Ich glaubte, sie würde in der nächsten Stunde sterben. Sie lag reglos im Schatten der wilden Feigenbäume und folgte uns mit erschrockenen Augen. Wir tränkten sie mit kühlem Wasser, um ihre Körpertemperatur zu senken. Der Tierarzt legte eine Infusion mit lebensrettenden Nährstoffen an. Ich saß neben ihr, rieb ihr das Gesicht und flüsterte ihr zu: *Reste avec nous, ma petite.* Bleib bei uns, meine Kleine.

Wir wussten über Baby-Elefanten lediglich, dass Kuhmilch äußerst unverträglich für sie ist. Lawrence rief daher das Daphne-Sheldrick-Schutzgebiet in Kenia an, um herauszufinden, wie man sie füttern musste. Sie empfahlen eine spezielle Mischung mit Kokosöl. Ein Ranger raste nach Empangeni, um Flaschen, Sauger und die richtigen Zutaten zu besorgen.

Der Tierarzt verabreichte ihr eine zweite Infusion. Eine dritte.

Wie durch ein Wunder wurde sie etwas munterer.

»Wenn sie die nächsten zwölf Stunden überlebt, hat sie eine Chance«, sagte der Tierarzt. »Sie ist ein verdammt großes Kalb.

Es sieht so aus, als wäre sie zu groß für ihre Mutter gewesen und die Füße hatten nicht genügend Platz, um richtig zu wachsen. Aber die gute Nachricht ist, dass kein Knochen gebrochen ist.«

Mein Gästezimmer war über Nacht zum Kinderzimmer geworden und wir brachten sie vorsichtig in unser Haus. Sie lag auf einer Matratze, umgeben von etwas, das – wie ich hoffte – der beruhigende Duft von Gras und Heu war. Ich konnte die Augen nicht von ihr lassen. Von den sonnenverbrannten Ohren und den Verletzungen durch die Stoßzähne abgesehen war der winzige Körper in jeder Hinsicht perfekt, mit einem wunderschönen Babygesicht, dem sich windenden Rüssel und den überraschend stämmig wirkenden Beinen. Tatsächlich wäre mir nie aufgefallen, dass etwas mit den Füßen nicht stimmte, wenn es uns der Tierarzt nicht gesagt hätte. Sie schlief rasch ein, auf der Seite liegend, den Rüssel am Mund zusammengerollt, damit sie bequem liegen konnte. Ich hätte sie ewig ansehen können.

Ein Ranger blieb in jener ersten Nacht bei ihr, aber ich stand alle paar Stunden auf, um nach ihr zu sehen und die Umzäunung zu checken, denn ich geriet bei dem Gedanken in Panik, die Herde könnte begreifen, dass die Kleine bei uns war, und den Zaun durchbrechen, um sie zu holen. Wenn sie ihr Kalb zurückhaben wollten, würde sie nichts aufhalten – nicht einmal 8000 Volt.

Aber sie kamen in jener ersten Nacht nicht. Ein paar Tage später schlenderten sie zum Haus herauf und verbrachten den ganzen Morgen damit, ruhig am Zaun zu fressen. Wir erwarteten jederzeit, dass sie unruhig werden und Anzeichen zeigen würden, ihr verkrüppeltes Kind zurückzuholen.

Schließlich rieb Lawrence sein Hemd und seine Hände über die Haut des Kalbs und ging mit ausgestreckten Handflächen zu ihnen, um ihnen zu »sagen«, dass die Kleine in Sicherheit war. Nana, Frankie und Nandi hoben ihre Köpfe und ihre Rüssel wanden sich zwischen den elektrischen Drähten auf Lawrence zu. Ich stand auf der Veranda, mehr als nur leicht nervös. Ihre Rüssel fuhren zitternd über seine Hände, rochen das Kalb, doch sie wirkten nicht verzweifelt. Ganz im Gegenteil, sie wirkten beruhigt und gingen ebenso unbekümmert davon, wie sie gekommen waren.

Lawrence kehrte zu mir zurück, legte seine Hände in meine und wir sahen ihnen beim Davongehen zu. Wir waren eine Familie, die Elefanten und wir, und sie hatten uns gerade ihr Kalb anvertraut. Worte können nicht beschreiben, wie bewegt wir waren und wie sehr wir uns für sein Überleben verantwortlich fühlten.

»Wir nennen sie Thula«, murmelte ich.

Lawrence nickte und drückte meine Hände. »Ihr wird es gut gehen.«

Der Tierarzt war ebenfalls guter Dinge und zuversichtlich, dass wir mit täglicher Physiotherapie langsam ihre Füße in die richtige Position bringen konnten, und wir hofften, dass sie das Gehen lernen würde. Am Morgen hatte Thula eine ganze Flasche mit Nährstoffen getrunken. Ich war so glücklich und fühlte mich so ermutigt, weil Baby-Elefanten berüchtigt dafür sind, sich schwer füttern zu lassen, selbst wenn sie wirklich hungrig sind. Sie kippen instinktiv Kopf und Rüssel nach oben und suchen den Leib ihrer Mutter ab, und sie müssen sich geborgen fühlen, bevor sie trinken. Wir halfen ihr dabei, indem wir ein schweres Stück grobes Sackleinen aufhängten – als Nachahmung der Haut ihrer Mutter – und ihr die Flasche von dort aus gaben.

Jeden Tag hatte Thula »Geh-Therapie«, und obwohl der Gebrauch der Füße offensichtlich schmerzhaft war, schien sie entschlossen, es zu versuchen.

Am dritten Tag brachte sie ein paar Schritte zustande – sehr wackelig und unsicher, aber immerhin. Wir waren total aufgeregt, feuerten die Kleine an und beklatschten ihre Erfolge. Sie wirkte sehr zufrieden mit sich. Bevor die Woche zu Ende war, trabte sie ohne Hilfe über den Rasen. Ich brach in Tränen aus. Sie war so mutig und wirkte so aufgeregt über jeden erreichten Meilenstein.

Die Kleine und Biyela, unser Gärtner, vergötterten einander und waren stundenlang gemeinsam draußen. Er schützte galant ihre Babyhaut mit einem riesigen Golfschirm vor der sengenden afrikanischen Sonne. Es war ein glückseliger Anblick: der alte Biyela und die kleine Thula, die Seite an Seite über den Rasen schlenderten.

Sie liebte den Schirm, schlich sich gern hinter ihn, schlang den Rüssel um den Griff und versuchte, ihn sich zu schnappen. Und unser lieber Gärtner ließ sich auf einen spielerischen Wettkampf mit ihr ein, der viele zerbrochene Schirme zum Ergebnis hatte. Aber das machte mir nichts aus. Dort, wo sie herkamen, gab es viel mehr, und ich wollte alles tun, was ich konnte, um diesen schalkhaften Glanz in ihren Augen zu bewahren.

Alle wollten helfen und binnen weniger Tage hatte Thula ihre eigene »Herde« menschlicher Pfleger um sich geschart. Emotionales Wohlergehen und körperliche Gesundheit gehen Hand in Hand bei diesen hilflosen Wesen, und Liebe ist ebenso entscheidend für ihr Überleben wie jede Arznei, die ein Tierarzt verschreiben kann.

Thulas Füße wurden immer kräftiger und es dauerte nicht lange, da sprang sie überall herum wie ein übermütiges Kleinkind. Sie wurde mein Schatten, eher Welpe als Elefant, und es gab nichts im Haus, was ihr kleiner Rüssel nicht berührte.

Sie war fasziniert von dem langen Ding, das aus ihrem Gesicht herauswuchs, und warf es chaotisch herum, bis sie lernte, ihren Rüssel etwas besser zu kontrollieren. Prompt machte sie sich daran, meine Einrichtung zu »untersuchen«, und so einiges ging dabei zu Bruch.

Eines Tages warf sie einen Hocker um. Sie sah ihn verwirrt an und versuchte dann, darüber hinwegzusteigen, aber ihre Beine waren zu unkoordiniert, und sie zerbrach ihn. Entzückt von ihren neuen Spielzeugen hob sie die Stücke auf und schleuderte sie in die Luft. Mein armes Heim! Neugeborene Elefanten meistern den Gebrauch ihrer Rüssel normalerweise nicht so schnell, und während ich einerseits sehr stolz auf sie war, verstand ich andererseits sehr rasch, dass es sicherer wäre, jegliche kostbaren und zerbrechlichen Dinge aus ihrer Reichweite zu entfernen.

Sie liebte die Küche, und obwohl sie keine feste Nahrung zu sich nahm, hinderte sie das nicht daran, jede einzelne Zutat zu beschnüffeln, die ich verwendete. Max und Tess, meine Staffordshire Bullterrier, standen total verdutzt dabei. *Warum darf sie das tun und wir nicht?*

Einmal schnitt ich Tomaten und Thulas Rüssel krümmte sich über den Rand des Tischs und nahm ein paar Stücke auf. Ich glaube, die Beschaffenheit faszinierte sie, weil sie diese interessanten roten Kugeln in der Küche herumschob und ein Kunstwerk à la Picasso damit erschuf.

Max war gleich dabei und verputzte die zermatschten Tomaten. Er war nie weit entfernt von ihr, und ich war davon überzeugt, dass er sie für ein Teil seines Rudels hielt und wusste, dass sie ihn brauchte, damit ihr nichts zustieß.

Bijou und Tess hingegen waren eifersüchtig auf sie und ganz und gar nicht glücklich über die Art und Weise, wie sie mich ihnen entführt hatte. Aber ihr Besitzanspruch war durchsetzt von mütterlichen Gefühlen, weil sie anscheinend ebenfalls Thulas Zerbrechlichkeit spürten und oft in ihr Zimmer gingen, sie beschnüffelten und ihr das Gesicht leckten.

Mein Heim war ein ganz interessantes Sammelsurium aus »Kindern« – ein snobistischer Pudel, die beiden kriegerischen Bullterrier und ein Baby-Elefant, alle in völliger Eintracht.

Trotz Thulas Größe ging sie überraschend sanft mit den Hunden um, insbesondere mit Bijou, die oft mit ihr durch den Garten spazierte. Selbst auf ihren wackeligen Beinen trat Thula niemals versehentlich auf sie. Wenn sie nur so vorsichtig mit meinem Mobiliar gewesen wäre!

Die erste Woche ging in die zweite und dritte über, und allmählich entspannten wir uns. Sie war noch weit davon entfernt, kräftig genug zu sein, um mit einer rennenden Herde mitzuhalten, aber ich war zuversichtlich, dass sie es schaffen würde.

Gegen Ende der vierten Woche kam ihr Pfleger in die Küche gelaufen.

»Komm rasch! Thula kann nicht aufstehen!«, rief er.

Ich rannte hinter ihm her in ihr Zimmer. Sie versuchte aufzustehen, um mich zu begrüßen, und quietschte vor Schmerz und Enttäuschung, als es ihr nicht gelang. Ich fiel auf die Knie und hielt sie in meinen Armen.

Am nächsten Tag verweigerte sie die Flasche.

Der Tierarzt wusste nicht, was er tun sollte. Wir riefen jeden Experten an, den wir kannten, aber niemand konnte helfen. Wir hatten keine Ahnung, was mit ihr nicht stimmte. Anscheinend waren ihre Gelenke entzündet und jede Bewegung machte es schlimmer. Sie wurde teilnahmslos und war kaum imstande, den Kopf zu heben.

Wir blieben abwechselnd bei ihr, streichelten sie, sagten ihr, wie tapfer sie sei und wie sehr wir sie liebten. Ich erzählte ihr, dass ihre Mutter Nandi auf sie wartete und dass die ganze Herde sich wahnsinnig auf den Tag freuen würde, wenn sie wieder bei ihnen wäre. Ich weiß nicht, ob sie etwas verstand, aber Lawrence glaubte immer, dass Tiere Emotionen verstehen, also redete ich weiter liebevoll auf sie ein.

Sie kam wieder an den Tropf. Doch nichts half. Sie baute vor meinen Augen rapide ab. Es ging so unglaublich schnell.

Biyela kam jeden Morgen an die Tür, den Schirm in der Hand und Hoffnung auf dem Gesicht. Ich konnte nicht sprechen und schüttelte nur den Kopf.

Unser Baby schaffte es nicht.

Genau vier Wochen nach ihrer Geburt weckte mich Lawrence vor Sonnenaufgang und sagte mir, dass sie gestorben sei. Ich konnte es nicht glauben. Wie konnte sie gestorben sein? Noch vor einer Woche hatte ich sie durch das Haus gejagt, um meinen Sonnenhut zurückzubekommen.

Ich war am Boden zerstört. Das waren wir alle. Ich weinte unentwegt. Ich war so zuversichtlich gewesen, dass sie das Schlimmste überstanden hatte. Ich bemerkte erst richtig, wie sehr ich Thula liebte, als sie gestorben war. Ihr Tod war ein solcher Schock. Ja, ihr war es ein paar Tage lang nicht gut gegangen, aber sie war eine Woche zuvor gediehen und mir war nie der Gedanke gekommen, dass sie einen Rückfall erleiden könnte. Sie war ein so optimistischer und tapferer Ausbund an Freude gewesen, und ich hatte geglaubt, sie würde auf immer bei uns bleiben.

Das waren dunkle Tage. Meine Trauer war so tief und ich brauchte lange, um mich zu erholen. Selbst jetzt, Jahre später, schnürt sich mir bei dem Gedanken an sie die Kehle zu. Einige Wesen verlassen nie unser Herz, und sie ist nach wie vor in meinem, unsere tapfere kleine Thula.

9 LANG LEBE DER KÖNIG

Kurz nach Thulas Tod war Nandi wieder schwanger und gebar diesmal ein gesundes männliches Kalb, das wir Shaka nannten. Ich war so aufgeregt und erleichtert, als Vusi mir erzählte, dass der Kleine bereits wenige Stunden nach der Geburt mit der Herde mithalten konnte.

Auch wenn man das Trauma überwunden hat, einem sehr kranken Wesen nicht helfen zu können, verlässt einen nie mehr die Angst, dass es wieder geschehen könnte. Zum Glück war jedes seitdem geborene Baby gesund, und so fand ich mich im Jahr 2012 – sechs Jahre und zwölf robuste Kälber später – bei dem Versuch wieder, einen Weg zu finden, die Behörden zu beschwichtigen, die wieder einmal Druck wegen des Verhältnisses von Elefanten zu Land auf mich ausübten. Ich bemühte mich, eine Lösung zu finden, war aber auch wild entschlossen, dass nichts, was wir unternahmen, ihre friedliche Existenz stören sollte.

Ich bat Mike Toft um Rat, wie sich die Anzahl kontrollieren ließe, ohne die Herde zu keulen oder zu teilen.

»Da gibt es etwas, das ich seit einer Weile untersuche, aber mach dir nicht allzu große Hoffnungen, weil ich erst noch weiter daran forschen muss. Wie viel Zeit haben sie dir denn gelassen?«, wollte er wissen.

»Das haben sie nicht gesagt«, erwiderte ich. »Und ich frage lieber nicht nach. Wenn ich das nächste Mal mit ihnen in Kontakt trete, möchte ich ihnen zeigen können, dass wir alles Erdenkliche tun, um das Problem anzugehen.«

»Ich melde mich so schnell wie möglich wieder bei dir«, versprach er.

Er führte es zwar nicht näher aus, dennoch verspürte ich einen Funken Hoffnung. Ich konnte einfach nicht glauben, dass 4500 Hektar nicht für unsere Herde ausreichen sollten. Wir fuhren oft wochenlang durch den Busch, ohne sie überhaupt zu Gesicht zu bekommen, nicht mal wenn die Ranger sie explizit suchten. Wie konnte unser Reservat dann nicht groß genug sein? Ich musste immer noch sehr viel über Naturschutz lernen.

Merkwürdigerweise besuchten die Elefanten während dieser Zeit das Haus fast jeden Tag. Wussten sie, dass über ihr Schicksal entschieden wurde? Erinnerten sie mich daran, dass wir Teil derselben großen Familie waren? Ich weiß es nicht und es spielt auch keine Rolle. Ich fand es schön, sie so oft zu sehen und ihre beruhigende Gegenwart so nah bei mir zu spüren.

Manchmal ging eines der Kälber auf eines der Safari-Fahrzeuge auf Beobachtungsfahrt zu, doch Nana eilte sogleich herbei und hielt es davon ab, ihm zu nahe zu kommen. Zum Üben durfte das Kalb ein oder zwei Scheinangriffe ausführen, das heißt, es schwang den Kopf und den Rüssel herum, aber dann drängte sie es sanft wieder beiseite. Regeln sind Regeln, und Autos sind tabu. Lawrence wäre stolz auf sie gewesen! Er wollte immer, dass die Herde völlig wild blieb und sich nie zu sehr an die Anwesenheit von Menschen gewöhnte.

Erwachsene Elefantenkühe verfügen offenbar über einen endlos langen Geduldsfaden. Ich habe nie erlebt, dass eine von ihnen die Geduld mit einem der Kleinen verlor, und glauben Sie mir, sie können ebenso anstrengend sein wie Menschenkinder! Sie sind neugierig und haben mehr Energie, als gut für sie ist.

Das ist einer der Gründe, warum Lawrence und ich Gobisa retteten. Nach Mnumzanes Tod waren die jüngeren Bullen nicht mehr im Zaum zu halten. In der Wildnis hätten sie ein männliches Alphatier gehabt, das ihnen Manieren beigebracht hätte, doch ohne Mnumzane waren sie zu Berserkern geworden. Mabula war nun unser ältester Bulle, aber mit seinen 18 Jahren war er bei Weitem zu jung und unzuverlässig, um das Kommando zu übernehmen.

»Wir brauchen einen erwachsenen Bullen, der sie anführt«, sagte Lawrence. »Insbesondere Mabula. Er hat die sture Haltung seiner Mutter geerbt und er nimmt sich allzu wichtig. Ohne ein männliches Alphatier, das ihn in Schach hält, könnte er am Ende ein echtes Problem für uns werden, wenn er älter ist.«

Die Rolle des dominanten Bullen übernimmt im Allgemeinen ein erwachsenes Alphatier von über 30 Jahren. Auch wenn er keine Führungsposition innehat wie eine Elefantenleitkuh, so ist er doch entscheidend für die Kontrolle der heranwachsenden Bullen sowie für die Weitergabe kräftiger, gesunder Gene, weil solche Bullen für gewöhnlich die beste Elefantenkuh abbekommen, wenn diese brünstig sind.

Eines Nachmittags waren Promise und ein zweiter Ranger, Siya, auf einer Wildtier-Beobachtungsfahrt mit einem Geländewagen voller Gäste. Sie hatten nur sehr wenige Tiere zu Gesicht bekommen und die Gäste wurden unruhig, also brachte Promise sie zu unseren Flusspferden Romeo und Juliet. Wenige Minuten vom Stausee entfernt bogen sie ab – und da stand die Herde mitten auf der Straße. Promise blieb stehen und lächelte die Gäste an.

»Da sind sie ja«, grinste er recht selbstgefällig, weil er sie schließlich doch noch »gefunden« hatte.

In dem Augenblick, als er das Fahrzeug hörte, fuhr Mabula herum.

»Das ist Frankies Sohn«, erklärte Promise.

Mabula hob den Kopf und stieß ein verärgertes Trompeten aus. Die Gäste waren entzückt und knipsten wild. Er trabte auf sie zu. Promise legte den Rückwärtsgang ein, blieb jedoch stehen. Mabula wurde schneller und sein Rüssel schwang hin und her.

»Ist bloß ein Scheinangriff«, sagte Promise ruhig. »Bleiben Sie sitzen und geraten Sie nicht in Panik.«

Mabula raste weiter auf das Fahrzeug zu, gefolgt von den beiden anderen jungen Bullen. Promise fuhr langsam rückwärts, doch Mabula verringerte sein Tempo nicht. Siya stieg von der Tracker-Sitzbank in den Geländewagen.

»Eish, wena!«, schrie er Mabula an.

Promise drückte das Gaspedal bis zum Boden durch. Überall wirbelte Staub auf und dennoch jagte Mabula weiterhin ungebremst heran. Promise und Siya hämmerten mit den Händen auf die Seite des Geländewagens und schrien Mabula an, er solle zurückweichen. Doch unser Teenager nahm keine Befehle entgegen und stieß mit den Stoßzähnen gegen den Geländewagen. Wenn die Gäste zuvor gelangweilt gewesen waren, so bekamen sie jetzt einen Adrenalinschub, der für ein ganzes Leben reichte.

Dank Promises Besonnenheit und einer Kehrtwende, die einem Formel-1-Rennen alle Ehre gemacht hätte, verlor Mabula zum Glück das Interesse. Doch als er 14 Tage später das gleiche Verhalten zeigte, war Lawrence besorgt.

»Wenn wir keine Vaterfigur für ihn finden, wird er diesen Unsinn mit den Angriffen zu weit treiben.«

Er rief ein paar Leute an und nach langem Hin und Her mit den Behörden traf Gobisa ein, ein mächtiger Bulle Mitte 30. Ich warf einen Blick auf ihn und fragte mich, wie Mabula wohl auf ihn reagieren würde.

»Er ist riesig«, sagte ich zu Lawrence. »Was ist, wenn Mabula nicht auf ihn hört?«

»Gobisa wird ihn prügeln, bis er sich unterwirft.« Er zuckte die Schultern. »So muss das halt sein.«

Nur dass Gobisa keine Absicht hatte zu bleiben.

Kurz vor Mitternacht an seinem ersten Tag wurden wir von der Nachricht geweckt, dass er den 8000-Volt-Zaun der *Boma* durchbrochen hatte. Lawrence funkte Unterstützung an, küsste mich zum Abschied und rauschte zur Tür hinaus. Ich saß auf glühenden Kohlen neben dem Telefon und durchlebte erneut das Drama von Nanas Ausbrüchen vor zehn Jahren. Was für ein Albtraum!

Lawrence hielt mich auf dem Laufenden, während er Gobisas Pfad der Zerstörung folgte.

»Wir wollten einen Boss und wir haben einen bekommen«, sagte er. »Er ist auf dem Weg dorthin zurück, woher er gekommen ist, hat sechs Elektrozäune durchbrochen und ist immer noch unterwegs. Zwei Hubschrauber suchen nach ihm und Dave Cooper hält Trucks und einen Kran bereit.«

»Sei vorsichtig, Lolo«, sagte ich. »Ich möchte euch beide unversehrt zurückhaben.«

»Verstanden, Frankie«, feixte er und ich konnte sein breites Grinsen genau hören.

Ein Team aus 17 Männern in zwei Hubschraubern und mehreren Geländewagen jagte Gobisa durch das Gebiet und als sie ihn fanden, gab es einen höllischen Kampf. Vor nichts hatte er Angst, nicht einmal vor dem Lärm der Hubschrauber, die versuchten, ihn aus dem dichten Gebüsch zu verjagen, in dem er sich versteckt hielt. Mir kam in den Sinn, dass wir vielleicht mehr Elefant bekommen hatten, als wir hatten haben wollen.

»Er hat sich in der Schlucht versteckt«, berichtete mir Lawrence. »Jetzt oder nie. Wenn wir ihn nicht erwischen, werden ihn die Behörden erschießen.«

Ich wusste genau, welche Schlucht er meinte. Eine lange und schmale Spalte, nur ganz schwer zugänglich. Wenn Gobisa zu weit hineinging, wären weder Hubschrauber noch ein Geländewagen imstande, auch nur irgendwie näher an ihn heranzukommen.

»Wie in aller Welt willst du ihn jetzt retten?«, fragte ich.

»Es gibt hier ein Stück offenes Gelände, das ist unsere letzte Chance. Wenn wir ihn dort betäuben können, können wir ihn rausbringen. Wenn nicht …«

»Geh bloß kein Risiko ein«, bettelte ich.

Der halbe Tag verging ohne weitere Neuigkeiten und meine Fantasie überschlug sich: Gobisa war in der Schlucht verschwunden und Lawrence war ihm auch noch gefolgt und dabei verletzt worden – und niemand wollte es mir sagen. Ich wollte nichts sehnlicher als anrufen! Doch wenn sie mitten in einer Rettungsaktion steckten, war das Letzte, was sie brauchten, ein panischer Anruf meinerseits.

Einen der längsten Tage meines Lebens später klingelte endlich mein Telefon.

»Wir haben ihn zurück«, sagte Lawrence, und aus jedem seiner Worte klang Erschöpfung.

»Gott sei Dank bist du in Ordnung!«, stöhnte ich.

»Die schlechte Nachricht ist, dass der Mistkerl schon wieder aus der *Boma* raus und in Richtung Begrenzungszaun gelaufen ist.«

»Was?!«

»Einfach durch die 8000 Volt der *Boma* durch. Ich hab's mit eigenen Augen gesehen. Das ist die Mutter aller Elefanten, Frankie.«

»Komm nach Hause, *chéri*. Du bist seit 24 Stunden unterwegs. Du brauchst Ruhe.«

»Ich brauche erst meinen Elefanten zurück«, knurrte er. »Ich kann den Mistkerl jetzt nicht aufgeben.«

Vielleicht war es der Effekt der mehrfachen Dosis an Sedativa, die Gobisa erhalten hatte, als ihn die Männer das erste Mal zurückgebracht hatten, oder vielleicht war es pure Erschöpfung, aber er brach aus dem eigentlichen Reservat nicht aus. Stattdessen verschwand er im Unterholz und versteckte sich. Wir konnten unmöglich wissen, wo, aber die Tatsache, dass es keine Lücken in der Umzäunung gab, bedeutete, dass er sich noch immer innerhalb von Thula Thula befand. Das rettete ihm das Leben. Wäre er noch einmal ausgebüxt, hätten ihn die Behörden erschossen. Menschenleben und Eigentum standen auf dem Spiel, und niemand war nachsichtig mit einem wütenden Sechs-Tonnen-Bullen.

Lawrence rief Gobisas Besitzer an. Er teilte ihnen mit, was geschehen war, und fragte sie um Rat. Sie waren schockiert und versprachen, einen Mann zu schicken, den Gobisa gut kannte und der helfen würde, ihn zu beruhigen. Zu diesem Zeitpunkt hatte Lawrence so seine Zweifel, dass irgendwer helfen konnte, aber wir waren verzweifelt und waren bereit, alles zu versuchen.

»Schicken Sie ihn«, sagte er. »Ich brauche jede Unterstützung, die ich kriegen kann.«

Am folgenden Morgen traf Ndlovu ein, ein drahtiger Zulu mit funkelnden Augen und einer würdevollen Haltung. Er und Lawrence fuhren sofort mit dem Landrover hinaus und suchten nach Gobisa.

»Er ist in der Nähe, ich spüre ihn«, murmelte Ndlovu. »Er versteckt sich in den Schatten der Hügel, in einem Wald nahe an einem alten Flussbett.«

Lawrence war verblüfft. Ndlovu hatte genau den Ort beschrieben, wo sie Gobisa zuletzt entdeckt hatten.

»Woher weißt du das?«, fragte er.

»Sein Geist erreicht mich und meiner erreicht ihn. Wir werden warten.«

Es war Tage her, seit Lawrence oder die Ranger Gobisa zu Gesicht bekommen hatten, aber am Morgen nach Ndlovus Ankunft kam er aus seinem Versteck.

»Ich habe Ihnen doch gesagt, dass er weiß, dass ich hier bin.« Ndlovu lächelte.

»Was tun wir jetzt?«

»Wir warten.«

Lawrence und er setzten sich in den Landrover und beobachteten, wie Gobisa auf sie zukam. Lawrence versteifte sich, als der Bulle direkt auf den Geländewagen zuging. Er hatte gesehen, welche Zerstörung dieses gewaltige Tier anrichten konnte. Gobisa umkreiste sie lautlos und verschwand dann wieder.

»Was sollte das denn?«, fragte Lawrence.

»Er hat Hallo gesagt.« Ndlovu zuckte die Achseln, als wäre es das Normalste in der Welt, dass ein Elefantenbulle, der sechs Elektrozäune durchbrochen, von zwei Helikoptern und einem Schwarm Geländewagen gejagt, massiv unter Betäubungsmittel gesetzt und auf einem Sattelschlepper zum Basiscamp zurückgebracht worden war, einfach so für eine freundliche Begrüßung eines Freundes heranschlenderte.

»Was machen wir als Nächstes?«, fragte Lawrence.

»Wir warten, bis er sich sicher fühlt.«

»Und wie soll das gehen?«

»Betrachten Sie es doch einmal von seinem Standpunkt aus«, sagte Ndlovu leise. »Er kommt nach Thula Thula und er riecht die anderen Elefanten. Er weiß, dass irgendwo da draußen ein dominanter Bulle sein muss.«

»Mabula ist erbärmlich im Vergleich zu Gobisa«, schnaubte Lawrence.

»Mag sein, aber das weiß er nicht, oder? Er weiß, dass er sich nicht besonders gut fühlt und dass er sich verstecken muss, um sich vor dem dominanten Bullen zu schützen, auf dessen Territorium er sich befindet.«

»Wie lang wird er sich verstecken?«

»So lange, wie es dauert, bis die Wirkung des Betäubungsmittels abklingt und er genügend Selbstvertrauen verspürt, sein neues Terrain zu erkunden und so viele Informationen über Mabula zu sammeln wie möglich, um zu erkennen, ob er eine Bedrohung für ihn darstellt oder nicht. Er wird die Anwesenheit sämtlicher anderer Elefanten riechen, aber er wird das größte Interesse an dem Bullen zeigen, der mit ihm um das Territorium kämpfen wird. Anhand von Mabulas Dung wird er letzten Endes begreifen, dass er keine Gefahr für ihn ist. Seien Sie geduldig. Lassen Sie ihm Freiraum.«

Wir hatten Glück, einen so weisen Zulu zu haben, der uns Ratschläge geben und uns helfen konnte, besser zu verstehen, was mit Gobisa los war. So, wie er es erklärte, erschien es ziemlich sinnvoll, und ich machte mir sehr viel weniger Sorgen.

»Wird Mabula nicht bemerken, dass Gobisa hier ist?«, fragte ich Lawrence.

»Wahrscheinlich schon, aber wenn er nur einen Funken Verstand hat, wird er bei der Herde bleiben und sich von Gobisa fernhalten, weil Mabula nach dem, was ich von Gobisa gesehen habe, eine Konfrontation mit ihm unmöglich überleben könnte.« Er wurde still. »Ich habe nie im Leben einen solchen Mut gesehen. Dieser Bulle wird super für unsere Herde sein.«

Am Sonntag rief Vusi an und berichtete, dass der Kampf der Könige begonnen hatte. Zwei Tage lang kämpften Gobisa und Mabula mit wilder Wut, wobei ihre Knochen ebenso wie ihre Stoßzähne aufeinanderkrachten. Ich wusste, dass es sein musste, aber ich hasste jede Minute davon.

»Wo ist der Rest der Herde?«, fragte ich Lawrence besorgt.

»Nana ist mit ihnen nach Norden gezogen. Sie sind in Sicherheit, aber zwei der Jüngeren haben sich zurückgeschlichen, um zu sehen, was da abgeht.«

Mandla und Ilanga sahen von der Seitenlinie zu. Sie mischten sich nie ein, aber sie lernten, was ihnen bevorstand, wenn sie je gegen den Gewinner vorgingen.

»Ndlovu hat das Gefühl, dass Gobisa die Oberhand hat«, berichtete mir Lawrence.

»Weiß er, wie lange es noch weitergehen wird?«

»Bis Mabula zurückweicht. Er liefert einen höllischen Kampf ab. Gott sei Dank ist Gobisa jetzt zu uns gekommen. Wenn Mabula bereits mit 18 Jahren so blutrünstig ist, stell dir mal vor, was für ein Bulle er ohne eine Vaterfigur geworden wäre, die ihn das eine oder andere darüber gelehrt hätte, Teil der Herde zu sein.«

»Woher wissen wir, wann es vorüber ist?«, sorgte ich mich.

»Ndlovu sagt, wir können uns entspannen, wenn Gobisa Mabulas Penis mit seinem Rüssel schnipst. Das ist das absolute Zeichen von Dominanz.«

Ich war so erleichtert, als ihr Machtkampf zu einem Ende kam und Mabula ohne größere Verletzungen, abgesehen von ein paar oberflächlichen Wunden und einem lädierten Ego, davongekommen war.

»Meinst du, Gobisa hat darauf geachtet, ihn nicht allzu schlimm zu verletzen?«, fragte ich Lawrence.

»Ich würde das nicht ausschließen.« Er nickte. »Täusch dich aber nicht. Er hatte alle Hände voll zu tun, gegen Mabula zu kämpfen, aber er hatte wahrscheinlich ein paar Tricks im Rüssel, die er anwendete, um den Kampf hinauszuzögern und seinen Gegner zu ermüden. Wir haben uns einen wahren König angeschafft, Frankie.«

Mabula akzeptierte Gobisas Autorität nie richtig, aber ihm blieb keine Wahl, solange Gobisa größer und stärker war als er, und wenn ich mir Mabula heute so ansehe, dann weiß ich, dass wir das Richtige getan haben. Er ist ziemlich frech, genau wie seine Mutter Frankie, und dass er sich einem älteren Bullen unterwerfen musste, sorgte dafür, dass seine Kühnheit nie gefährlich wurde. Im Gegenteil, er kanalisierte diese Frechheit und wurde der Entertainer der Herde. Nichts macht ihn glücklicher, als im Scheinwerferlicht zu stehen. Wäre er ein Mensch, hätte ich keinen Zweifel daran, dass er seine südafrikanischen Verbindungen dazu nutzen würde, Trevor Noah um einen Job bei Comedy Central anzubetteln.

Seine Lieblingsbeschäftigung ist es, eine Wildtier-Beobachtungsfahrt mit einer Runde Busch-Yoga zu stören – aber seine Regeln sind strikt: kein Applaus, keine Show. Er fängt damit an, ein Bein nach hinten zu strecken, dann hebt er es hoch, knickt langsam mit den Vorderbeinen ein und senkt den gewaltigen Schädel zu Boden, wobei er die Gäste anglotzt, während er in seiner dreibeinigen Hinabschauender-Elefant-Pose erstarrt.

Wenn die Kameras klicken und die Gäste applaudieren, weiß Mabula, dass er ein dankbares Publikum hat, und die Ranger wissen, dass ihnen eine lange Wartezeit bevorsteht, weil unser Darsteller, sobald er erst einmal losgelegt hat, sich unmöglich hetzen lässt. Je lauter das Gelächter, desto besser.

Seine Adaption der Totenstellung ist legendär. Er plumpst auf sein Hinterteil, rutscht auf den Hinterbacken herum, bis er es bequem hat, dann streckt er ein Bein gerade aus und fällt in der Mabula-Ausfalter-Pose auf die Seite. Sein Sinn für komische Effekte ist erstklassig, weil er, wenn er hört, dass die Ranger den Rückwärtsgang einlegen, um wegzufahren, ebenfalls einen Gang hochschaltet, sich rasch auf alle viere kniet und twerkt. Ja, er twerkt! Alles nur, damit seine Fans nicht wegfahren. Sein rotierender Rumpf lässt Miley Cyrus wie eine blutige Anfängerin aussehen.

Sein anderer Lieblingstrick ist eine Mutprobe: Er stellt sich den Fahrzeugen entgegen, schüttelt den Kopf, stellt die Ohren zur Seite und macht sich bereit zum Angriff. Der Ranger weiß, dass es nur ein Scheinangriff ist, aber die Gäste nicht. Mabula fängt mit einem langsamen Trab an, der sich zu einem rasanten Lauf beschleunigt. Das Adrenalin im Geländewagen schießt in die Höhe. So viel Elefant, der mit halsbrecherischer Geschwindigkeit auf einen zuprescht, jagt jedem eine Höllenangst ein, und dieser Elefantenbulle weiß genau, wie furchterregend er wirkt.

Stets in dem Wissen, dass das Verhalten eines Wildtiers unberechenbar ist, setzt der Ranger für gewöhnlich ein Stück zurück, um ihm Platz zu lassen. Sobald das passiert, schwenkt Mabula zur Seite und das Spiel ist vorüber. Er weiß, dass er gewonnen hat, und er platzt vor Stolz, während er zur Herde zurückschlendert.

Jeder im Showgeschäft weiß, dass Vorstellungen nicht immer nach Plan ablaufen, wie Mabula auf die harte Tour herausfand.

Tamboti-Bäume sind so stark, dass ihr Holz für Gewehrschäfte und Pfeile verwendet wird. Ein solcher Baum lässt sich nicht leicht umhauen, und ein Elefant setzt gewöhnlich sein gesamtes Körpergewicht ein, um einen davon umzustürzen, aber Mabula wollte zeigen, dass er es nur mit einem Bein hinbekommt. Den rechten Fuß gegen den Stamm gestemmt und die Augen auf sein Publikum im Geländewagen gerichtet, drückte er mit aller Macht. Der Baum neigte sich und quietschte. Die Gäste applaudierten und pfiffen. Mabula stieß heftiger zu. Der Baum ächzte und bog sich, bis er fast zerbrach.

Plötzlich rutschte Mabulas Fuß weg und der Baum knallte ihm gegen den Kopf.

Tierisches Gelächter schallte aus dem Fahrzeug.

Mabula geriet in Rage, fuhr herum und griff an. Er mochte Menschen, die mit ihm lachten, nicht *über ihn.*

Aber der Ranger war auf seine unbändige Wut vorbereitet und jagte davon, überließ den Elefantenbullen sich selbst und der Frage, was zum Teufel bei seiner Darbietung schiefgelaufen war.

10 GEFÄHRLICHE ABMACHUNGEN

Ich las die Nachricht nochmals, die meine Assistentin mir auf den Schreibtisch gelegt hatte.

Piet Potgieter hat dreimal angerufen. Hat Nashörner und möchte einen Termin.

Piet Potgieter*? Nie gehört. Ich hatte kein Geld für weitere Wildtiere. Vielleicht war er Journalist und wollte ein Interview. Ich tippte auf das Blatt Papier, zuckte dann die Achseln und wählte die Nummer. Ein Anruf würde mich zu nichts verpflichten. Eine Stimme meldete sich knapp am Telefon.

»Potgieter.«

»Hallo, Françoise Malby-Anthony hier. Sie haben mich heute Nachmittag angerufen.«

»Ah, ja, Françoise. Danke, dass Sie so schnell zurückrufen. Sie sind schwer zu erreichen.«

»Tut mir leid, aber ich habe viel zu tun. Wie kann ich Ihnen helfen?«

»Ich habe einen Vorschlag, über den ich gern mit Ihnen sprechen würde, aber nicht am Telefon.«

»Worum geht es?«

»Nashornschutz.«

Das erregte mein Interesse.

»In Ihrer Nachricht steht, dass Sie Nashörner für mich haben. Ich sage es Ihnen gleich, ich bin nicht in der Lage, welche zu kaufen«, sagte ich.

---

* Identitäten und Ortsnamen sind zum Schutz des Aufenthaltsorts der Nashörner verändert worden.

»Ich will sie nicht verkaufen. Ich habe acht Nashörner, die ich gern umsiedeln würde, und sie kosten Sie keinen Cent, außer vielleicht den Transport, obwohl ich auch darüber mit mir verhandeln lasse. Ich spreche hier von Nashornschutz im großen Stil, aber das ist zu kompliziert für ein Telefongespräch. Wie wäre es, wenn wir uns das nächste Mal treffen, wenn Sie in Johannesburg sind, damit ich es Ihnen erklären kann? Meine Farm ist oben in Limpopo, aber ich bin oft geschäftlich in Joburg.«

»Ich habe keinen Abstecher geplant, aber ich lasse Sie wissen, wenn ich es vorhabe«, sagte ich neutral.

Er zögerte keinen Augenblick.

»Kein Problem. Wissen Sie was, ich komme zu Ihnen. Wir haben viel von Thula Thula gehört und ich weiß, meine Frau würde Sie gerne kennenlernen. Wäre Ihnen das letzte Wochenende dieses Monats recht? Wir könnten gegen Samstagmittag bei Ihnen eintreffen.«

Zu sagen, ich wäre verblüfft gewesen, ist eine glatte Untertreibung. Von Limpopo nach Thula Thula fährt man nicht mal eben so. Sie würden zwei Flüge benötigen, gefolgt von einer zweistündigen Autofahrt. Ich fragte mich, warum mir sein Name nichts sagte, aber ich dachte, dass das wahrscheinlich daran lag, dass er sich bedeckt hielt. Es gibt ja solche Leute, die leisten fantastische Arbeit und meiden aber das Scheinwerferlicht. Eine Absage wäre unhöflich gewesen und, um ehrlich zu sein, ich war inzwischen mehr als nur ein bisschen neugierig, warum er bereit war, eine so lange Reise zu unternehmen, nur um mit mir zu reden. Wir machten das Datum fest und ich versprach, ihm eine Routenbeschreibung von Durban Airport nach Thula Thula zu schicken.

Ich legte auf und mir war irgendwie unbehaglich zumute, ohne dass ich den Grund dafür ausmachen konnte. Ich schob es auf sein Angebot kostenloser Nashörner. Lawrence pflegte zu sagen, wenn etwas zu gut klinge, um wahr zu sein, war es wahrscheinlich auch so. Wer gibt so wertvolle Tiere wie Nashörner weg? Acht Exemplare wären etwa 2,8 Millionen Rand wert – eine gewaltige Summe in Südafrikas sich abstrampelnder Währung. Selbst in einer stabileren Währung wie Dollar war es viel Geld. Mit 330 000 Dollar könnte ich viel für den Naturschutz tun.

14 Tage später kündigte der Wächter am Tor Mr und Mrs Potgieters Ankunft an. Ich warf einen Blick auf meine Uhr – fünf nach zwölf. Mein Nashorn-Wohltäter war ein pünktlicher Mann.

»Danke, Thembo«, sagte ich zu dem Wächter. »Könntest du bitte dafür sorgen, dass jemand meine Gäste zur Lodge begleitet und ihnen ausrichtet, dass ich dorthin komme?«

Es ist ein kurzer Weg von meinem Büro zur Lodge, und natürlich gehe ich nirgendwo ohne Gypsy hin, aber weil ich einen raschen Schritt habe und sie mit ihren kurzen Beinen nicht mithalten kann, trage ich sie für gewöhnlich. Als ich an der Lodge mit meinem kleinen Pudel in den Armen eintraf, leerte Piet Potgieter bereits ein kühles Bier an der Bar. Bei meinem Anblick sprang er auf und Gypsy kläffte wie wild den bärtigen Fremden an, der auf uns zuschritt.

Potgieter war ein stämmiger Mann irgendwo Mitte 70 und sein rechteckiges Gesicht strotzte vor Selbstvertrauen, das eher zu einem jungen Bock als zu einem alternden Bullen gepasst hätte. Ich liebkoste Gypsy, um sie zu beruhigen, und setzte sie dann mir zu Füßen auf den Boden. Piet Potgieter nahm meine Hand in seine beiden Hände.

»Es ist so schön, Sie zu treffen, und lassen Sie mich hinzufügen: Sie sind im wahren Leben noch schöner.«

Ich suchte in seinen wässrig blauen Augen, sah jedoch nichts. Und ich meine »nichts«. *Keine Fenster zur Seele*, dachte ich bei mir. Ich bat meine Lodge-Hostess Sindi um mein übliches Glas kaltes Mineralwasser und eine Schüssel Wasser für Gypsy, die sich zwischen mich und den Mann gesetzt hatte.

»Ist Ihre Frau nicht hier?«, fragte ich.

»Sie macht sich gerade frisch. Nettes Plätzchen haben Sie hier.«

»Danke. Also, am Telefon haben Sie gesagt, Sie hätten eine Farm oben in Limpopo?«

»Ich habe 8000 Hektar ein paar Kilometer draußen vor Tzaneen. Wie viel haben Sie hier?«

»Etwa die Hälfte davon. Sie haben keine Jagdfarm, oder?«

Sein Gelächter lag irgendwo zwischen einem Schnauben und einem Gewieher.

»Mir ist schon viel vorgeworfen worden, aber die Jagd gehörte noch nicht dazu. Ich züchte Nashörner.«

»Sie züchten sie? Um was damit zu tun, wenn Sie sie nicht an Jäger verkaufen?«

»Um die Spezies zu retten.«

Ich nahm diese grandiose Feststellung zur Kenntnis und suchte in seinen Augen nach Feuer. Nach wie vor nichts.

»Das ist eine verdammt gute Mission«, gab ich anerkennend zu.

»Und Sie können ein Teil davon werden.«

Meine Haltung zum Naturschutz war kein Geheimnis. Ich wollte Nashörnern helfen, einem Waisen nach dem anderen. Ungeachtet seines ziemlich nervigen Auftretens war ich fasziniert.

»Was meinen Sie damit: ›Ich kann Teil davon werden‹?«

Er winkte nach einem weiteren Bier und wartete, bis es eingeschenkt war.

»Ich züchte seit etwa 20 Jahren und jetzt habe ich zu viele, also ...«

»Was meinen Sie mit ›zu viele‹?«, unterbrach ich ihn.

»Knapp unter tausend.«

Ich verbarg meine Überraschung. »Das ist … eine Menge.«

»Einer der größten Bestände der Welt«, nickte er.

Bei dem Wort »Bestände« zuckte ich unwillkürlich zusammen.

»Wo spielt der Teil mit dem Naturschutz hinein?«, wollte ich wissen.

»Ganz einfach. Wilderei tötet unsere Nashörner. Die Nachfrage in Asien nach Hörnern wird sich zu unseren Lebzeiten nicht ändern, und wenn wir nichts dagegen unternehmen, werden sie ausgerottet. Das weiß ich. Und Sie wissen es auch. Allein in Südafrika werden jeden Tag drei Nashörner getötet. Bei dieser Rate werden sie in ein paar Jahrzehnten ausgestorben sein. Ich züchte sie und ernte ihre Hörner. Wenn es also eines Tages wieder legal ist, überflute ich den Markt und wir alle können uns zurücklehnen und zusehen, wie der Preis pro Kilo fällt. Dann sind all diese …«

Er hielt mitten im Satz inne, als eine sehr gut gepflegte, sehr junge Blondine eintraf. Gypsy knurrte und ich streifte rasch einen Schuh ab und streichelte sie mit dem bloßen Fuß.

»Françoise, das ist Anneline«, sagte Potgieter.

»Hallo Françoise, es ist fantastisch, Sie kennenzulernen. Ich habe den *Elefantenflüsterer* einfach geliebt. Ich habe fast die ganze Zeit geweint.«

Ihrem Akzent nach war Afrikaans Anneline Potgieters Muttersprache. Der Größe der Steine an ihren Fingern nach zu urteilen sowie aufgrund der Tatsache, dass sie jung genug aussah, um Piets Tochter zu sein, war er wohl ihr Sugar-Daddy. Das machte mir nicht das Geringste aus. Wenn Vorzeigefrauen und Sugar-Daddys eine Möglichkeit fanden, Liebe mit Geschäft zu vereinen, wer war ich, darüber ein Urteil zu fällen?

»Es freut mich, dass Ihnen das Buch gefallen hat.« Ich lächelte.

»Oh mein Gott. Ich liebe Ihren Akzent! Ist ihr Akzent nicht sexy, Pietie?«

»Wir beide sprechen mit Akzent.« Ich lachte. »Woher sind Sie, Anneline?«

»Ich komme aus Bredasdorp, aber ich wünschte, ich könnte wie Sie klingen. Wissen Sie, unsere Hochzeitsreise ging nach Paris. Es war so romantisch, nicht wahr, Pietie?«

Potgieter reichte ihr ein Glas lieblichen Weißwein.

»Hier, bitte, mein Schätzchen. Ich habe deinen Lieblingswein aus Klein Constantia bestellt.«

»*Ag my hemel*, ich bin so aufgeregt, dass ich hier bin. Wie prostet man sich auf Französisch zu?« Sie stieß ihr Glas gegen mein Wasserglas. »Wann können wir auf eine Wildtier-Beobachtungsfahrt gehen?«

»Popette, weißt du noch, ich habe dir doch gesagt, dass Françoise und ich zuerst etwas Geschäftliches besprechen müssen. Lass mich erst meine Besprechung zu Ende bringen und dann tun wir alles, was du möchtest, versprochen.« Er gab ihr einen raschen Kuss und wandte sich wieder mir zu. »Wo waren wir stehen geblieben?«

»Sie haben erklärt, wie die Ernte von Nashornhörnern die Spezies retten würde«, sagte ich trocken.

»So wie ich es sehe, wird die Nachfrage in Asien fallen, sobald wir eine Wagenladung Hörner auf den Markt werfen.«

»Sie wollen damit sagen, je mehr Horn erhältlich ist, desto weniger Menschen möchten welches? Wie kommen Sie darauf?«

»Grundlegende Ökonomie. Angebot und Nachfrage. Überflute den Markt und die Preise fallen. Verstehen Sie, was ich meine?«

»Nein, eigentlich nicht. Nashornhorn wird für alles Mögliche verwendet, angefangen von der Krebsbehandlung bis hin zur Statustrophäe in einem Sitzungszimmer. Warum sollte also die Überflutung des Markts …«

»Ich gebe Ihnen ein Beispiel. Sagen wir, Ihr Lieblingsessen ist Pizza …«

»Ich bin Französin. Ich esse nicht viel Pizza.«

»Okay, dann eben Froschschenkel. Stellen Sie sich vor, sie kosten eigentlich 500 Rand pro Schenkel, und plötzlich können Sie sie für 50 Rand bekommen. Was tun Sie? Sie überfressen sich daran und dann mögen Sie sie nicht mehr.«

Er warf mir ein triumphierendes Grinsen zu. Anneline lächelte, stolz auf ihn, über den Rand ihres Weinglases. Allmählich überkam mich das Gefühl, ich könnte selbst ein Glas vertragen.

»Schauen Sie doch mal, was nach dem Verkaufsverbot für Nashornhörner im Jahr 2009 passiert ist.« Potgieter schlug mit der Faust auf die Bar. »Die verdammten Preise sind in die Höhe geschossen.«

»Aber …«

»Und das unternehme ich deswegen: Ich entferne seit Jahren meinen Nashörnern die Hörner. Besser ein lebendes Nashorn ohne Horn als ein totes Nashorn ohne Horn. Verstehen Sie, worauf ich hinauswill? Die Idee ist, die Hörner zu verkaufen, um die Nashörner zu schützen. Ich habe eine Armee, die auf meine aufpasst – Scharfschützen, Ex-Militärs, einen Hubschrauber, Infrarotkameras, elektrische Umzäunung, einfach alles – und das kostet mich ein verdammtes Vermögen.«

»Ich verstehe nach wie vor nicht den Teil von wegen Artenschutz, weil Ihre Nashörner eigentlich nicht so weit rehabilitiert werden, um in die Wildnis zurückzukehren, oder?«

»Sehen wir der Realität doch ins Gesicht. In der Wildnis werden sie getötet. Wenn wir nicht das tun, was ich tue, werden keine Nashörner mehr übrig bleiben, die beschützt werden müssen. Meine Farm ist mit Nashörnern überbevölkert, daher suche ich nach Wildtierreservaten, die mit an Bord kommen, um zu helfen. Ich und mein Team kümmern sich um die Ernte des Horns, und hier kommt der Teil, der Sie interessieren wird: Ich teile die Erträge. Sie erhalten ein Drittel, die Gemeinde erhält ein Drittel und ich erhalte ein Drittel, und es ist mir total egal, was Sie mit Ihrem Anteil anstellen.«

Bei ihm hörte sich das alles so logisch an, so einfach. Zur damaligen Zeit, nach Lawrences Tod, kämpfte ich immer noch darum, unseren Schuldenberg abzutragen, und ich selbst hatte keinen Cent. Er muss gewusst haben, wie attraktiv sein Angebot für mich klingen musste, und bei ihm hörte es sich irgendwie so an, als wäre es unverantwortlich, wenn ich ihm nicht irgendwie half. Ich brauchte unbedingt Zeit zum Nachdenken.

»Ich werde es mir nie leisten können, so viele Nashörner zu beschützen.«

»Ich schicke Männer, die für eine Rund-um-die-Uhr-Bewachung sorgen.«

Er hatte wirklich an alles gedacht.

»Die Hörner sind 90 000 Rand pro Kilo wert«, fuhr er fort. »Wenn man berücksichtigt, dass bloß eines davon vier Kilo wiegt, so sind das jede Menge Kröten für Sie. Und ich möchte Ihnen acht Nashörner überlassen. Da gibt es nichts zu überlegen, Françoise. Denken Sie daran, was Sie damit für die Gemeinde tun können. Denken Sie daran, was Sie für Thula Thula tun können.«

»Aber was Sie da sagen, ist ziemlich hypothetisch, nicht wahr? Weil der Verkauf von Hörnern im Augenblick verboten ist, und an etwas Illegalem bin ich nicht interessiert.«

»Es wird nicht lange verboten sein. Ich habe Kontakte. Viele Kontakte. Menschen, die mir helfen, das Gesetz zu ändern. Machen Sie sich darüber keine Sorgen. Das Gesetz wird geändert, und dann wird der Verkauf von Nashornhörnern hundertprozentig legal sein.«

»Wie können Sie sich da so sicher sein?«

Anneline verschränkte ihre Finger mit den seinen. »Was Pietie möchte, bekommt Pietie.«

»Sagen wir einfach, ich habe einflussreiche Freunde«, sagte er. »Also, abgemacht?«

Ich wusste nicht, was ich sagen sollte. Ich hatte die Sache im Kopf durchkalkuliert, und was er vorschlug, würde mir das Leben retten. Ich könnte sämtliche Schulden begleichen und hätte ein stetiges Einkommen, mit dem ich Thabo und Ntombi sicher überwachen könnte. Wenn meine Berechnungen stimmten, hätte ich am Ende genügend finanzielle Mittel, um das Reservat zu erweitern und den dringend benötigten zusätzlichen Platz für meine wachsende Elefantenherde zu schaffen. Zum Glück hatten die Behörden das, was wir bisher taten, sehr unterstützt und das Thema Keulung nicht wieder zur Sprache gebracht. Aber das Geld, von dem Potgieter sprach, würde dieses Problem gleichfalls lösen. Dennoch zögerte ich.

»Wie werden Ihre Nashörner mit meinen zurechtkommen? Unsere waren nie mit anderen Nashörnern zusammen«, gab ich zu bedenken.

»Das finden sie dann schon heraus. Vergessen Sie nicht, meine sind nicht so richtig wild. Sie sind daran gewöhnt, mit anderen Nashörnern zusammen zu sein. Ich bezweifle, dass sie sie angreifen, wenn es das ist, worüber Sie sich Sorgen machen.«

Genau darüber machte ich mir Sorgen. Nashörner sind territorial veranlagt, und nach allem, was Thabo durchgemacht hatte, wäre das Letzte, was er gebrauchen konnte, Kämpfe gegen fremde männliche Nashörner, die seiner Ntombi schöne Augen machten.

»Wie ist das Verhältnis von männlich zu weiblich bei den Nashörnern, die ich von Ihnen übernehmen soll?«

Mit einem ungeduldigen Zucken des Handgelenks gab Potgieter Sindi ein Zeichen, sie solle Annelines Glas nachfüllen.

»Und noch ein Bier für mich. Sie möchten bestimmt nur Wasser?«

Ich schüttelte den Kopf. »Erzählen Sie mir mehr von den Nashörnern, die ich erhalten soll.«

»Können wir nicht vor dem Essen auf Wildtier-Beobachtungsfahrt gehen?«, bettelte Anneline in ihrer besten Kleinmädchenstimme.

Schlagartig wurde mir klar, was für ein eingespieltes Team die beiden waren. Sie hatte offensichtlich mitbekommen, dass er bezüglich der Nashörner nicht so sehr ins Detail gehen wollte, und ging dazwischen, um davon abzulenken.

»Tut mir leid, Anneline, aber vor Sonnenuntergang stehen keine Fahrten auf dem Plan«, sagte ich. »Also, Piet, Sie wollten mir etwas über die Nashörner sagen?«

»Sie erhalten acht Exemplare in ausgezeichnetem gesundheitlichen Zustand, sogar gegen histotoxische Clostridien geimpft.«

Ich ließ mir nicht anmerken, dass ich von der Krankheit noch nie gehört hatte.

»Vermutlich wird ihnen das Horn entfernt, bevor sie nach Thula Thula kommen«, sagte ich.

»Die Hörner wachsen binnen eines Jahres oder so nach, und dann bringen Sie Ihnen Geld ein.«

Ich sagte nichts weiter dazu und er interpretierte mein Schweigen falsch.

»Okay, okay. Ich weiß, was Sie denken. Wie wär's damit: Ich sorge dafür, dass vier von ihnen ihre Hörner behalten, also können Sie die Belohnung rascher einsammeln.«

»Es fühlt sich nicht richtig an«, sagte ich ruhig.

»Wir betäuben sie. Sie wissen nicht, was ihnen geschieht.«

Das meinte ich damit überhaupt nicht, und seine lässige Einstellung hinsichtlich der Sedierung der Nashörner erschütterte mich. Es stimmt zwar, dass das Entfernen der Hörner den Tieren nicht wehtut, aber der Vorgang an sich bleibt brutal und es kann schiefgehen – denn es gibt keine risikolose Anästhesie.

Jetzt verstand ich, warum Gypsy ihn nicht mochte. Er war nicht die Sorte Naturschützer, die Lawrence und ich sein wollten.

»Die Sache ist die«, sagte ich, »dass wir uns stets dafür eingesetzt haben, den Menschen beizubringen, dass das Horn nichts wert ist und dass es nicht mehr medizinischen Nutzen hat als das Keratin in ihren Fingernägeln. Finden Sie nicht, dass der Verkauf der Hörner allem zuwiderläuft, was wir Naturschützer zu tun versuchen?«

»Sie werden die Einstellung der Idioten nicht ändern, die das Zeug kaufen, daher können Sie ihnen ebenso gut Geld dafür abknöpfen, das dann Ihren Tieren zugutekommt. Und überhaupt, vergessen wir das Ziel hier nicht – sobald wir die Märkte überschwemmen, wird der Preis fallen und die Hörner werden für die Wilderer nicht mehr so attraktiv sein.«

Nicht bevor du deinen Bestand zum gegenwärtigen Dollarpreis pro Kilo verkauft hast, war ich versucht zu sagen, aber ich hielt den Mund. Ich hatte keinen Zweifel daran, dass er in den beiden Jahrzehnten, in denen er seine Nashörner in aller Stille gezüchtet hatte, einen Bestand an Hörnern im Wert von mehreren Millionen Dollar aufgebaut hatte und auf den Tag wartete, an dem das Verkaufsembargo aufgehoben wurde. Vielleicht hatte er recht und der Preis würde fallen, aber ich glaubte keinen Augenblick daran, dass ein Produkt, das so sehr in das Glaubenssystem einer Kultur eingebettet war, weniger populär würde, wenn es weniger teuer wäre. Ja, der Besitz eines Nashornhorns mochte dann kein so großes Statussymbol mehr sein – aber was wäre mit dem ungebildeten chinesischen Arbeiter, dessen krebskranke Mutter im Sterben lag und der fest daran glaubte, dass traditionelle Medizin mit einem Pulver aus Nashornhorn ihr Leben retten würde? Natürlich würde er es nach wie vor kaufen.

Lawrence hätte Potgieter ins Gesicht gelacht. Der einzige Grund, warum er mir einige seiner Nashörner schenken wollte, war der, dass ihm der Platz ausging. Nur weil er ein Züchter war, bedeutete das nicht, dass er sich nicht an die Regeln der südafrikanischen Wildtierbehörde halten musste, und ich wusste aus eigener Erfahrung, wie strikt die Regeln hinsichtlich des Verhältnisses von Wildtieren zur Größe des Reservats waren.

»Sind die Nashörner, die Sie mir überlassen wollen, zufälligerweise alle männlich?«, fragte ich.

Eine Sekunde lang verengten sich seine Augen zu Schlitzen. Bingo. Er wollte sich seiner territorialen Männchen entledigen. Anneline legte ihm eine Hand auf den Unterarm.

»Bist du jetzt fertig? Ich will unbedingt Nana sehen«, bettelte sie.

Ich nutzte die Gelegenheit, um sie schnell loszuwerden.

»Ich arrangiere eine private Wildtier-Beobachtungsfahrt für Sie. Ich könnte sogar die Küche bitten, für Sie ein romantisches Essen im Busch vorzubereiten, wenn Sie möchten.«

»Wirklich? Das wäre ja klasse!«, quietschte sie.

Ich winkte ihnen zum Abschied, als sie sich auf ihre Beobachtungsfahrt begaben, nachdem Potgieter noch einmal versucht hatte, mir eine Antwort zu entlocken.

»Ich kann diese Entscheidung nicht allein treffen«, protestierte ich.

»Warum nicht? Sie sind der Boss.«

»Hinsichtlich des Naturschutzes lerne ich immer noch, und etwas so Großes bespreche ich lieber mit meinem Team.«

»Sind die Leute alle hier? Warum lassen Sie mich nicht mit ihnen sprechen?«

»Sie sind nicht alle hier«, log ich. »Aber für nächste Woche haben wir ein Treffen geplant, also werde ich ziemlich bald auf Sie zukommen können.«

Beim Abendessen versuchte er erneut, mich dazu zu bewegen, seinen Vorschlag anzunehmen, aber bis dahin hatte ich schon zwischen Tür und Angel rasch ein paar Worte mit Vusi und Promise gewechselt, und beide stimmten darin überein, dass wir von diesen Nashörnern die Finger lassen sollten.

Erstens glaubte keiner von uns, dass der Verkauf von Nashornhörnern langfristig der Art helfen würde, und zweitens wollte ich nichts mit etwas zu tun haben, was im Endeffekt ein riesiger Schwindel war. Menschen, die glauben, dass Nashornhörner medizinischen Wert haben, werden betrogen, und ich wollte nicht daran beteiligt sein, egal, wie dringend wir das Geld auch brauchten.

Die Potgieters reisten am folgenden Morgen direkt nach dem Frühstück ab und ich versprach, ihnen hinsichtlich des Ergebnisses unseres Teammeetings Bescheid zu geben – und dann erledigte ich die Sache auf französische Art und beließ es einfach dabei. Er hat mich seinerseits ebenfalls nie mehr kontaktiert. Er war ein schlauer Mann und ich glaube, er hat begriffen, dass ich nicht bloß eine mittellose, verzweifelte Blondine war, die sagte: *Ja! Bringen Sie mir die Nashörner. Schneiden wir ihnen die Hörner ab und werden wir reich.* Er hatte geglaubt, mich mit Säcken voller Geld locken zu können, doch da hatte er sich geirrt. Es gibt einen kleinen, aber feinen Unterschied im Naturschutz zwischen der Priorisierung der Tiere und dem Profit durch sie. Wenn man reich werden will, engagiert man sich nicht in Sachen Naturschutz. Alles, was wir in Thula Thula verdienen, fließt an die Tiere zurück. Ich gebe alles für sie aus, jeden einzigen Cent.

Der Besuch der Potgieters war jedoch ein weiterer Weckruf für mich. Seit Lawrences Tod war ich so konzentriert darauf gewesen, mit allem auf Thula Thula zurechtzukommen, dass mir nicht so richtig klar geworden war, was außerhalb des Reservats geschah.

Mein Zusammentreffen mit diesem Mann hatte eine große Veränderung zur Folge. Ich begann, wieder nach vorne zu sehen, und ich schaute auch wieder mehr nach draußen. Eines der ersten Dinge, die ich tat, war, mich tiefer in die Welt des Naturschutzes zu begeben. Eine Welt, mit der ich bis zu diesem Zeitpunkt wenig Kontakt gehabt hatte. Ich entdeckte rasch, dass Potgieter überall als Handelslobbyist aufgetreten war.

Dem Himmel sei gedankt, dass ich auf meine Instinkte gehört und sein gefährliches Angebot zurückgewiesen habe.

11 MUT IST, DAS ZU TUN, WAS MAN SICH ZU TUN FÜRCHTET

Ich war auf Wildtier-Beobachtungsfahrt mit Jos, einem alten Freund von Lawrence, und Elisabeth, einer deutschen Journalistin, die er nach Thula Thula mitgebracht hatte, damit ich sie kennenlernte. Elisabeth war eine faszinierende Frau Mitte 60 mit stechend blauen Augen, die ihr Schreibtalent einsetzte, um der Welt von wilden Tieren in Not zu berichten.

Obwohl ich Jos in meinen 25 Jahren mit Lawrence nur selten begegnet war, setzte er alle Hebel in Bewegung, um mir nach Lawrences Tod zu helfen. Ich glaube, er wird zeit seines Lebens versuchen, Wege zu finden, um das Leben derjenigen, um die er sich sorgt, positiv zu beeinflussen. Er ist extrovertiert, verfügt über einen Sinn für Humor, so groß wie seine Persönlichkeit, und er lächelt unentwegt – außer wenn ihm Mabula zu nahe kommt, denn er ist davon überzeugt, dass unser großer Junge ihn nicht leiden kann.

»Ist Mabula momentan in der Musth?«, fragte Jos Vusi nervös.

»Schon seit Monaten.« Vusi nickte und zwinkerte mir kurz zu.

»Keine Sorge, Jos. Wir haben ihm nicht verraten, dass du kommst.« Ich grinste.

Jos richtete seine Baseballkappe – sein Markenzeichen – und schaute mit zusammengekniffenen Augen in den Busch. Ich lächelte Elisabeth und die anderen Gäste an, Joanne und Bruni, die sich unserer Fahrt angeschlossen hatten.

»Schon gut. Wegen Mabula müssen wir uns keine Sorgen machen.«

»Was bedeutet ›in der Musth‹?«, fragte Joanne nach.

»So nennt man es, wenn Elefantenbullen einen Testosteronschub haben«, erklärte Vusi, »und selbst die friedlichsten Elefanten können dann …«

Er hielt inne und suchte nach einem Wort, das sich nicht allzu erschreckend anhörte.

»… launisch werden«, schlug ich vor.

»Eher verrückt.«

Jos verzog das Gesicht.

»Es ist die Zeit, in der wir keinem unserer Bullen zu nahe kommen«, sagte Vusi diplomatisch.

»Ist das bei allen so, sogar bei den jungen?«, fragte Elisabeth.

»Nein, erst, wenn sie so etwa 20 Jahre alt sind«, erwiderte Vusi, während er den Geländewagen durch das trockene Flussbett lenkte und aufs Gaspedal drückte, um das gegenüberliegende Ufer hochzukommen.

Ich suchte das Gebiet rasch nach Frankie ab, denn dies war dieselbe Furt, an der Lawrence und ich vor 14 Jahren auf die Herde gestoßen waren, und mir lief es an dieser Stelle nach wie vor kalt den Rücken runter. Doch es war kein Elefant in Sicht. Ich lehnte mich zurück und versuchte, mich zu entspannen.

»Wie alt ist Mabula denn jetzt?«, fragte Jos.

»23«, erwiderte ich.

Im Fahrzeug wurde es still, während wir über das unebene Terrain holperten. Man konnte fast jeden denken hören: *Bedeutet das, er hat seit drei Jahren Übung darin, schlechte Laune zu haben?*

»Die Sache mit Mabula ist die, dass er frech ist wie seine Mama Frankie«, erklärte Vusi. »Aber solange wir uns klarmachen, dass wir hier auf seinem Gebiet sind, und ihm aus dem Weg gehen, wenn er in Musth ist, hat er uns eigentlich richtig gern um sich.« Er grinste Jos an. »Er spielt auch gern Streiche, insbesondere jagt er manchen Leuten gerne Angst ein.«

»Ja, aber warum muss er ausgerechnet mich aufs Korn nehmen?«, brummelte Jos.

»Na, hallo. Seht mal, wer da ist«, sagte Vusi leise.

Thabo und Ntombi standen mitten auf dem Pfad, Seite an Seite und mit den Rücken zu uns. Vusi hielt an und schaltete den Motor aus. Der Hintern eines Nashorns ist so stramm, wie es nur geht: Ein Berg steinharter Muskeln auf stummeligen, aber kräftigen Beinen, die einen Elefanten locker überholen können. Keines der beiden Nashörner nahm unsere Anwesenheit zur Kenntnis, nicht einmal mit einem raschen Blick über die Schulter.

»Irgendetwas hat ihre Aufmerksamkeit auf sich gezogen«, murmelte Vusi.

Ich bemerkte, dass er den Rückwärtsgang einlegte. Kluger Mann. Wir wussten nicht, was Thabo und Ntombi da anstarrten, aber in der Wildnis ist ein vorbereiteter Mann ein lebendiger Mann.

»Wir haben die beiden von Hand aufgezogen, als sie Babys waren«, flüsterte ich den Gästen zu.

»Kommen Nashörner auch in die Musth?«, fragte Bruni.

»Nein«, versicherte ihm Vusi.

»Thabo sieht aus, als wäre alles völlig ausgeheilt«, beobachtete Jos.

»Körperlich macht er sich gut, aber emotional hat er sehr lange gebraucht, um darüber hinwegzukommen, dass auf ihn geschossen wurde. Er musste einen echt schweren Schlag wegstecken, der Arme«, sagte ich.

Hinter einem Baum tauchte der gewaltige graue Kopf eines Elefanten auf.

»Oha«, sagte Vusi nur und schaltete den Motor ein.

»Mabula?«, fragte Jos.

Vusi schüttelte den Kopf und fuhr langsam rückwärts. »Shaka.«

Jos stieß einen Seufzer der Erleichterung aus. Shaka ist Nanas Enkelsohn und er hat ihre sanfte Natur geerbt. Er schlenderte auf Thabo und Ntombi zu und blieb gut 15 Meter vor ihnen stehen, wobei die Ohren durch die Luft über seinem Körper fegten und er den Rüssel entspannt gesenkt hielt. Vusi brachte uns in sichere Entfernung und schaltete den Motor dann wieder ab.

»Busch-Patt«, lachte er.

»Sie werden doch wohl nicht miteinander kämpfen, oder?«, fragte Joanne nervös.

»Das bezweifle ich stark. Thabo ist freundlicher, als es gut für ihn ist, und möchte einfach nur Hallo sagen.«

Thabo tat ein paar Schritte auf den jungen Bullen zu.

»Ich wünschte, er würde Shaka nicht so in die Quere kommen.« Ich runzelte die Stirn. »Das ist das Problem bei wilden Tieren, die von Hand aufgezogen wurden. Sie wachsen ohne Buschmanieren auf.«

»Was wäre denn die Alternative für Tiere, die wie er zu Waisen geworden sind?«, wollte Elisabeth wissen.

»Ein geeignetes Waisenhaus für Tiere, wo sich der menschliche Kontakt auf ein Minimum beschränkt. Eines Tages werden wir das hier haben«, erwiderte ich zuversichtlich.

Ntombi schlenderte hinter Thabo her. Die beiden waren Shaka jetzt sehr nahe, der sich überhaupt nicht gerührt hatte. Er schien mit einem amüsierten Ausdruck auf sie herabzublicken, als ob er sagen wollte: *Ich glaube, ich habe hier das Wegerecht, Kumpels.* Der breiteste Teil seines Rüssels war mehr als doppelt so dick wie Thabos Hinterbeine. Ein Wisch, und er würde beide Nashörner spielend von den Füßen werfen.

»Und wie alt ist Shaka?«, fragte Joanne.

»Erst sieben, also sehr jung.« Ich lächelte trotz meiner Sorge. »Seht sie euch an – ein Trio neugieriger Jungtiere, die einander auf dem Spielplatz beäugen.«

»Ich glaube, jetzt wäre eine gute Zeit zu verschwinden«, sagte Vusi. »Wenn diese beiden kleinen Panzer kehrtmachen und zu den Hügeln rasen wollen, sollten wir ihnen nicht im Weg stehen.«

An diesem Abend goss es in Strömen, also aßen wir drinnen, und während unseres letzten Gangs, zubereitet von meiner Chefköchin Winnie – Langusten-Bouillabaisse –, bombardierten Elisabeth und Jos mich mit Fragen. Sie waren leidenschaftlich interessiert an wilden Tieren und wollten sehen, ob sie helfen konnten.

Werden Thabo und Ntombi eines Tages Nachwuchs haben? Würdest du mehr Elefanten aufnehmen, die gerettet werden müssen? Wird die Wilderei schlimmer?

»Welche Pläne hast du mit Thula Thula?«, fragte Elisabeth.

»Lawrences Traum weiterverfolgen, eines der größten Reservate hier in KwaZulu-Natal zu schaffen. Und ich würde liebend gern weiteren Nashornkälbern helfen, deren Mütter von Wilderern getötet worden sind. Aber das ist ein großes Projekt und dafür haben wir momentan kein Geld. Ich habe alle Hände voll damit zu tun, dafür zu sorgen, dass Thabo und Ntombi nichts passiert.«

Eine von Elisabeths Fragen verfolgte mich noch Tage, nachdem sie wieder abgefahren war. Sie hatte gefragt, wie ich alleine nach Lawrences Tod zurechtkäme. Die Wahrheit ist: Ich habe nur dadurch überlebt, dass ich jeden Tag aufgestanden bin und das erledigt habe, was zu erledigen war. Ich war völlig neben der Spur, kleine Entscheidungen fühlten sich überwältigend an und es gab so viel zu lernen. Noch dazu waren Gerüchte gestreut worden, dass ich nach Frankreich zurückkehren wolle; selbst der Bank musste ich mehrfach versichern, dass ich nicht fortging.

Für eine Sache war ich in diesem ersten Jahr dankbar, und das war, dass auf Thula Thula niemand aufhörte, von Lawrence zu sprechen. Er schlich sich immer in die Gespräche ein.

»Erinnerst du dich, wie er sagte, dass er zwei Gäste zum Abendessen in der Lodge mitbringen würde und dann mit zwölf ankam?« Mabona schwelgte mit mir in Erinnerungen. »Und ihm nur zu sagen: ›*Ich versuch's*‹, reichte nicht aus. Er lehrte mich, hinauszugehen und dafür zu sorgen, dass es tatsächlich *passierte*.«

Ich liebte es, wie Vusi – wenn er mit etwas, das ich vorhatte, insgeheim nicht einverstanden war – sich daranmachte zu erklären, was Lawrence wohl getan hätte, und wie Promise abends Geschichten in der Bar zum Besten gab und die Art und Weise nachahmte, wie Lawrence sie erzählt hatte.

Wir waren nicht die Einzigen, die sein Tod berührte. Menschen aus aller Welt nahmen Kontakt zu mir auf, um zu sagen, welch einen Eindruck seine Bücher auf sie gemacht habe, und die Flut unterstützender Nachrichten, die das ganze Jahr 2012 auf mich einströmten, war tröstlich. Lawrence hatte keine Ahnung, wie viele Leben er berührt hatte, und er wäre zutiefst bewegt von der Freundlichkeit gewesen, die mir seitens völlig Fremder zuteilwurde.

Der erste Todestag kam allzu rasch und ehe es mir so recht bewusst wurde, plante ich eine kleine Gedenkfeier für Sonnabend, den 2. März 2013, an seinem geliebten Mkhulu-Stausee. Ich wollte ein schlichtes und entspanntes Beisammensein, das Lawrence genossen hätte. Keine großen Ansprachen, keine Tränen, nur seine engsten Freunde und Angehörigen, die gemeinsam sein Leben feierten. Seine Mutter, sein Bruder und seine beiden Söhne Jason und Dylan kamen sowie Freunde von nah und fern – und natürlich alle aus dem Wildtierreservat.

Der Himmel war von einem blassen Blau und am Horizont sammelten sich Sturmwolken. Ich sah mich unter den wunderschönen Gesichtern um, die im Halbkreis gegenüber der Stelle standen, wo wir Lawrences Asche zerstreut hatten. Vusi, Mabona, Promise, Siya, Alyson, Winnie, Tom, Sindi, Fortunate, Biyela, Victor und viele weitere – meine Thula-Thula-Familie. Wir alle hatten zusammengehalten und es durch das Jahr geschafft, irgendwie die Maschine am Laufen gehalten. Ich war jedem Einzelnen von ihnen so dankbar.

Der Stausee war voll und ich konnte so gerade die schimmernden, zum Teil untergetauchten Leiber unserer Flusspferde Romeo und Juliet ausmachen. Eine Herde Schwarzbüffel trank am Ufer auf der anderen Seite und sie hoben hin und wieder dabei die Köpfe, um uns unter ihren prächtigen Hörnern, die aussahen wie Helme, streng anzustarren.

Lawrence hatte mich sehr gerne hierher entführt. Wir konnten nicht oft Zeit für uns allein abzwacken und hegten unsere gemeinsamen Sonnenuntergänge – nur er und ich, während wir die Tiere beobachteten, bis es zu dunkel wurde, etwas zu sehen.

Ich verabschiedete alle und verbrachte den Rest dieses Wochenendes allein mit Gypsy, Gin und Jeff. Sie spürten meine Traurigkeit und liebkosten mich sanft, berührten mich mit den Pfoten, wärmten meine Haut mit ihrer Liebe, leiteten mich mit ihrem sanften Schnarchen in den Schlaf.

Am Montagmorgen machte ich mich dann widerstrebend nach Durban auf. Mir stand eine Woche voller Termine bevor. Aus dem Gewitter, das während der Gedächtnisfeier gedroht hatte, war lediglich ein Nieselregen geworden, und ein unheimlicher Dunst hing zwischen den Hügeln von Zululand, während ich langsam die Küstenstraße entlangfuhr. Lastwagen, die alles von Holz bis Fahrzeuge transportieren, donnern diese Straße entlang, sodass ich mir immer Zeit lasse und mir einen großzügigen Puffer bis zu meinem ersten Termin des Tages einräume.

Ich hetzte von Termin zu Termin und traf nach fünf Uhr in der Wohnung ein, die Lawrence und ich besaßen. Eine Zweitwohnung, in der wir jedes Mal blieben, wenn wir geschäftlich in der Stadt zu tun hatten. Ich schenkte mir ein Glas kalten Sauvignon Blanc ein, zog die Schiebetüren auf und ging hinaus auf die überdachte Veranda. Möwen streiften tief über den Ozean vor mir und eine Horde Affen plapperte in den Palmen in der Nähe. Zweifelsohne beäugten sie die offene Tür hinter mir und überlegten, ob sie hindurchjagen und Obst aus meiner Küche stehlen konnten.

Drinnen meldete sich mein Telefon. Ich überhörte es einfach. Der Tag war anstrengend gewesen und ich wollte wenigstens eine halbe Stunde Frieden, bevor ich alle verpassten E-Mails und Nachrichten in Angriff nahm.

Die Wellen rollten sanft heran und zerstreuten weiße Gischt über die Felsen, dann glitten sie wieder zurück. Den Indischen Ozean könnte ich ewig betrachten. Die Wellen können morgens mit brutaler Gewalt heranbranden und dann am Nachmittag mit unendlicher Zartheit den Strand streicheln.

Ping, ping, ping.

Wer auch immer mich da erreichen wollte, war sehr hartnäckig. Frustriert zog ich die Stirn kraus und machte mich auf die Suche nach meinem Telefon.

Es war Promise. Mein Herz machte einen Satz. Stimmte etwas nicht?

Sie sind am Haupthaus!

Wer denn? Was meinte er bloß? Hatte ich einen Termin vergessen?

Ich öffnete das erste Foto, das er mir geschickt hatte.

Die Herde! Sie stand um mein Haus in Thula Thula herum. Es nieselte noch immer und ihre Rücken glitzerten wie Ebenholz im schwindenden Licht. Ich öffnete ein Foto nach dem anderen. Da war Nana, die mit ihrer Tochter Nandi am Zaun stand, und beide sahen zum Haus. Mabula, dessen Rüsselspitze den elektrischen Zaun untersuchte. Ich lächelte in mich hinein. Er überprüfte den Stromfluss, bevor er den Rüssel über die Drähte streckte, um zu dem Akazienbaum auf der anderen Seite zu gelangen. Das jüngste Kalb, Victoria, kuschelte sich an Großmutter Frankie.

Sie sind zurückgekommen! Ist das zu fassen?, stand in Promises SMS.

Verblüfft starrte ich seine Worte an. Genau vor einem Jahr, am 4. März 2012, am Wochenende von Lawrences Tod, war die Herde ebenfalls zum Haus gekommen. Es war eines dieser seltsamen Phänomene im Busch, die sich wissenschaftlich nicht erklären lassen, aber jeder Einzelne von uns in Thula Thula wusste, dass sie wegen Lawrence zurückgekehrt waren. Elefanten trauern sehr lange um ihre Toten. Noch viele Jahre nach Mnumzanes Tod kehrten sie dorthin zurück, wo seine Knochen lagen, blieben lange Zeit dort und dunkle Streifen Flüssigkeit aus ihren Schläfendrüsen säumten ihre Wangen, während sie die Knochen in einem Elefantenritual, das wir nicht verstehen, berührten und hochhoben. Sie haben einen Sinn für Zeit jenseits unseres Verständnisses, und für mich taten diese wunderschönen, sensiblen Wesen genau das, was wir zwei Tage zuvor getan hatten: Sie gedachten Lawrences Tod auf ihre eigene Art und Weise.

Ich saß auf meiner Veranda und blickte über den Ozean, viele Kilometer von ihnen entfernt, und war voller Ehrfurcht angesichts der spirituellen Macht dieser sanften Riesen. Warum waren sie ausgerechnet heute an meinem Haus? Sie hätten gespürt, dass ich nicht dort war, und waren trotzdem gekommen.

Da verstand ich, dass es nicht um mich ging, sondern um sie.

Lawrences Asche war schon längst von der Erde am Mkhulu-Stausee absorbiert worden, und die Herde hatte nichts Physisches zu berühren oder zu verehren. Ich glaube, sie sind dorthin zurückgekehrt, wo Lawrence lebte, weil sie einfach an einem Ort sein wollten, den sie einmal mit ihm geteilt hatten.

Niemand hatte ihn vergessen, insbesondere unsere Herde nicht, und wann immer ich mich in den folgenden Monaten verängstigt oder überwältigt fühlte, zog ich Kraft aus diesem Besuch.

Sie brauchten mich, aber ich brauchte sie auch.

12 UBUNTU

»Was tun wir, wenn es morgen immer noch regnet?«, fragte ich Mabona und Winnie.

Mabona sah mit schmalen Augen zu den Wolken auf. »Wird nicht regnen.«

»Klaus und Susanne sind den ganzen Weg von Dänemark hergekommen und wollen ihren 50. Geburtstag bei uns im Busch feiern, und am allerwenigsten wollen sie ans Haus gebunden sein. Was meinst du, Winnie?«

»Ich meine, wir sollten aufhören, uns um das Wetter Sorgen zu machen, und lieber ans Essen denken. Ich habe das Partymenü hier.«

Mit einem leisen Lächeln hielt sie mir einen Ausdruck hin. Sie ist immer noch so süß und schüchtern wie bei ihrer Ankunft als befangene 16-Jährige und sie steht immer noch sehr ungern im Rampenlicht – sogar wenn die Gäste ihr wegen einer fantastischen Mahlzeit applaudieren möchten. Ihre Liebe zu Knoblauch und Chili macht sie tödlich in der Küche, und selbst meine hungrigsten Ranger überlegen es sich zweimal, ihr Versuchskaninchen zu sein, wenn sie ein neues Gericht kreiert und dabei beide Zutaten verwendet hat!

»Als Vorspeise französische Zwiebelsuppe«, las ich laut vor. »Gefolgt von einer Auswahl an Wild, entweder vom Grill oder als Gulasch. Was ist mit Gemüse?«

»Knoblauch-Kartoffelpüree, drei Sorten Bohnen, frittierte Auberginenscheiben und Kolbenmais mit Amarula-Butter. Ich habe die Butter gestern vorbereitet.«

»Nimm nicht zu viel Knoblauch, bitte.« Ich lachte. »Wie viele Leute nehmen am Abendessen teil?«

»Die Simonsens sind sechs, dazu du und weitere vier unserer Lodge-Gäste.«

»Am Morgen backen wir Susannes Lieblingsschokokuchen. Zu schade, dass wir keine 50 Kerzen für die Gelegenheit haben«, seufzte Mabona.

»Sie wird froh sein, das zu hören! Gestern hat sie mir gesagt, wie glücklich sie darüber ist, dem Trubel daheim zu entkommen und dass sie ihren 50. am liebsten vergessen würde.«

»Sie sollte so glücklich sein! Aber ihre Kinder führen etwas im Schilde.« Mabona grinste.

Die Simonsens sind eine warmherzige, tierliebende dänische Familie, die nach Thula Thula kommt, seit Lawrence und ich die Lodge gebaut haben – lange bevor irgendwer wirklich von unserer Existenz wusste. Der einzige Grund, warum Klaus' Vater Jorgen uns entdeckt hat, war der, dass ihm einer seiner südafrikanischen Kunden von einer luxuriösen Wildtier-Lodge erzählte, die in der Nähe der Aluminiumfabrik von Richards Bay eröffnet hatte. Jorgen war ein leidenschaftlicher Naturfotograf und buchte sofort ein Chalet bei uns für seine nächste Reise.

Er war ein gut aussehender Wikinger mit platinblondem Haar und lockeren Umgangsformen, der jedem das Gefühl gab, sein Freund zu sein. Von der ersten Begegnung an mochten er und Lawrence einander – zwei sehr verschiedene Männer mit starken, farbenfrohen Charakteren und einer Leidenschaft für wilde Tiere, die sie mit der Zeit in tiefer Freundschaft verband. Sie beide lebten nach der Devise »Schnapp dir das Leben mit beiden Händen«: nichts hinauszögern, nicht hin und her überlegen, einfach rausgehen und tun, was zu tun ist.

Bei Jorgens zweitem Besuch brachte er Tove mit, seine zierliche und anmutige Ehefrau, und ein paar Reisen später kamen sie mit ihren Kindern. Die Buchung der Simonsens wurde jedes Jahr umfangreicher, weil ihre Kinder groß wurden und ihre Partner und dann auch die Enkel mitkamen. Lawrence und ich freuten uns jedes Mal auf ihren Besuch. Die Simonsens verstanden das Ziel unserer Arbeit und uns gefiel es, wie viel es ihnen bedeutete, Teil dessen zu sein, was wir taten.

»Ist genug Champagner da?«, fragte ich Mabona.

»Wie immer, aber ich habe keinen, der kalt ist.«

»Wir können ihren 50 nicht ohne Champagner feiern! Bitte einen der Jungs, die Flaschen aus dem Vorratsraum zu holen und sie in den Kühlschrank zu stellen. Wir müssen mit Champagner anfangen. Moment mal, warum ändern wir nicht das Menü und …«

»Es ist zu spät für Änderungen«, widersprach Winnie.

»*Mais non!* Susanne wird es gefallen.«

»Bitte, lass alles so, wie es ist«, bettelte sie. »Susanne ist glücklich mit dem Menü und wir möchten sie nicht mit Änderungen in letzter Minute beunruhigen.«

»Aber wäre es nicht großartig, wenn wir etwas mit Champagner zubereiten?«

Mabona verdrehte die Augen. »Erinnerst du dich daran, wie es war, als du das letzte Mal ›kreativ‹ warst?«

»Das Camembert-Roquefort-Eis mit Rote-Beeren-Coulis war köstlich.«

»Nur dass das leider niemand sonst so sah«, stöhnte Mabona theatralisch. »Überstimmt. Was, wenn deine Champagner-Kreation ein Flop ist?«

Das machte mich hellhörig. Ich werde nie vergessen, wie begeistert Jorgen und Tove von unserer Küche waren, als wir gerade erst losgelegt hatten. Sie sagten, sie hätten auf Thula Thula besser gegessen als in jedem französischen Restaurant in Kopenhagen. Ich war so stolz, ein derart liebenswürdiges Kompliment von einem Paar zu bekommen, das schon in den besten Restaurants der Welt gespeist hatte. Widerstrebend erklärte ich mich einverstanden, mich nicht in Winnies Menü einzumischen, und den restlichen Tag gingen sie und Mabona mir aus dem Weg. Sie wissen, wie gefährlich ich in kreativer Stimmung bin.

Als ich zu Bett ging, regnete es noch immer, und jedes Mal, wenn ich aufwachte, hörte ich den Regen prasseln. Arme Susanne. Die Party würde wohl doch drinnen stattfinden. Am frühen Morgen weckte mich Jeff, mein Labrador, mit einem Kuss seiner feuchten Nase und ich drückte ihn an mich und lauschte. Stille. Ich schlug die Vorhänge zurück. Der Himmel war von einem üppigen Rosa und keine Wolke war zu sehen.

Um sechs Uhr an diesem Abend schwirrte es in der Essens-*Boma* vor Aktivität, die Feuergrube in der Mitte brannte bereits. Zwei Mädchen zündeten Laternen und Kerzen an und Winnie hielt einen wachsamen Blick auf die Männer gerichtet, die das Wild auf dem *Braai* grillten. Ich überprüfte die Tische. Tischtücher mit Safari-Aufdruck und frisch gestärkte Leinendecken darüber. Ich lächelte angesichts der Servietten und wusste genau, wer sie in diese wunderbare Blumenform gefaltet hatte. Wassergläser, Champagnergläser, Weingläser. Alles war tipptopp, wie immer, wenn Mabona und Winnie Dienst haben.

Es hat etwas Magisches, draußen unter den Sternen Afrikas zu speisen, dicht neben einem lodernden Feuer, umgeben von einem Kreis aus Schilf. Es verbindet Vergangenheit, Gegenwart und Zukunft und kreiert das Gefühl, die einzigen Menschen auf Erden zu sein.

Es ist eine Zeit zum Geschichtenerzählen, mit denjenigen zusammen zu sein, die man liebt, und die Nähe zu Mutter Natur zu genießen. Wie sehr wünschte ich mir, Lawrence könnte bei uns sein. Er wäre so gerührt gewesen, dass Jorgens Schwiegertochter ihren großen Geburtstag auf Thula Thula feierte. Ich sah hinaus in die Dunkelheit. Kaum zu glauben, dass es mein zweiter Winter ohne ihn war. Wo war die Zeit geblieben? Manchmal fühlte es sich an, als ob er in einem fremden, anderen Leben gestorben wäre, und zu anderen Zeiten, wie in dieser Nacht, war mein Verlustgefühl so schlimm wie am Tag seines Todes.

Kurz vor dem Dessert stellte sich Mabona neben das Feuer und sang *Thula Baba*, das eindringliche afrikanische Wiegenlied, das Lawrence so geliebt und das Thula Thulas Namen inspiriert hatte. Die Flammen glühten. Ihre Stimme stieg hinauf in die Nacht. Susanne und ich wischten uns Tränen ab. Wenn Mabona dieses Lied singt, spürt man es in der Seele.

Klaus Simonsen tippte mit einem Löffel an sein Glas. Er erinnert mich so sehr an seinen Vater – groß, freundlich und immer lächelnd. Alle in der *Boma* verfielen in Schweigen. Breit grinsend stellten sich Klaus, die drei erwachsenen Kinder und ein Freund der Familie in einer Reihe vor Susanne auf.

»Werden sie etwas singen?«, flüsterte ich.

Sie zuckte mit den Schultern, die Augen glänzend vor Erwartung.

Frederick, der älteste Sohn, zog seinen Pullover aus und drehte sich um. Die Zahl 12 ½ war auf sein Hemd gedruckt. Der zweite Sohn, Nikolay, drehte sich ebenfalls um. Eine weitere 12 ½. Susanne und ich begannen zu kichern. Wir wussten, was kam, bevor die anderen sich ebenfalls umgedreht hatten.

Sara, ihre Tochter und diejenige, die sie am meisten wegen des Älterwerdens geneckt hatte, enthüllte das große Finale – eine riesige 50.

»Jetzt wissen es alle«, beklagte sich Susanne fröhlich.

Wiederum tippte Klaus an sein Glas.

»Susanne, herzlichen Glückwunsch!« Er küsste sie und reichte ihr eine Karte. »Das ist dein zweites Geburtstagsgeschenk. Bitte lies es laut vor.«

Verwirrt nahm sie die Karte entgegen.

»An meine wundervolle Familie«, begann sie. »Vielen Dank für das Geschenk, das ich erhalten werde und von dem ich nichts weiß …« Sie hielt stirnrunzelnd inne. Klaus bedeutete ihr fortzufahren. »Wie ihr wisst, bin ich heute 50 geworden. Da ist mir der Einfall gekommen, die Zahl 50 etwas anders zu benutzen. Daher möchte ich Françoise bitten, sich neben mich zu stellen …«

Entzückt lachend darüber, mit eingeschlossen zu sein, füllte ich zwei Champagnergläser und trat zu ihr, ebenso neugierig zu erfahren, worauf Klaus hinauswollte. Er reichte ihr eine zweite Karte, die sie vorlesen sollte.

»Liebe Françoise …«, setzte sie an.

Ich? Ich sah Klaus an. Was war das denn jetzt? Er und die Kinder strahlten mich an.

»Dieses Geschenk ist für dich.« Susannes Stimme begann zu zittern. »Es ist mein kleiner Beitrag dafür, dass ich Teil des fantastischen Werks bin, das du hier in Thula Thula vollbringst.«

Ein Scheck über 50 000 Rand.

Ich war sprachlos. Alle klatschten und jubelten, und das Zulu-Personal brach in Freudengeschrei aus. Tränen strömten Susannes Wangen herab.

»Ich hatte keine Ahnung …«, flüsterte sie.

Mir fehlen nicht oft die Worte, aber in jener Nacht verschlug es mir die Sprache. In einer Zeit, in der mein Leben so aus den Fugen geraten war, so schreckenerregend, half mir diese wunderbare Familie, mein wackeliges Boot fest zu vertäuen. Bis zu diesem Moment war mir nicht klar gewesen, wie einsam ich war.

Ubuntu ist ein mächtiges Zulu-Wort, das bedeutet, dass wir nicht von allein existieren und dass wir nie allein sind, weil wir Teil einer größeren, miteinander verbundenen Welt der Humanität sind. Vor meiner Ankunft in Südafrika lebte ich in einer Gesellschaft, in der das Dasein als Individuum mehr geschätzt wird, als Teil einer Gemeinschaft zu sein. Das ist hier ganz anders. Im traditionellen Afrika bedeutet »uns« mehr als »ich«. *Ubuntu* bedeutet, das ich wegen dem, was wir alle hier zusammen sind, diejenige bin, die ich bin.

Lawrence sagte immer, dass jeder Beitrag, ob groß oder klein, einen Unterschied ausmacht, weil jeder davon mit demselben guten Willen und derselben Liebe geleistet wird. Ob es ein riesiger Scheck ist wie der von Susanne oder gestrickte Decken für verwaiste Tierkinder – alles ist Teil einer Menschheit, die sich zusammentut.

Kelsey Pauls Beitrag ist dafür ein gutes Beispiel. Sie war gerade 16, als sie mit ihrer Familie Thula Thula besuchte, und in ihrer ersten Nacht schliefen Thabo und Ntombi unter ihrem Fenster. Vor Aufregung tat sie kaum ein Auge zu und am folgenden Tag war sie total entsetzt, als sie erfuhr, dass die beiden ohne lückenlose Bewachung durch bewaffnete Wächter von Wilderern getötet werden könnten. Sie kehrte nach Amerika zurück, wild entschlossen, die Nachricht zu verbreiten, dass Nashörner vom Aussterben bedroht sind. Dieses unerschrockene junge Mädchen und ihre Mutter Jill schrieben ein Kinderbuch über Thabo und Ntombi – *My Baby Rhinos* –, und sämtliche Honorare gehen an unseren Nashorn-Fonds. In einer Welt, in der Teenager fast ständig an ihren Smartphones kleben, tritt Kelsey für eine positive Veränderung ein.

Jeder Cent hilft. Jeder Mensch, der hilft, ist wichtig. Es war nicht bloß die Großzügigkeit der Simonsens, die mich so sehr bewegte, es war ihr Verständnis, dass ich es alleine nicht schaffen kann.

Um Mitternacht waren nur noch Klaus, Susanne und ich an der Feuergrube, die Füße auf der Suche nach Wärme auf den steinernen Rand gelegt. Schließlich fand ich die Worte, um ihnen angemessen zu danken.

»Es bedeutet mir so viel zu wissen, dass ich nicht allein bin«, sagte ich leise.

»Wir sind diejenigen, die dankbar sind«, sagte Klaus. »Thula Thula hat das Leben dreier Generationen in unserer Familie verändert – zwei unserer Kinder haben sich sogar entschlossen, mit Tieren zu arbeiten, und zwar wegen der Dinge, die sie hier gesehen und gelernt haben.«

Susanne strich sich ein paar Locken aus dem Gesicht und blickte ins Feuer. Sie ist eine geerdete Mutter, heiter und fürsorglich, und allein das Zusammensein mit ihr ist beruhigend.

»Nach Thula Thula zu kommen und Nana kennenzulernen, hat mich zu einem besseren Menschen gemacht«, sagte sie. »Nana hat mich gelehrt, dass man als Matriarchin stark sein und alles tun muss, um die Familie zusammenzuhalten, insbesondere wenn ein rauer Wind im Leben weht.« Sie warf mir einen Blick zu. »Und sie hat mich auch Hoffnung gelehrt. Die Herde stand kurz davor, erschossen zu werden, und seht mal, was passiert ist – du und Lawrence, ihr seid in ihr Leben getreten und sie haben eine zweite Chance erhalten. Das ist Hoffnung, Françoise. Vergiss das nie! Es gibt immer Hoffnung.«

Meine weise Nana berührte Menschen und ihr Leben auf der anderen Seite des Globus. Mit Tränen in den Augen hob ich mein Glas.

»Auf eine weitere Matriarchin, Lawrences Mutter, die sogar mit über 90 den Anthony-Clan zusammenhält. Unsere Nana hat tatsächlich die Hoffnungen erfüllt, die er in sie gesetzt hat. Sie ist eine ebenso weise wie starke Anführerin – wie seine Mutter.«

»Auf Mut und Weisheit.« Susanne lächelte und hob ihr Glas.

»Bei ihrer Ankunft wussten wir nicht, was wir von ihr erwarten könnten«, erinnerte ich mich. »Die ursprüngliche Leitkuh war erschossen worden und sie war gezwungen, ihre Rolle unter widrigen Umständen zu übernehmen. Könnt ihr euch ihre Angst und Qual vorstellen? Ihre Anführerin getötet, in riesigen, lärmenden Fahrzeugen transportiert, in ein unbekanntes Gebiet. Und dennoch, von dem Augenblick an, als sie eintrafen, ist Nana an der Herausforderung gewachsen und hat ihre kleine Familie mit Selbstvertrauen und Weisheit geführt.«

Susanne nahm meine Hand.

»Du hast letztlich auch Verantwortung auf dich genommen, auf die du nicht vorbereitet warst, und wurdest in eine Rolle hineingezwungen, von der du nie geglaubt hast, dass du sie würdest übernehmen müssen. Und du bist wie Nana damit umgegangen, mit Würde und Mut. Wir wissen es, wir haben zugesehen.«

Daraufhin schwiegen wir und lauschten dem Orchester der nächtlichen Geräusche. Aus der Tiefe des Reservats spürte ich Nanas Liebe und ich wärmte mich im Wunder von *Ubuntu*.

13 DIE STERNE SIND IN AFRIKA HELLER

Spätnachts von einem geselligen Nashorn begrüßt zu werden, wenn man in einem Zelt übernachtet, ist eine haarsträubende Erfahrung, ob es nun das erste Mal im Busch ist oder das 100. Trotz Thabos Jahren als freies Nashorn in der Wildnis liebte er nach wie vor menschliche Gesellschaft – die Kehrseite davon, nicht in einem entsprechenden Zentrum aufgezogen worden zu sein, wo der Kontakt zu Menschen auf die Tierpfleger beschränkt ist.

Zum Glück blieben die amerikanischen Gäste, die Thabo besuchte, ziemlich ruhig, und es gelang ihnen sogar, ihn mit etwas Einfallsreichtum davon zu überzeugen, dass eine mitternächtliche Pyjamaparty nicht auf dem Programm stand.

»Unser Ranger hatte uns nach dem Abendessen zu unserem Zelt begleitet. Wir wollten gerade zu Bett gehen, als ich draußen etwas Merkwürdiges hörte«, erzählte mir Mike am folgenden Morgen. »Keine Schritte, nur Atemgeräusche.«

»Ich bin noch nie im Leben so erschrocken. Ich meine, das Einzige zwischen uns und diesem *Etwas* war ein bisschen Stoff«, sagte seine Ehefrau Jeanne.

»Sie wissen, wo wir übernachtet haben, oder?«, wollte Mike von mir wissen.

Ich schüttelte den Kopf. Er warf die Arme in die Höhe.

»Im letzten Zelt, ganz am Ende, wo es nichts außer Wildnis gibt.«

Ich gab mir alle Mühe, nicht zu lachen. »Wofür haben Sie dieses Etwas denn gehalten?«

»Keine Ahnung. Wir wussten bloß, dass es groß und zu nahe war, als dass es gemütlich gewesen wäre.«

Jeanne verdrehte die Augen. »Mein Held.«

»Wann haben Sie herausgefunden, dass es Thabo war?«

»Erst einmal gar nicht. Es war Vollmond, also warf das Etwas einen riesigen Schatten auf das Zelt. Dann fing es an, gegen die Plane zu drücken, als ob es hereinkommen wollte. Teufel noch mal – es hätte alles Mögliche sein können!«

»Und wir hatten keinen Handyempfang. Wir hätten nicht mal per Telefon um Hilfe rufen können, falls es nötig gewesen wäre«, stöhnte Jeanne.

»Ich weiß nicht, was schlimmer war – erst nicht zu wissen, was es war, oder dann zu wissen, dass es ein verfluchtes Nashorn war. Wir wussten zwar nicht, dass es Thabo höchstpersönlich war, aber anhand der Form des Horns auf dem Stoff begriffen wir verdammt rasch, dass es ein Nashorn war.«

»Wir hatten eine Heidenangst, dass das Zelt reißen würde«, sagte Jeanne. »Man sieht solche Sachen ja auf YouTube, aber man glaubt nie, dass es einem selbst passieren könnte.«

Sie waren erschrocken und ich konnte es ihnen nicht verdenken. Thabo war ein schlauer Teenager – in Nashornjahren gerechnet – und er hatte kapiert, dass Zelte bedeuteten, dass seine zweibeinigen Lieblinge darin waren.

»Tut mir sehr leid«, entschuldigte ich mich. »Hoffentlich ist er nach einem weiteren Jahr im Busch nicht mehr so zahm, aber ein Jahr ist noch lange hin. Ich muss eine Möglichkeit finden, wie ich die Zelte für ihn unerreichbar mache.«

»Tun Sie das nicht! Er ist toll so, wie er ist.« Jeanne lachte.

»Thabo vertraut Menschen mehr, als es gut für ihn ist«, sagte ich. »Je zahmer er ist, desto größer ist das Risiko für ihn, getötet zu werden.«

Aus Ermangelung eines entsprechenden Pflegezentrums waren Thabo und Ntombi in der Lodge aufgewachsen, umgeben von uns allen – eine große menschliche Familie, die einen Narren an ihnen gefressen hatte. Und wie die meisten Kinder, die ihr Zuhause verlassen, kehren sie gern und oft zurück, um draußen vor ihrem alten Zimmer zu schlafen. Ich glaube, es tröstet sie, weil sie wissen, dass sie dort in Sicherheit waren. Es ist liebenswert, aber gefährlich. Wilde Nashörner laufen gewöhnlich kilometerweit vor Menschen davon, und so sollte es auch sein.

»Wie in aller Welt haben Sie ihn dazu gebracht zu gehen?«, fragte ich meine immer noch erschöpften Gäste.

»Ich klopfte mit meinem Fön gegen die Plane, er quietschte ein paarmal verärgert und zog dann ab.«

»Nicht dass wir danach noch ein Auge zugetan hätten«, knurrte Mike.

»Ich wollte ihn nicht einschlafen lassen, für den Fall, dass Thabo zurückkäme. Was für eine Nacht! Unsere Kinder in Raleigh werden uns das nie glauben.«

Dem Himmel sei gedankt, dass Thabo nicht vehementer versucht hatte, sich zu ihnen zu kuscheln. Zwei entsetzte Menschen, ein neugieriges Nashorn und ein zusammengebrochenes Zelt wären eine Katastrophe gewesen. Wir hatten bei Thabo und Ntombi unser Bestes gegeben, aber ich wusste, dass wir niemals weitere verwaiste Tierkinder ohne entsprechende Einrichtung aufziehen konnten.

Thabos Abenteuer mit Mike und Jeanne ist nun schon viele Jahre her und heutzutage sind Thabo und Ntombi wie jedes andere wilde Tier: Sie mögen keine Fremden. Er ist sogar in Anwesenheit von Menschen zickig, mit denen er aufgewachsen ist, wie unsere Lodge-Hostess vor nicht allzu langer Zeit mit fast tödlicher Konsequenz entdecken musste.

Niemand darf außerhalb der umzäunten Gebiete in den Busch hinausgehen. Das mag offensichtlich erscheinen, aber es geschieht in einem Wildtierreservat die ganze Zeit über. Menschen werden selbstgefällig, insbesondere wenn Tiere keine aggressive Geschichte haben. Trotz dieser strikten Regeln gehen unsere Angestellten hin und wieder dorthin, wo sie nicht hinsollen, vor allem wenn sie es eilig haben und nicht auf einen Geländewagen warten wollen, der sie mitnimmt.

Aber nur weil Tiere bisher nicht angegriffen haben, bedeutet das nicht, dass sie es nicht tun werden.

Eines Nachmittags ging Sindi, eine lebhafte Zulu-Frau, die seit ihrer Jugendzeit bei uns war, außerhalb des Sicherheitsbereichs zum Haupttor, um eine Freundin zu treffen. Sie sah Thabo und Ntombi in der Ferne, war jedoch nicht im Geringsten besorgt. Sie hatte die beiden schon als Babys gekannt und vergötterte sie. Als sie sich dem Tor näherte, rief der Wächter ihr zu:

»Sindi, lauf! Thabo geht auf dich los!«

Clifford gehörte zu Thabos bewaffneter Schutztruppe und kannte ihn besser als jeder andere. Sie grinste und winkte ihm nur zu, weil sie glaubte, dass er einen Scherz machte.

»Baleka, Sindi, baleka!« Lauf, Sindi, lauf!

Sie drehte sich um und sah Thabo auf sich zurasen.

Nashörner können überraschend schnell Geschwindigkeit aufnehmen – von null auf 55 Stundenkilometer in gerade mal drei Sekunden. Da bleibt nicht viel Zeit zum Ausweichen, es sei denn, man steht neben einem Baum und ist ein guter Kletterer. Wie gelähmt sah Sindi Thabo heranpreschen.

»Weg da! Weg da!«, schrie Clifford.

Thabo krachte in sie hinein. Sie wurde durch die Luft geschleudert und landete auf dem Rücken, vollkommen entgeistert, dass er sie tatsächlich gerammt hatte. Er vollführte eine Kehrtwende und donnerte erneut auf sie zu, stieß sie mit seinem Schädel wie eine Stoffpuppe umher. Clifford rannte in der wahnsinnigen Hoffnung zu ihnen hinüber, dass Thabo ihn wiedererkennen würde.

»*Ngyacela mfana wami ungamlimazi, uSindi!*« Bitte, mein Junge, tu Sindi nichts an.

Thabo schnaubte wütend und donnerte nun in seine Richtung. Clifford warf sich zu Boden und hechtete aus dem Weg, doch Thabo wirbelte herum und rammte ihn mit dem Kopf.

»Thabo, hör auf!«, brüllte Clifford.

Andrew, einer unserer Ranger, wusch gerade seinen Geländewagen in der Werkstatt, etwa 100 Meter vom Tor entfernt. Er hörte den Aufruhr, dachte jedoch zuerst, jemand außerhalb des Zauns würde seine Hunde anschreien. Erst als er zwei Stimmen hörte, wurde er aufmerksam. Er lief nach draußen, sah, wie Thabo Clifford attackierte, sprang in seinen Geländewagen und raste auf sie zu.

Sindi war vom hohen Gras verborgen, daher entdeckte Andrew sie erst in letzter Minute – er riss das Lenkrad im letzten Moment nach links und hätte sie beinahe überfahren.

Thabo bereitete sich indes auf einen weiteren Angriff vor. Andrew nahm ihn mit seinem Fahrzeug ins Visier und schob ihn mit dem Kuhfänger beiseite. Ein riskantes Manöver, denn wenn Thabo gewollt hätte, hätte er den Geländewagen im Nullkommanichts manövrierunfähig machen können.

Verwirrt angesichts dieser ungewöhnlichen Aggression seitens eines Fahrzeugs schwenkte Thabo ab, allerdings nur um umzukehren und erneut auf Sindi loszugehen. Sie hatte sich wie ein Fötus zusammengerollt und wimmerte vor Schmerz. Andrew hämmerte den Rückwärtsgang rein und preschte mit aufheulendem Motor zwischen Thabo und die Verletzte. Verwirrt blieb Thabo stehen. Ein zweiter Ranger hatte den Krach gehört und kam über die Steppe herangejagt.

»Gib mir Deckung, damit ich sie holen kann!«, schrie Shandu Andrew zu.

Andrew ließ den Motor erneut laut aufheulen, fuhr vorwärts und schaltete dann wieder in den Rückwärtsgang.

»Er greift wieder an. Hol Sindi in den Wagen!«, schrie er.

Shandu hob sie auf, legte sie auf den Rücksitz und schwang sich dann neben sie.

Doch sie waren noch längst nicht in Sicherheit.

Andrew beäugte das Tor und überlegte, ob er es erreichen konnte, bevor Thabo sie rammte. Nashörner führen keine Scheinangriffe durch wie Elefanten, und zwei Tonnen geballtes Nashorn würden das Fahrzeug mit Leichtigkeit umstürzen.

Doch Thabo schwenkte ab und entfernte sich.

Dann, als wäre es einfach bloß ein weiterer netter Tag in Afrika, trabte er zu Ntombi, sie berührten sich ein paarmal mit der Schnauze und trotteten schließlich Seite an Seite davon wie ein altes Ehepaar.

Clifford kam mit gewaltigen blauen Flecken davon und alle bewunderten ihn wegen seiner Tapferkeit, aber Sindi verbrachte zehn Tage im Krankenhaus mit einem gebrochenen Becken.

»Warum hat er mich so angegriffen? Was habe ich getan, dass er mich umbringen wollte? Er kennt mich doch. Ich dachte, er würde spielen«, sagte sie voller Qual. »Wenn Andrew und Shandu nicht gekommen wären, dann wäre ich jetzt tot.«

Wie alle anderen sah sie in Thabo das anhängliche Kalb, das er einmal gewesen war, und es brach ihr das Herz, dass er aggressiv geworden war.

Wir wissen bis heute nicht, was mit Thabo an diesem Tag los gewesen ist. War Sindis leuchtend pinkfarbener Sonnenschirm der Auslöser? Oder beschützte er Ntombi, weil sie trächtig war? Wochenlang studierte ich ihren gewaltigen Bauch und versuchte abzuschätzen, ob er größer als früher war. Es war unmöglich zu sagen, doch die Monate vergingen und allmählich wurde klar, dass sie nicht trächtig war.

Was auch immer der Grund gewesen sein mochte, es war nicht Thabos Schuld, und in gewisser Hinsicht war es eine Art Abschlussprüfung für alle. Thabo verdiente sich seine Plakette als wildes Nashorn, und wir alle begriffen, dass unser großes Baby erwachsen geworden und kein harmloses kleines Nashornkalb mehr war.

Zahm zu sein ist nicht nur gefährlich für die Tiere, es ist auch gefährlich für uns.

Nachdem Clifford Sindi seine Warnung zugeschrien hatte, hätte sie mehr als genügend Zeit gehabt, Thabo aus dem Weg zu gehen, aber sie hätte nicht im Traum daran gedacht, dass er ihr etwas antun könnte. Sie kennt ihn schon sein ganzes Leben lang und sie liebt ihn – und diese Liebe hätte sie beinahe das Leben gekostet.

Wenn Thabo mit beschränktem menschlichen Kontakt aufgewachsen wäre, dann wäre sein Instinkt, Menschen zu fürchten, immer noch vorhanden, und wir hätten uns nicht daran gewöhnt, dass er in unserer Gegenwart so liebevoll war. Natürlich brauchen verwaiste Nashörner eine Rundumbetreuung, insbesondere am Anfang, also ist es unmöglich zu verhindern, dass sie eine Beziehung zu ihren Pflegern entwickeln, aber wir können sie so gering wie möglich halten.

Die Welt ist ein so tückischer Ort für Nashörner. Wir müssen daher dafür sorgen, dass sie den Menschen misstrauen. Die Kunst besteht darin, die richtige Balance zu finden zwischen der ausreichenden Versorgung der Kälber, damit sie gedeihen, und ihnen nicht zu erlauben, allzu zahm zu werden.

Das erste Mal schrieb ich über meinen Traum, ein Nashornzentrum zu eröffnen, in einem Newsletter im August 2013.

Elisabeth, die deutsche Journalistin, die mir mein Freund Jos vorgestellt hatte, schickte ihn an jede ihr bekannte Tierschutzorganisation, und so landete er auch im E-Mail-Postfach von Heli Dungler. Heli ist Gründer und Chef der österreichischen Tierschutzorganisation Four Paws. Der Newsletter hatte sein Inte-resse geweckt, also entschloss er sich, selbst nachzusehen, was wir in Thula Thula taten, und stattete uns während einer geplanten Geschäftsreise nach Südafrika einen Besuch ab.

Wir zeigten ihm und seiner Tochter, was wir mit der Elefantenherde und Thabo und Ntombi erreicht hatten, und ich sprach ausführlich über unsere Hoffnungen, eines Tages Tierwaisen helfen zu können. Er stellte unzählige Fragen und erzählte uns von den Projekten, die seine Organisation auf dem ganzen Globus unterstützte. Seiner Ansicht nach ist kein Tier zu groß, zu klein oder zu weit weg für Hilfe, ob es nun darum geht, Bären auf asiatischen Farmen zur Gewinnung von Bärengalle zu retten oder den illegalen Welpenhandel in Europa zu unterbinden.

Es heißt, Leidenschaft sei ansteckend, und Helis Leidenschaft übt diesen Effekt auf alle und jeden aus. Er blüht förmlich auf, wenn er über seine Arbeit spricht, und er schafft es erstaunlicherweise, trotz des entsetzlichen Leidens, dessen er Zeuge wird, guter Dinge zu bleiben.

Einen Monat nach seinem Besuch erhielt ich aus heiterem Himmel eine E-Mail von ihm. Er fragte mich, wie hoch die Kosten für ein Nashornzentrum wären. Ich traute meinen Augen kaum. Wir hatten zwar über meine Hoffnungen gesprochen, eines aufzubauen, aber er hatte kein Wort über die Möglichkeit verloren, gemeinsam ein Projekt durchzuführen, und jetzt stand da schwarz auf weiß eine Aufforderung, ich solle ihm einen Projektantrag schicken, um es aufzubauen!

Weder Alyson noch ich hatten Erfahrung im Verfassen von Projektanträgen, daher war ich sehr besorgt, dass unserer nicht den Anforderungen genügen würde. Wir setzten uns gemeinsam hin und überlegten, wie wir anfangen sollten.

»Lawrence hat sich immer um solche Sachen gekümmert«, sagte ich tonlos.

»Da bin ich auch absolut keine Hilfe. Ich kann ja nicht mal meinen eigenen Bürokram organisieren, ganz zu schweigen von so etwas wie dem hier.« Alyson verzog das Gesicht.

»Warum fangen wir den Antrag nicht mit einer Vorstellung deiner Person an? Du bist Tierkrankenschwester mit der angemessenen Erfahrung und wir könnten deine Arbeit mit Thabo und Ntombi als Fallstudie verwenden. Wir erzählen, was wir richtig gemacht haben und wovon wir glauben, dass wir es hätten anders machen können.« Ich hielt inne. »Wir sollten auch Leute kontaktieren, die mit Nashörnern Erfahrung haben, und sie um Rat bitten. Ich frage mal herum.«

Ich kritzelte *Nashornexperten, Wildtierärzte, andere Auffangstationen* auf meinen Notizblock.

»Wir werden detaillierte Angaben brauchen, damit wir Four Paws genaue Zahlen nennen können, was der Bau, die Umzäunung und die Sicherheitsvorrichtungen kosten werden«, fügte Alyson hinzu.

Die Formulierung des Projektantrags war einschüchternd, aber wenn ich eines gelernt habe in den stürmischen Zeiten, in denen ich darum kämpfte, auf mich allein gestellt zurechtzukommen, war es die Fähigkeit zu sagen: *Ich weiß es nicht.* Ich habe mittlerweile begriffen, dass es leichter ist zuzugeben, dass ich etwas nicht weiß, als so zu tun, als wüsste ich es. Sei's drum, es ist die nackte Wahrheit: Für unsere Tiere war immer Lawrence verantwortlich gewesen und ich wusste so gut wie nichts darüber, was es erforderte, sich um sie zu kümmern.

»Was werden wir deiner Ansicht nach sonst noch brauchen?«, fragte ich.

Lawrence und Nana hatten schon immer eine besondere Beziehung.

Lawrence und ich mit unseren Köchinnen Tom (links) und Winnie (rechts).

Baby Thabo am Tag seiner Ankunft neben Elaines Bett. Ich lernte schnell, dass weiße Bettlaken keine gute Idee waren.

Thabo und Ntombi küssen sich.

Unsere Tierpflegerin Alyson mit Thabo und Ntombi.

Unser Ranger Johnny und ich mit Baby Thula, Nandis Kalb, das zu krank war, um in der Wildnis zu überleben.

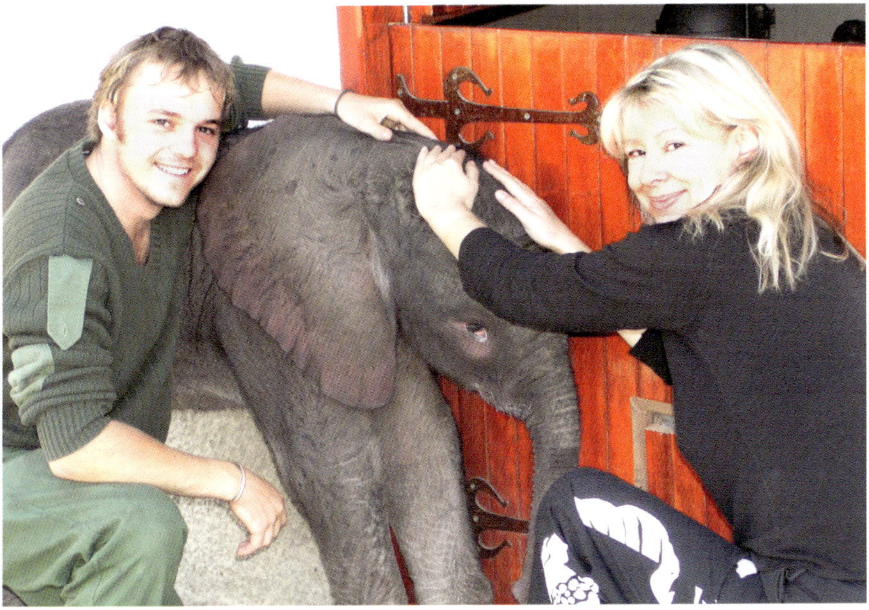

Die Herde an Lawrences geliebtem Mkhulu-Stausee.

Am Mkhulu-Stausee nach dem Verteilen von Lawrences Asche.

Mabula mit seinem männlichen Alphatier Gobisa.

Thabo wurde am helllichten Tag von Wilderern angeschossen.

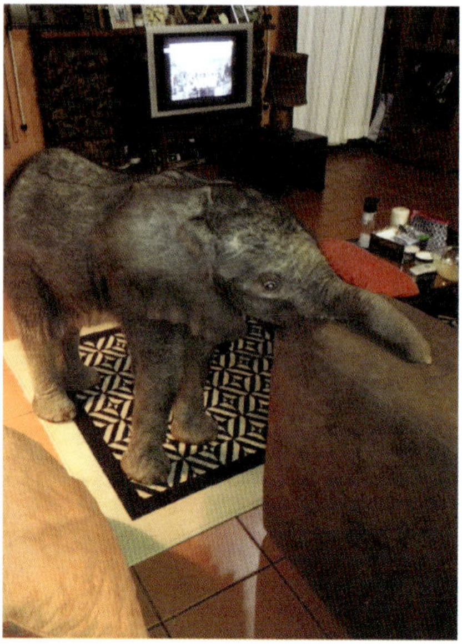

Baby Tom – der Elefant in meiner Küche! –, nachdem sie von der Herde getrennt wurde.

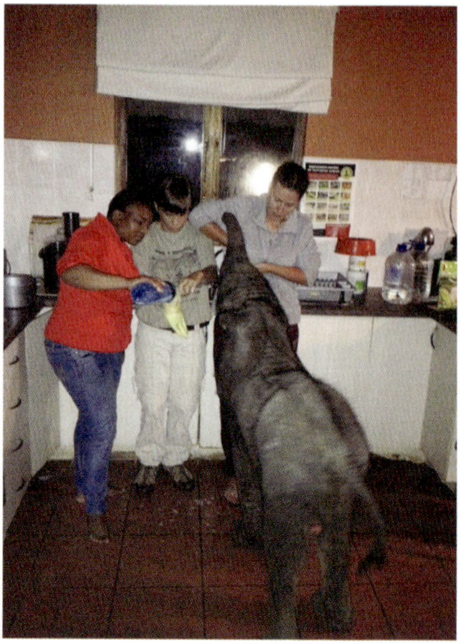

Baby Tom wird von Tom, Shireen und Alyson gefüttert.

Das Haupthaus.

Vergiftung der Nashornhörner mit dem lokalen Tierarzt Dr. Mike Toft.

Mabula macht Yoga!

Unsere brütenden Kolonien von Weißrückengeiern sind bedroht, da ihre Gehirne für die traditionelle Medizin *Muthi* sehr wertvoll sind.

Gobisa und Frankie schmusen.

Der Mkhulu-Stausee während der Dürre 2014.

Der Bau des Thula-Thula-Waisenhauses mit Promise und Andre, einem unserer Wildhüter.

Unser bemerkenswerter Chefwildhüter Siya.

Axel und Megan mit Ithuba und seinem *boma*.

Baby Ellie liebt sein Planschbecken.

Duma und Nandi, unser Spitzmaulnashorn,
spielen zusammen Fußball.

Thabo sagt unserem Wildhüter Khaya Hallo.

Baby Charlie – das Nilpferd, das vor Wasser Angst hatte – steht tapfer im Planschbecken, sein Freund Makhosi leistet ihm Gesellschaft.

Als die Dürre endlich vorbei war, kam die Herde zu einem Schlammloch bei meinem Haus, um den Regen mit mir zu feiern.

Unsere Nashornwaisen spielen zusammen im Matsch.

Thabo und Ntombi zu enthornen war die einzige Möglichkeit, sie zu schützen. Es war eine der schwersten Entscheidungen, die ich je treffen musste. Dr. Mike Toft (ganz rechts) betäubte sie, bevor er die Hörner abschnitt.

Das Thula-Thula-Anti-Wilderer-Team – das professionelle Outfit benötigen wir, um unsere Tiere zu schützen.

Vusi hält die Schlinge, die sich um den Rüssel und den Mund von Marulas Baby gewickelt hat.

Wir waren sehr erleichtert, dass Susanna so schnell wieder saugen konnte, nachdem sie die Spitze ihres Rüssels bei einer Verletzung mit einer Schlinge verloren hatte.

Ich mit Clément und Katja.

Gobisa, der älteste Bulle der Herde, überprüfte meinen neuen Partner persönlich.

Ein Neuanfang mit dem Thula Thula Wildlife Rehabilitation Centre.

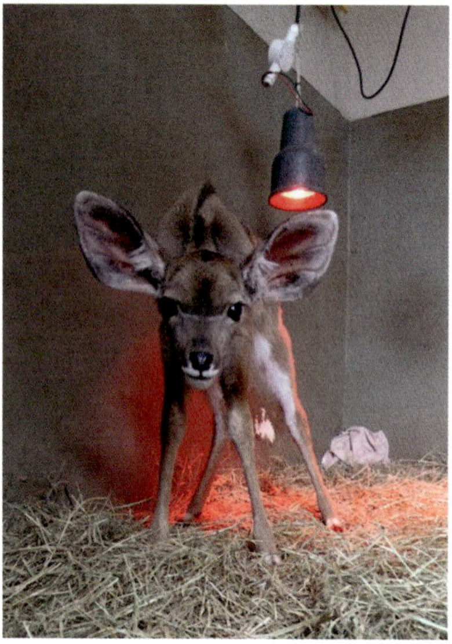

Kenya, unser frisch eingetroffenes Baby-Kudu, das eine der ersten Rettungen in dem neuen Rehab Centre war.

Kayleigh mit Bruce, ein geretteter Hund, der zum Bodyguard der Mitarbeiter vom Rehab Centre wurde.

Meine geliebten Hunden Gypsy und Gin und ich. Sie sind ein besonders wichtiger Teil meines Lebens und ich bin sehr dankbar, dass sie immer an meiner Seite sind.

»Einen Rettungswagen. Wir können keine Auffangstation ohne ein Notfallfahrzeug betreiben.«

»Ja, am besten ein robustes. Überleg mal, wie schnell Thabo und Ntobi gewachsen sind – sie sind alle paar Monate doppelt so groß geworden, bis Thabo eine Tür niederwalzen konnte, ohne sich auch nur anzustrengen.«

»Alles muss robust sein«, stimmte sie zu. »Die Babys werden außer sich sein vor Angst, wenn sie hier eintreffen, und wahrscheinlich äußerst unberechenbar, vielleicht sogar aggressiv. Also müssen ihre Stallungen, die Fütterungsbereiche und sämtliche äußeren Umzäunungen stark genug sein, um einem mächtigen Aufprall zu widerstehen.« Sie warf mir einen besorgten Blick zu. »Das wird ein Vermögen kosten. Hast du irgendeine Vorstellung, wie viel Four Paws spenden möchte?«

»Keinen blassen Schimmer. Aber sie haben um den Antrag gebeten und sie haben weitaus mehr Erfahrung als wir, also müssen sie wissen, wie viel Geld erforderlich ist.«

»Es wäre unglaublich, wenn sie Ja sagen würden!« Alyson seufzte, dann rückte sie auf ihrem Stuhl vor. »Also gut, zurück ans Werk. Träumen bringt uns nirgendwohin.«

»Träumen bringt uns überallhin«, sagte ich leise und ging zum Fenster hinüber. Es dämmerte und die Bäume waren schwarze Silhouetten vor einem korallenroten Himmel. »So lange habe ich davon geträumt, einen sicheren Hafen vor unserer Türschwelle zu haben, wo verwaiste Tierkinder sich von ihrem Trauma erholen können.« Ich wandte mich zu ihr um. »Du kennst doch das Haus oben auf dem Hügel in der Nähe des südlichen Grenzzauns. Dort sollte es sein.«

»Gehört es nicht den hiesigen Stammesführern?«

»Ja, schon, aber sie haben es uns für den Tierschutz überlassen und ich bin mir sicher, sie wären einverstanden, wenn es in ein Pflegezentrum umgewandelt werden soll. Wir könnten sogar etwas viel Größeres schaffen und es als Basis verwenden, von wo aus wir den hiesigen Kindern etwas über Tierschutz beibringen. Wer weiß, vielleicht ist unter ihnen ein angehender Ranger?« Geknickt schüttelte ich den Kopf. »Uns mangelt es nicht an Ideen, nur an Geld. Ich schätze, wir sollten uns nicht allzu große Hoffnungen machen. Four Paws hat wahrscheinlich Tausende von Leuten, die Hilfe brauchen.«

Aber Alyson wackelte mit dem Finger vor meiner Nase herum.

»Oh nein, ganz im Gegenteil. Du hast gesagt, wir sollten träumen, oder etwa nicht? Ich glaube, wir haben eine gute Chance. Sie waren wirklich an dem interessiert, was wir mit Thabo und Ntombi getan haben, als sie hier waren.«

Alyson und ich hetzten also vom einen zum anderen und holten uns Ratschläge, sprachen mit Architekten und Baumeistern, suchten Preisangaben und sie schrieb den Projektantrag häufiger neu, als ich mich erinnern kann.

»Es reicht. Schicken wir ihn ab«, sagte sie eines Morgens. »Noch besser bekommen wir ihn nicht hin.«

Ich warf ihr über meinen Laptop einen Blick zu. »Sicher?«

Sie zeigte mit dem Daumen nach oben. Ich drückte auf »Senden« und sank in meinem Stuhl zurück.

»Ich bin völlig fertig.« Alyson gähnte.

Sie ging, um etwas wohlverdienten Schlaf nachzuholen, und ich blieb, um meinen vernachlässigten Posteingang in Angriff zu nehmen. Kurz vor Mitternacht war ich endlich fertig, schloss ab und ging über den Rasen zu meinem Haus. Eine lohfarbene Eule rief in der Nähe und eine eindringliche Antwort hallte durch die Stille. Ein Mond, gebogen wie eine offene Handfläche, stand am Horizont. Ich lächelte in mich hinein. Vielleicht war das ein Zeichen, dass Four Paws Ja sagen würde.

Ich suchte den Himmel nach der Milchstraße ab. Da war sie, meine sternengeschmückte Autobahn der Träume. Wo immer ich bin, suche ich danach, und es stimmt, was man sagt: Die Sterne sind in Afrika heller. Sogar mein eigenes Leben erscheint mir hier heller. Nach Afrika zu gehen, hat etwas in mir geweckt, das meine Welt verändert hat, aber nichts rückt die Dinge so scharf in den Fokus wie der Verlust eines Partners ohne jegliche Vorwarnung. Keine lange Krankheit, kein Krankenhausaufenthalt, sondern ein brutaler Verlust über Nacht. Mir hat es nie etwas ausgemacht, für mich zu sein, aber wenn man plötzlich von der Zweisamkeit in die Einsamkeit wechselt, erschüttert es die eigene Existenz – und es wird einen entweder zerstören oder stärker machen. Lange Zeit glaubte ich nach diesem Verlust zu ertrinken, torkelte von einer Krise in die nächste, hatte nie das Gefühl, etwas unter Kontrolle zu haben, aber langsam, als die Zeit nach Lawrences Tod verstrich, wuchs mein Selbstvertrauen hinsichtlich dessen, was ich mit meinem Leben anstellen wollte.

14 WIE BESCHÜTZE ICH EUCH AUCH WEITERHIN?

Es ist Jahre her, seit unser geliebtes Nashorn Heidi getötet wurde, aber ich habe immer noch Albträume davon, was sie ihr angetan haben. Ihr Tod im Jahr 2009 war meine erste Erfahrung mit der entsetzlichen Wilderei. Wenn man einmal gesehen hat, was Wilderer dem Gesicht eines Nashorns antun, wird man dieses Bild nicht mehr los. Heidi hatte das sanfteste Naturell, eine heitere Freundlichkeit, die bei einem derart riesigen und mächtigen Tier völlig überraschend ist. Die Wilderer verwandelten ihr wunderschönes Gesicht in eine grässliche Masse aus Blut und Fleisch – und sie lebte dabei noch.

Wenn sie an einer Kugel gestorben wäre, hätte ich vielleicht damit zu leben gelernt. Wenn die Wilderer sich vergewissert hätten, dass sie tot war, bevor sie ihr Gesicht derart entstellten, hätte ich mich vielleicht mit dem Gedanken trösten können, dass ihr Tod tatsächlich eine Gnade gewesen war. Aber sie taten es nicht. Sie schlachteten sie aus, während sie noch ein atmendes, lebendiges, fühlendes Geschöpf war.

Unser lieber Freund Dr. Ian Player drückte es absolut perfekt aus. »Nashörner«, sagte er, »stoßen einen besonderen klagenden Schrei aus, den jene, die ihn einmal gehört haben, nie vergessen werden. Die qualvollen Schreie der Nashörner, denen das Horn abgehackt wird, während sie noch am Leben sind, sollten die Herzen von uns allen berühren.«

Wie recht er hat. Es gibt Zeiten, da fühle ich mich so überwältigt von dem, was Tieren in dieser Welt angetan wird, dass ich mich innerlich wie tot fühle, und die einzige Art, wie ich damit zurechtkomme, besteht darin, mich eine Weile komplett zurückzuziehen. Ich verschwinde in meinem Haus und habe nur meine Hunde als Gesellschaft. Ihre Liebe ist so rein, sie helfen mir, mich wieder zu erden, und erinnern mich daran, warum ich nie damit aufhören kann, mich um unsere Tiere zu kümmern.

Gleich nachdem Thabo angeschossen worden war, hatte ich Vusis Rat befolgt und Richard und sein Team angewiesen, unsere Nashörner rund um die Uhr zu bewachen. Es war teuer und ich hätte es mir ohne Spenden von Freunden und Gästen nicht leisten können, die die Notwendigkeit für diese lückenlose Überwachung verstanden. Ich schlief besser in dem Wissen, dass sie beschützt wurden.

Ich habe mittlerweile begriffen, dass die einzige Möglichkeit, mit dem Abschlachten durch die Wilderer umzugehen, darin besteht zu akzeptieren, dass ich nie imstande sein werde, die ganze Welt zu verändern. Aber ich kann sehr wohl Einfluss auf die 4500 Hektar ausüben, die mir gehören.

Als ich von einer experimentellen Technik zum Schutz von Nashörnern hörte, die von einigen privaten Wildtierreservaten in der Nähe von Johannesburg eingesetzt wurde, ergriff ich daher sofort die Gelegenheit, sie auf Thula Thula auszuprobieren.

Südafrikaner sind erstaunlich erfindungsreich, insbesondere wenn sie mit dem Rücken zur Wand stehen. Sperr sie in einen Käfig ein, und sie finden garantiert einen genialen Fluchtweg. Wilderei dezimierte die Nashörner und man konnte nichts dagegen tun – bis ein Südafrikaner einen Weg fand, Hörner unverkäuflich und damit unbrauchbar zu machen. Ich hielt die Idee für brillant und suchte sogleich eine Organisation mit Erfahrung in der Prozedur. Die Frau, mit der ich sprach, sprühte vor Begeisterung, dass das Vergiften der Hörner die Lösung sei, um Afrikas Nashörner zu retten.

»Ich bin keine Wissenschaftlerin, also erklären Sie mir bitte, wie das funktioniert«, bat ich.

»Wir injizieren mittels einer Hochdruckspritze eine Mischung aus giftigen Stoffen und einem nicht entfernbaren, dauerhaften Färbemittel in das Horn. Dadurch breitet sich die Flüssigkeit im gesamten Horn aus. Die Farbe ist unsichtbar, aber die Röntgenapparate am Flughafen können sie erfassen.«

»Aber das wird doch dann auch meine Nashörner vergiften …«

»Ganz und gar nicht. Das Horn hat keine direkte Verbindung über Blutgefäße zum Körper, also besteht keinerlei Risiko für das Tier. Es ist ein absoluter Durchbruch zu ihrem Schutz. Je mehr vergiftete Hörner wir in Südafrika haben, desto sicherer werden sie sein.«

»Aber wie kann es legal sein, etwas zu vergiften, von dem wir wissen, dass es Menschen vielleicht essen? Ich möchte niemandes Tod auf dem Gewissen haben, wie sehr ich es auch verabscheue, dass sie Nashornhörner erwerben.«

»Es wird sie nicht umbringen, aber glauben Sie mir, sie werden dadurch sehr krank werden. Niemand wird mehr unsere Hörner haben wollen! Stellen Sie sich vor, wie fantastisch das wäre.«

Es hörte sich zu gut an, um wahr zu sein, und sehr teuer.

»Es kostet etwa ebenso viel wie das Entfernen der Hörner. Die Farbe und das Einpflanzen eines Mikrochips ins Horn sind im Preis inbegriffen und wir nehmen eine DNS-Probe für die nationale Nashorn-Datenbank.«

»Sie sind eine gute Verkäuferin«, lachte ich.

»Ich glaube, das ist das Einzige, was die Nashörner retten wird. Alles andere hat bisher nicht geholfen. Das schon.«

Die Lösung der Firma hatte gewiss viel für sich, wobei nach wie vor das Narkoserisiko damit verbunden war, da die Nashörner betäubt werden mussten.

»Ist bei der Prozedur jemals etwas schiefgelaufen?«, wollte ich wissen.

Sie schien einen Augenblick zu zögern.

»Es ist nicht wirklich schiefgelaufen, weil immer ein Risiko besteht, wenn große Säugetiere ruhiggestellt werden. Sagen wir es so: Die Mortalitätsrate beträgt unter zwei Prozent, seit wir das tun.«

Bildete ich es mir bloß ein, oder war ihre Sprache plötzlich geschäftsmäßiger geworden? Es war immer dasselbe. Wenn Fragen zu sehr ans Eingemachte gingen, wurde die Sprache unpersönlicher, als ob sich die Realität dadurch leichter verdauen ließe. Ich wusste, dass zwei Prozent eine niedrige Rate war, aber ich ertrug den Gedanken daran nicht, dass Thabo und Ntombi etwas zustoßen könnte.

»Das ist niedrig im Vergleich zu dem Risiko, von Wilderern getötet zu werden«, fügte die Frau hinzu.

Sie verstand es, auf die richtigen Knöpfe zu drücken. Die Chancen, dass Thabo und Ntombi von Wilderern erschossen wurden, waren ein verdammtes Stück höher als das Risiko, durch eine Betäubung zu sterben.

»Ich mache mir eben Sorgen um meine Tiere …«, seufzte ich.

»Wir alle machen uns Sorgen um die Nashörner. Diese Technik hilft dabei, sie zu schützen. Sie ist schnell, hält länger als das Entfernen des Horns und im Laufe der Zeit wird sie dank internationaler Berichterstattung dafür sorgen, dass die Welt für die Nashörner langfristig sicherer wird.«

Der Hintergedanke war, dass die Wilderer sich von den vergifteten Hörnern fernhalten würden, weil das Endprodukt unattraktiv für Käufer wäre. Das bedeutete, entlang der gesamten äußeren Umzäunung Schilder in Englisch und Zulu aufzustellen und die Lokalzeitungen und lokalen Rundfunkstationen heftig zu bearbeiten, um die Botschaft zu verbreiten, dass Thula Thulas Nashornhörner »beschädigte Güter« waren.

Einige Reservate waren zu der aggressiveren Lösung übergegangen, den Nashörnern die Hörner zu entfernen, aber ich ertrug den Gedanken daran nicht. Diesen mächtigen Wesen die majestätischen Hörner wegzunehmen, ging gegen alles, was ich zu tun versuchte.

Ich dankte ihr für die Information und traf sofort die entsprechenden Vorkehrungen mit Dr. Mike Toft, um Thabos und Ntombis Hörner zu vergiften. Er kannte unsere Nashörner gut und ich wollte nicht, dass es jemand anderes tat. Obwohl die Technik immer noch im frühen experimentellen Stadium war und es keine wissenschaftlichen Daten gab, die sie stützten, wollte ich es versuchen, selbst wenn nur eine kleine Chance bestand, meine Nashörner langfristig in Sicherheit zu wissen.

Lawrence und ich trafen oft Entscheidungen aus dem Bauch heraus und bislang hatte es bei uns funktioniert. Zum Beispiel seine Entscheidung hinsichtlich Nana und der Herde: Alle sagten uns, dass die beste Art und Weise, eine wilde Herde anzusiedeln, darin bestünde, sie ohne jeglichen menschlichen Kontakt zu lassen. Lawrence hörte aber auf seine Instinkte und tat das komplette Gegenteil. Und es zahlte sich aus: Heute sind unsere Elefanten gesund und glücklich und produzieren Nachwuchs in einer Rate, dass ich in Schwierigkeiten gerate.

Der große Tag für die Vergiftung der Hörner kam viel zu schnell und ich war sehr erleichtert, dass sowohl Thabo als auch Ntombi in der Nähe der Lodge waren, als Mike mit seinem Team eintraf. Es bedeutete, wir würden sie nicht dem Trauma einer Gefangennahme aussetzen müssen. Mike Toft sah, wie besorgt ich war, und nahm sich die Zeit, mir zu erklären, was genau geschehen würde.

»Ich fange mit Ntombi an. Sie ist in der Nähe, also wird es einfach sein, sie mit dem Beruhigungsmittelpfeil zu treffen. Sobald sie angeschlagen ist und wir uns ihr nähern können, werden wir ihr helfen, sicher zu Boden zu gehen, und dann werde ich sie betäuben. Sobald sie sediert ist, werden wir die ganze Zeit über ihre Atmung und ihren Herzschlag überwachen.«

»Sie wird nichts spüren, oder?«

»Überhaupt nichts. Sobald wir sie stabilisiert haben, bohre ich ein Loch in das Horn und stecke eine Sonde hinein, durch die wir das Gift hineinpumpen. Dann erhält sie das Gegenmittel und wird aufwachen, als wäre nichts passiert.«

»Was, wenn etwas schiefgeht?«

»Sie ist eine gesunde Vierjährige, Françoise. Nichts wird schiefgehen. Vertrau mir.«

Ich vertraute ihm. Aber sie war meine Tierwaise und ich hatte Angst um sie.

»Ist es okay, wenn ich zusehe?«

»Ich glaube, du solltest sogar zusehen. Du wirst dich besser fühlen, wenn du siehst, wie schnell das alles abläuft.« Er nickte.

Er stieß einen langen Pfeil hinten ins Gewehr und setzte dann den Lauf an. Der Schaft des Pfeils ist mit Beruhigungsmittel gefüllt und verfügt an einem Ende über eine subkutane Nadel und eine rote Schwanzfeder am anderen Ende, die den Pfeil während des Flugs stabilisiert. Mich schauderte. Obwohl ich verstand, dass das Gewehr speziell zur Betäubung ausgerüstet war, sah es ebenso tödlich aus wie jedes andere Gewehr, das ich bei Wilderern gesehen hatte.

Mike drückte sich das Gewehr an die Schulter und zielte. Ich wusste, dass es nicht laut sein würde, aber ich legte mir trotzdem die Hände über die Ohren. Der Pfeil flog durch die Luft und landete mitten auf Ntombis Flanke. Sie ging verwirrt ein paar Schritte, dann rannten die Ranger zu ihr und stützten sie behutsam, während sie zusammenbrach. Ich fühlte mich schlecht, als ob ich sie verraten hätte.

Im gleichen Moment, als sie fiel, schoss Thabo zu ihr herüber und beschnüffelte Gesicht und Körper. Die Ranger versuchten, ihn wegzuschieben, aber ich hinderte sie daran.

»Lasst ihn ein paar Sekunden bei ihr bleiben.«

Er stieß Ntombi mit seiner riesigen Schnauze an, ging dann um sie herum und legte ihr sanft das Kinn auf den Rücken, als ob er ihr versichern wollte, dass alles gut gehen würde. Er wirkte nicht im Geringsten gestresst, obwohl er eindeutig spürte, dass etwas nicht in Ordnung war, und ich habe keinen Zweifel daran, dass die Anwesenheit von Menschen, die er kannte und liebte, dafür sorgte, dass er Vertrauen in diese seltsame Situation hatte, in der er sich befand.

Rasch legten Alyson und Siya in einigen Metern Entfernung ein paar Luzernen für ihn aus, und unser Feinschmeckernashorn schlenderte hinüber und machte sich über sein Lieblingsessen her. Zwei Ranger parkten ihre Geländewagen in einem Winkel nahe an Ntombis Kopf, um sie vor jeglichen weiteren Untersuchungen seitens Thabo zu schützen.

Ihre Augen wurden mit schwarzem Tuch bedeckt und jeweils eine Rolle Stoff wurde in die Ohren geschoben, um sie vor dem Lärm der Prozedur abzuschirmen.

»Puls stabil. Sechs Atemzüge pro Minute«, sagte Mike knapp.

Ich zwang mich dazu, weiter zuzuschauen, und war bestürzt darüber, meine große starke Ntombi betäubt auf dem Boden liegen zu sehen. Als Mike den Bohrer aufnahm und ihn an ihr Horn setzte, schloss ich die Augen. Es ist Horn, es ist Keratin. Ich wusste, sie würde es nicht spüren, aber ich ertrug den Anblick nicht. Beim Kreischen des Bohrers, der in ihr Horn eindrang, bekam ich eine Gänsehaut.

Sie kann nichts spüren, dachte ich unentwegt.

»Es tut ihr nicht weh, Françoise«, versicherte mir Mike.

Widerstrebend sah ich zu, wie er eine lange Sonde in das Loch schraubte. Dann schaltete er die Hochdruckpumpe ein und leuchtend blaue Flüssigkeit drang in das Horn. Ich hasste jede Minute davon.

Ich wusste, dass es getan werden musste, aber mir drehte sich der Magen um, sie so zu sehen, umgeben von kaltem Metall – Geländewagen, Infusionsausrüstung, Drähten, Sonde – und von Männern, die an ihrem Kopf hockten und lange schwarze Handschuhe trugen, um sich selbst vor der toxischen Flüssigkeit zu schützen, die sie ihr injizierten. Es fühlte sich eher wie eine dramatische Hirnoperation an als eine simple, 30-minütige Prozedur.

Wir waren im Freien, aber es war so still und feierlich wie in einer Kirche.

Niemand sprach, und wenn, dann mit leiser Stimme. Nur das Zwitschern und Singen der Vögel durchbrach das Schweigen. Ntombi rührte sich nicht, zuckte nicht und zitterte nicht. Ich sah die mächtige Wölbung ihres Rückgrats unter der Haut und fuhr mit den Fingern über die Kratzer und Narben – ein Zeugnis ihrer beiden Jahre der Freiheit im Busch. Einen erschreckenden Moment lang dachte ich, sie hätte aufgehört zu atmen, aber dann zuckte ihr Schwanz und die Erleichterung trieb mir die Tränen in die Augen.

Ich legte die Handfläche auf ihren wunderschönen starken Rücken, spürte ihre Wärme an meiner Haut. *Es tut mir leid, dass wir das tun müssen, aber ich weiß nicht, wie ich dich sonst schützen soll. Ich werde nie aufhören, dich zu beschützen*, versprach ich ihr schweigend.

Mike wandte sich nun Thabo zu, und als er dessen Horn ebenfalls erfolgreich vergiftet hatte und beide Nashörner wieder auf den Beinen waren, packte er seine Werkzeuge und den Arztkoffer ein und sah mich an.

»Ich habe ein paar gute Neuigkeiten für dich«, sagte er lächelnd. »Ich habe eine Lösung gefunden, wie sich die Elefantenpopulation kontrollieren lässt.«

»Echt? Keine Keulung?«, fragte ich.

»Wir werden den Bullen die Pille verabreichen.«

»Das ist mal eine nette Abwechslung.« Ich grinste. »Einmal wenigstens sind die Männer für die Geburtenkontrolle verantwortlich.«

Er umriss seine Strategie. Zweimal im Jahr sollten die älteren Bullen einen Pfeil mit einer speziellen empfängnisverhütenden Substanz erhalten, die nicht nur ihre Fruchtbarkeit kontrollierte, sondern sie auch gut durch ihre Perioden der Musth bringen würde, in der sie sich aggressiv und unberechenbar verhielten. Die Methode war erschwinglich und reversibel.

»Wie funktioniert das?«

»Das ist das Schöne daran. Das Ganze basiert auf Steroiden, also injizieren wir ihnen keine Hormone, was bedeutet, dass kein Risiko besteht, sie noch aggressiver zu machen oder ihr Verhalten langfristig zu verändern.«

»Überhaupt keine Risiken, ganz bestimmt?«

»Absolut keine. Wenn man mal davon absieht, dass die Bullen durch den Hubschrauber gereizt werden, wenn wir ihnen das Mittel injizieren.«

»Wie schnell kannst du das tun?«

»Wir müssen eine Erlaubnis einholen, aber das sollte nicht lange dauern. Offen gesagt glaube ich, dass die Behörden sich riesig freuen werden, wenn wir das ausprobieren.«

Am liebsten hätte ich ihn umarmt und geknuddelt. Er hatte mir eine dringend nötige Atempause vor den Tierschutzbehörden verschafft. Es ging wieder aufwärts!

15 GIB NIEMALS AUF

Nicht einmal sechs Wochen nachdem ich Four Paws den Antrag geschickt hatte, traf eine E-Mail von Heli Dungler ein. Aufgeregt sah ich sie auf meinem Smartphone erscheinen und nahm an, dass er sich meldete, um nach weiteren Informationen zu fragen. Ich öffnete sie.

Liebe Françoise, ich freue mich, Ihnen – und natürlich auch Alyson – mitteilen zu können, dass Four Paws die Erweiterung von Thula Thula und die Errichtung einer Auffangstation für verwaiste Nashornkinder mit der Summe von 300 000 Euro unterstützen wird.

Ich traute meinen Augen kaum. Hatte er versehentlich eine Null zu viel hinzugefügt? Das war ja eine gewaltige Summe. Ausreichend, um das alte Haus zu renovieren, einen Flügel für verwaiste Tierkinder zu errichten, mehrere Freiluftgehege zu bauen und medizinische Apparaturen, Arzneien und Futter zu besorgen. Ich rief Heli an, nur um mich zu vergewissern.

»Es ist kein Tippfehler«, erwiderte er, ein Lächeln in seiner Stimme. »Ihr Traum von einer Waisenstation wird wahr werden.«

Wenn jemand etwas von der Komplexität und den Herausforderungen der Tierrettung verstand, dann er, und ich konnte mir keinen besseren Partner für unser Tierasyl wünschen.

»Wir glauben an den Dialog mit den Einheimischen«, sagte er mir einmal. »Weil wir unsere Ziele nur in Zusammenarbeit mit der Dorfgemeinschaft erreichen können. Ohne ihren Beitrag werden wir nie eine echte Veränderung im Umgang mit den Tieren erreichen.«

Genau daran hatten Lawrence und ich auch immer geglaubt. Wir wollten keine Insel sein, an der Menschen vor Ort nicht beteiligt wären. Welchen Sinn hätte das? Unsere Vision von Thula Thula ist, etwas zu erschaffen, worauf wir alle stolz sein können. Fast sämtliche unserer Angestellten kommen aus einem Radius von fünf Kilometern um Thula Thula.

Ich verspürte Stolz, Aufregung – und ein wenig Schrecken.

Die Verantwortung war überwältigend, nicht nur Four Paws gegenüber, sondern gegenüber jedem Wesen, um das wir uns kümmern würden. Und es war das erste Mal, dass ich etwas derart Großes ohne Lawrence in Angriff nahm.

Der Bau begann im Januar 2014 und ich sagte mir immer wieder, dass wir die Lodge und das Zeltcamp auch von Grund auf errichtet hatten und dass ich es mithilfe der richtigen Leute wieder hinbekäme. Aber es war eine Sache, mir einzureden, dass ich alles tun konnte, was ich wollte. Es war eine andere, daran zu glauben, und auch noch so viel positives Denken löste den Knoten in meinem Magen nicht. Die Errichtung einer Waisenstation für Opfer von Wilderern war eine weitaus heiklere Aufgabe als der Bau einer Luxus-Lodge für Ökotouristen. Hier stand so viel mehr auf dem Spiel. Wenn die Heizung in unserer Lodge ausfiel, erhielten wir vielleicht eine schlechte Bewertung auf TripAdvisor, aber die Gäste würden nicht sterben. Doch ein Ausfall der Heizung in unserer hochsensiblen Krankenabteilung würde die verletzlichen Tiere umbringen. Uns durften dabei keine Fehler unterlaufen.

»Vergiss uns nicht«, neckte mich Mabona sanft.

Sie hatte recht. Der unternehmerische Teil Thula Thulas kommt für die laufenden Kosten und Gehälter auf und sponsert unseren Tierschutz, also konnte ich es mir nicht leisten, ihn aus den Augen zu verlieren. Sehr schnell begriff ich, dass ich niemals in der Lage wäre, den Bau zu überwachen und gleichzeitig das

Tierreservat zu leiten. Ich hatte meine Belastungsgrenze sowieso schon erreicht – die Lodge und das Zeltcamp forderten meine volle Aufmerksamkeit, ich lernte nach wie vor alles über unsere Tiere, ich arbeitete mit aller Macht daran, Thula Thula zu vermarkten, und ich versuchte, Sponsorengelder aufzutreiben, um das Reservat zu erweitern, damit ich den gesetzlichen Vorgaben nachkommen konnte, die die Wildtierbehörde für die Elefantenherde erlassen hatte.

Ich bin nicht Superwoman – es war einfach unmöglich, das alles allein zu stemmen.

Die Vernunft siegte, daher trommelte ich ein Team aus erfahrenen Leuten zusammen, die mir beim Bau und bei der Verwaltung des Projekts »Waisenstation« helfen sollten.

Obwohl ich mich bemühte, mich rauszuhalten, ging ich doch so oft hin, wie ich konnte. Die Station war so lange mein größter Traum gewesen; ich erfreute mich daran zuzusehen, wie sie langsam Gestalt annahm. Alyson und die Ranger waren jeden Tag vor Ort und wir engagierten mehrere Wildtierberater, die uns anleiten sollten. Es heißt, man braucht ein Dorf, um ein Kind aufzuziehen, und dieses Kind, unsere Waisenstation, war das Produkt so vieler Menschen – alle mit derselben Vision, einen sicheren Hafen für die Opfer von Wilderei zu bauen. Alle wollten, dass es ein Erfolg würde.

Ich fokussierte mich in dieser Zeit darauf, unsere Sicherheitsvorkehrungen zu optimieren. Jeden Tag verloren wir Tiere an Wilderer und ich hatte keine Ahnung, wie ich dem ein Ende setzen sollte.

Die Medien tendieren in der Regel dazu, sich auf Wilderei bei Nashörnern und Elefanten zu konzentrieren, aber kleinere Wildtiere leiden ebenso schlimm an Wilderei und die Zahl der Gnus, Büffel, Antilopen und sogar Geier, die in den Wildtierreservaten Südafrikas getötet werden, ist erschreckend hoch.

Wir haben eine der größten brütenden Kolonien von Weißrückengeiern in der Region, die ihre Nester in den majestätischen wilden Feigenbäumen entlang des Nseleni gebaut haben, und sie starben in hellen Scharen. Diese mächtigen Luftathleten haben eine Flügelspannweite von über zwei Metern und können achtmal besser sehen als Menschen. Sie werden nicht für den Kochtopf gewildert, sondern für *Muthi*, eine traditionelle Arznei, die von skrupellosen vermeintlichen »Heilern« verkauft wird. So viele dieser Geier wurden getötet, dass die Spezies auf der Roten Liste der gefährdeten Arten steht.

Manche Leute glauben, dass das Rauchen von getrocknetem Geierhirn – oder wenn man es unter das Kissen legt – hellseherische Kräfte verleiht und Zukunftsvisionen bringt. Ein verführerisches Werkzeug, wenn man am Existenzminimum lebt und ein Gewinn beim Lotto oder bei der Pferdewette das Ende der Armut bedeuten kann. Die sogenannten Heiler, die diese nutzlose Magie verkaufen, sind Aasfresser, die sich auf jene stürzen, die es sich am wenigsten leisten können. Der Weißrückengeier wird aussterben, wenn das nicht aufhört! Und es wird nicht aufhören. Wie auch? Jene, die das Geier-*Muthi* kaufen, wissen es nicht besser, und jene, die es verkaufen, werden nicht freiwillig auf den Profit verzichten, den sie damit erzielen. Es ist zwar eine aussichtslose Schlacht, aber keine, die ich aufgeben will.

Inzwischen hatte ich zwei Jahre mit dem Versuch verbracht, bessere Sicherheitsvorkehrungen zu treffen, war jedoch dem Gefühl, dass dieser wesentliche Teil des Reservats unter Kontrolle war, kein bisschen näher gekommen. Der Mann, den ich eingestellt hatte, um den Posten als Leiter der Sicherheit von Connie zu übernehmen, war nach nur sechs Monaten wieder gegangen und danach hatte ich drei weitere Leiter beschäftigt. Ein Teil des Problems bestand darin, dass sie keine Anweisungen von einer Frau entgegennahmen, insbesondere keiner Ausländerin, die ihre Sprache nicht richtig sprechen konnte. Es war jedoch eindeutig nicht nur das und meine Instinkte sagten mir, dass es hier ein größeres Problem gab. Aber welches? Und wie konnte ich es lösen?

Der Kampf gegen Wilderei ist ein brutaler Kompromiss. Tägliche oder wöchentliche Fußpatrouillen? Gewehre oder keine Gewehre? Selbst erledigen oder Fremdvergabe?

Wenn ich einen bodenlosen Topf voller Gold hätte, ließe ich Männer das Reservat nonstop durchsuchen, ausgerüstet mit Nachtsichtgeräten, den besten Feuerwaffen und allerneuesten Funkgeräten. Ich würde überall Infrarotkameras aufstellen und regelmäßige Hubschrauberpatrouillen durchführen lassen.

Die bittere Realität war aber, dass ich keinen Blankoscheck hatte, auch nicht Lawrences magischen Geldbaum. Ich war nur dank unseres Nashorn-Fonds imstande, meine vier besten Männer zu einem erstklassigen Anti-Wilderer-Training in Limpopo zu schicken und ProTrack ins Spiel bringen zu können – eine spezialisierte paramilitärische Anti-Wilderer-Einheit –, damit sie den Rest unseres Teams fortbildete und die gesamten 4500 Hektar des Reservats nach Schlingfallen durchkämmte.

Am dritten Tag der Suchaktion klingelte mein Handy. Es war Mark, der Leiter der ProTrack Taskforce.

»Sie kommen besser her«, sagte er.

»Bin schon unterwegs.«

Zwölf Männer standen im Halbkreis, mit grimmigen Gesichtern, die Halbautomatik an ihrer Seite. Während ihrer Wache würde kein Wilderer entkommen können. 22 Schlingen lagen ihnen zu Füßen. Mark entwirrte einen der Drähte mit einem Messer und zeigte auf kleine Fellbüschel.

»Die ist alt, aber etwas ist darin gestorben. Innerhalb der ersten drei Stunden haben die Männer ein Dutzend gefunden. Sie haben hier ein großes Problem.«

Ich nickte und mir wurde schlecht bei dem Gedanken an den langsamen Tod, der offensichtlich vor meiner eigenen Haustür umging.

»Wenn es ein Trost ist – Sie sitzen im selben Boot wie die meisten Reservate, mit denen wir gearbeitet haben.« Er kritzelte eine Karte von Thula Thula in den Sand und zeigte, wo die Schlingen gefunden worden waren, und dann stach er mit dem Messer hinein. »Diesen Teil haben wir bereits erledigt, und morgen gehen wir hier, hier und hier hin.«

Es war niederschmetternd. Insgesamt fanden sie 36 Schlingen, neun mit Kadavern, bei denen sich die Wilderer gar nicht die Mühe gemacht hatten, zurückzukehren, und eine mit einem Rehkitz, das noch lebte, aber die Schlinge war so tief in seiner Kehle eingegraben, dass wir ihm den Gnadenschuss geben mussten.

ProTrack lehrte unsere Ranger und Wächter, wie sie Anzeichen für Wilderer erkennen konnten: Abfälle, Zigarettenstummel, Stiefelabdrücke, zerbrochene Äste. Sie zeigten ihnen, wie sie Wilderer verfolgen konnten, sobald sie im Reservat waren, und wie sie sie festnehmen konnten.

In einer idealen Welt sollte nichts davon nötig sein.

Auch eine Waisenstation für verwaiste Wildtiere sollte nicht nötig sein.

Aber es ist eben keine ideale Welt und Wilderei wird es immer geben. Deswegen bin ich fest entschlossen, sie zu bekämpfen. Die Anwesenheit gut ausgebildeter Männer auf dem Gelände würde helfen, die Sicherheit unserer Tiere zu gewährleisten, und bald wären wir in der Lage, uns um junge Opfer von Wilderei an anderen Orten zu kümmern – genau hier in Thula Thula.

16 EIN ELEFANT IN MEINER KÜCHE

Ich trug den Stapel Papierkram hinüber zum Sofatisch und wäre fast über Jeff gestolpert, der mitten in der Lounge lag und schnarchte, dass die Wände wackelten. Gypsy schlief auf meinem Bett und Gin trabte in der Hoffnung hinter mir her, dass ich einen Snack zubereiten würde, bevor ich mich an die Arbeit machte. Seine innere Uhr ging allerdings etwas falsch. Es war neun Uhr abends und ich hatte bereits gegessen.

»Die Sache ist die, Gin, dass du mich nur wegen meines Essens liebst.«

Er wedelte zustimmend mit dem Schwanz. Ich beugte mich herab und liebkoste ihn. Ich liebe alle Jack Russells, aber dieser hier war etwas ganz Besonderes. Ein paar Monate nach Lawrences Tod hatte mich ein Freund angerufen und mir von Welpen erzählt, die eingeschläfert würden, falls sie kein Zuhause fänden. Binnen 15 Minuten war ich in der Auffangstation und ich hätte sie am liebsten alle mitgenommen. Aber ich brachte die nötige Selbstbeherrschung auf und wählte Gin, den Zwerg des Wurfs, und seinen Bruder, ein dürres, schwarz-weißes Energiebündel, den ich Tonic nannte.

Gin und Tonic liebten einander als Welpen, aber als Tonic älter wurde, begann er, seinen kleinen Bruder zu schikanieren. Sein Alphatierverhalten geriet dermaßen außer Kontrolle, dass ich ihn von Gin trennte und es nicht wagte, die beiden allein zu lassen. Schließlich war ich gezwungen, Tonic zu meiner Managerin des Zeltcamps zu schicken. Nicht dass es ihm etwas ausgemacht hätte. Es gefiel ihm, Affen zu jagen, also war er dort in seinem Element.

In seiner ersten Woche sah er, wie ein Affe eine Butternuss aus der Küche stahl, und jagte ihm nach. Der Affe huschte einen Baum hinauf, setzte sich mit seiner Beute auf einen Ast, sah prahlerisch auf Tonic hinab und wähnte sich eindeutig in Sicherheit. Da er sich nicht von einem Affen übertölpeln lassen wollte, sprang Tonic hoch und brachte es tatsächlich fertig, auf einen der unteren Äste zu klettern, wobei er wütend bellte. Der Affe bekam solche Angst, dass er die Butternuss fallen ließ, und die beiden jagten ihr nach, wobei der Affe das eine Ende zu fassen bekam und Tonic die Zähne in das andere schlug. Mein Jack Russel gewann diese Partie Tauziehen, aber der Affe sollte ihm das nie verzeihen und bombardierte meinen Hund jedes Mal mit steinharten Marulas, wenn er ihn zu Gesicht bekam.

Unnötig zu sagen, dass Gin seinen streitsüchtigen Bruder nicht sonderlich vermisste und es genoss, mich und seinen Fressnapf für sich allein zu haben.

Er stupste mein Bein an und kläffte, um mich daran zu erinnern, dass er gern einen Snack hätte, und ich wollte gerade nachgeben, da hob Jeff den Kopf und stieß ein träges Knurren aus.

An der Tür klopfte es heftig. Ich erstarrte. Überraschende Besucher zu so später Stunde sind im Busch ungewöhnlich.

»Françoise? Ich bin's«, flüsterte eine Frauenstimme.

Ich riss die Tür auf. »Tom? Was machst du denn hier? Stimmt etwas nicht?«

Sie winkte verzweifelt, ich solle nach draußen kommen. »Hier ist ein Elefantenbaby.«

»Ein Elefantenbaby?«

»Es ist hier, vor deinem Haus. Winzig und verschreckt.«

Ein paar meiner Angestellten hatten zwar durchaus etwas für Scherze übrig, aber dafür war Tom zu ernst. Sie war ein zierliches, scheues kleines Ding gewesen, als sie nach ihrem Schulabschluss zu uns kam, und so eingeschüchtert von ihrer Umgebung, dass sie sich jedes Mal, wenn Lawrence in die Küche kam, in der Wäscherei versteckt hatte. Doch sie stellte sich ihren Ängsten mit dem Mut einer Löwin und heute ist sie eine ausgezeichnete Köchin mit magischen Fähigkeiten bei der Zubereitung von Pasteten.

»Es muss ETs eine Woche alte Tochter sein«, vermutete ich grimmig.

Das Kalb war in der Nacht zuvor innerhalb der elektrischen Umzäunung gesehen worden, aber man hatte mir versichert, sie sei wieder zurück bei ihrer Mutter. Ich war entsetzt, da das offensichtlich nicht der Fall war. Ich scheuchte die Hunde in mein Schlafzimmer, während Tom mir berichtete, was geschehen war.

»Ich hörte Lärm draußen vor meinem Zimmer, aber als ich durchs Fenster hinaussah, war da nichts. Ich nahm an, dass es ein Flussschwein oder eine Antilope war, und legte mich wieder ins Bett, aber dann hörte ich es wieder.« Sie runzelte die Stirn.

Tom ist im ländlichen Zululand aufgewachsen und nicht leicht von nächtlichen Geräuschen zu verstören, aber so etwas hatte sie nie zuvor gehört. Sie nahm ihre Taschenlampe, öffnete die Tür einen Spaltbreit und leuchtete in den Garten hinaus. Ein winziger Elefant starrte zurück, dem die Augen vor Entsetzen aus den Höhlen traten. Verblüfft schloss sie sachte die Tür und kletterte aus dem hinteren Fenster, um mich zu holen.

Ein Elefantenbaby in Schwierigkeiten bedeutet Alarmstufe Rot. Immer. Und dieses Kleine war eine gefährlich lange Zeit allein gewesen. Meine Managerin des Zeltcamps, Zelda, hatte mir früher an diesem Tag berichtet, dass sie es während der Nacht gesehen hatte, nachdem das unaufhörliche Gekreisch und die Alarmrufe eines Buschbabys sie geweckt und aus dem Bett geholt hatten und sie nachgesehen hatte.

Buschbabys sind zum Teil Affe, zum Teil Kobold, und wenn ein anderes Tier in ihren Lebensraum eindringt, stoßen sie einen Schrei aus, der sich anhört, als würden 1000 Hyänen sie angreifen. Sie sind süß, aber sie übertreiben auch sehr, daher hatte Zelda sie zunächst ignoriert, aber als der Krach nicht aufhörte, entschloss sie sich nachzuschauen, was es damit auf sich hatte. Erstaunt stellte sie fest, dass ein Elefantenbaby unter dem elektrischen Begrenzungszaun hindurchgeschlüpft war – dessen elektrische Drähte in einer Höhe angebracht sind, die darauf abzielt, die größeren Elefanten fernzuhalten. Die Kleinen können im Prinzip unter dem tiefsten Draht hindurchschlüpfen, aber das war nie zuvor passiert.

»Aber wo um alles in der Welt war denn der Rest der Herde?«, fragte ich.

»Ngubane hatte Nachtdienst und sagte, er habe sie nicht gesehen, aber wir beide wussten, dass Elefanten kein Baby auf sich allein gestellt herumlaufen lassen. Uns war klar, dass sie in der Nähe sein mussten. Er versprach, das Kleine im Auge zu behalten, bis es wieder zu ihnen stieß, also ging ich zurück ins Bett. Anscheinend hörte er etwa eine Stunde später Zweige hinter Zelt eins zerbrechen und sah, wie das Kalb darauf zulief.«

»Aber hat er sie tatsächlich bei ET gesehen?«

»Ihm zufolge war es zu dunkel, um genug zu erkennen, aber die Geräusche hörten sich nach Elefanten an, also war er sich sicher, dass sie ihr Kleines holen gekommen waren. Ich bin seit sechs Uhr morgens auf den Beinen und habe es nicht in der Nähe des Camps gesehen, übrigens auch keinen der Elefanten. Ich denke, wir müssen uns keine Sorgen machen, Françoise.«

Ich fühlte mich nicht wohl bei dem Gedanken, dass niemand wirklich gesehen hatte, dass das Kalb wieder bei der Herde war, aber Elefantenkühe sind fantastische Mütter und würden ein Baby nie unbeaufsichtigt lassen, insbesondere kein Neugeborenes. Also ging ich davon aus, dass Zelda und Ngubane recht hatten.

Das zeigt wieder einmal, wie gefährlich Vermutungen sein können, da wir uns fast einen Tag später der Tatsache gegenübersahen, dass das Kalb immer noch allein war. Es erschien unmöglich. Wie in aller Welt war es ihm gelungen, den ganzen Weg von unserem Zeltcamp zu meinem Haus zu gelangen? In Thula Thula gibt es zwar keine Löwen, aber es gibt viele Tiere, die für ein Elefantenbaby gefährlich sein können – Hyänen, Krokodile, Schlangen und sogar unsere Nashörner, die sehr territorial veranlagt sind. Und dann war da der Nseleni-Fluss. Mich schauderte. Was weiß ein eine Woche altes Kalb schon von den Gefahren des Wassers?

Tom und ich mussten es hereinholen und beschützen, bis wir die Kleine zu ihrer Mutter zurückbringen konnten. Wir fanden sie an der Seite des Hauses hinter einem Maulbeerbusch kauernd. Erschrockene Augen spähten uns durch die Blätter an. Ich legte Tom eine Hand auf den Arm als Zeichen, dass sie abwarten solle, und ging langsam auf das Kalb zu. Es beobachtete mich wie gelähmt, aber als ich in Reichweite war, stürmte es quietschend hinter das Haus. Tom und ich rannten ihm nach und verfolgten es bis in die Nähe der Autos. Tom ging nach links, ich nach rechts, aber es schlüpfte zwischen uns durch und jagte davon, voller Panik trompetend.

Andere Angestellte hörten den Lärm und kamen uns zu Hilfe, doch die Kleine wollte uns nicht an sich heranlassen. Ich war starr vor Angst, dass sie sich womöglich unter dem Zaun durchwinden und verschwinden könnte. Wenn sie ins Reservat davonlief, würden wir es nie finden, und wenn sie sich verirrte, würde sie nicht lebend davonkommen.

Ich suchte die Büsche um das Haus herum ab. Wo in aller Welt war die Herde? Das Kalb machte einen derartigen Lärm, dass sie es inzwischen gehört haben mussten, aber es war keine Spur von ihnen zu sehen. Ich fragte mich allmählich, ob sie es ausgestoßen hatten, wie sie die kleine Thula vor zehn Jahren ausgestoßen hatten. Es war ein schrecklicher Gedanke. Unsere Auffangstation war weit von seiner Vollendung entfernt und nicht in der Lage, ein Elefantenbaby aufzunehmen. Was sollte ich tun, wenn das Kalb krank war?

Weit nach zehn Uhr abends war es uns immer noch nicht gelungen, die Kleine zu fangen. Ich rief Vusi zu Hilfe, doch er meldete sich nicht. Ich versuchte es bei Promise, aber das Telefon läutete und läutete. Dann fiel mir ein, dass die beiden zwei Tage freihatten und erst am nächsten Tag zurück sein würden. Was jetzt? Tom und ich waren vielleicht imstande, das Kalb ohne sie in mein Haus zu bringen, aber ich wollte das Risiko nicht eingehen, es bis zum Morgen von ET fernzuhalten. Wir mussten die Herde finden und das Kalb in dieser Nacht zurückbringen – aber wie sollte ich das ohne Vusi und Promise bloß hinbekommen?

In solchen Situationen fühle ich mich einsam und verlassen. Lawrence hätte genau gewusst, was zu tun wäre. Ich stand mitten auf dem Rasen, starrte in die Dunkelheit und wollte die Herde mit der Kraft meiner Gedanken dazu bringen, zurückzukehren und die Kleine zu holen.

Mein Handy klingelte. Vusi. Gott sei Dank! Sie waren in Empangeni, eine Stunde entfernt. Ich erklärte ihm, was geschehen war, und er versprach, so schnell wie möglich herzukommen.

»Deswegen waren sie so laut und unruhig, als wir an ihnen vorbeigekommen sind«, rief er. »Wir sind unterwegs. Pass auf sie auf!«

Dem Himmel sei gedankt, dass er und Promise nah genug waren, um nach Hause zu fahren. Ohne ihre Fähigkeiten als Fährtenleser würden wir die Herde nie finden. Wir hatten immer noch keine Ahnung, warum die Elefanten das Kalb im Stich gelassen hatten, aber ich wusste, dass sie es nicht zurücknehmen würden, falls sie es verstoßen hatten. Ich schob diesen Gedanken beiseite. Damit würde ich mich beschäftigen, wenn es tatsächlich eintrat.

Unterdessen hatte Tom Alyson angerufen und den beiden war es gelungen, das Kalb in eine Ecke auf dem Parkplatz zwischen dem Haus und den Unterkünften für die Angestellten zu drängen. Es stand völlig still da, mit gesenktem Kopf und hängenden Ohren. Nur seine Augen flackerten ängstlich bei jeder Bewegung und jedem Geräusch.

Erneut versuchte ich mich der Kleinen zu nähern – und dieses Mal wehrte sie sich nicht und erlaubte Tom und mir, sie sanft in mein Haus zu bringen. Einmal drinnen, geriet sie erneut in Panik, raste im Zickzack durch meine Küche und trompetete voller Furcht. Glücklicherweise blieben meine Hunde ruhig – als ob sie wüssten, dass jedes Geräusch von ihrer Seite die Sache nur noch schlimmer machen würde.

Ich redete weiter auf sie ein, sagte ihr, dass sie in Sicherheit sei und dass wir sie in dieser Nacht zu ihrer Mama zurückbringen würden. Futter würde sie beruhigen, aber ich hatte nichts für sie in meiner Küche. Keinen Trank, keine Flaschen. Alyson rief Mike Toft an, der bestätigte, dass es wichtig sei, sie zum Trinken zu bewegen.

»Wenn ihr keine Sojamilch habt, verwendet Kuhmilch. Wahrscheinlich kriegt sie davon Durchfall, aber es ist besser, irgendetwas in sie hineinzubekommen als überhaupt nichts.«

Die nächste Herausforderung: Wie sollten wir sie füttern ohne etwas, das einer Flasche auch nur ähnlich sah? Im Busch gibt es keine Notfallapotheken mit Nachtdienst! Alyson hatte den brillanten Einfall, Latexhandschuhe zu verwenden. Sie stach winzige Löcher in den Daumen des Handschuhs und wir setzten eine sehr effiziente Fütterungskette in Gang: Tom erwärmte die Milch. Ich hielt den Handschuh auf. Sie füllte ihn. Ich verknotete ihn. Alyson übernahm das Füttern.

Für gewöhnlich stecken wir Tierbabys nie Finger ins Maul. Das Risiko, Bakterien und Viren zu übertragen, ist zu hoch, aber der Saugreflex eines Elefantenkalbs ist stark, und wir hatten Sorge, dass das Latex reißen könnte, also steckte ihr Alyson vorsichtig zwei Finger ins Maul und legte die improvisierte Zitze darauf. Die Kleine trank sofort. Wir waren so aufgeregt und erleichtert. Sie leerte die erste Handschuh-Flasche im Nu und stieß Alysons Hände an. Sie wollte mehr! Das Kalb war so gierig, dass es überall Milch verspritzte – auf den Fußboden, über sein Gesicht und über Alyson. Ich musste Alyson eines von meinen T-Shirts leihen, weil ihres durch und durch mit Milch getränkt war.

Wieder kam mir die kleine Thula in den Sinn. Sollte die Herde dieses Kalb tatsächlich auch verstoßen haben? Aber es sah total gesund aus. Seine Beine waren stark und es hatte bewiesen, dass es uns allen davonlaufen konnte. Es trank gierig und sah uns mit dankbaren, vertrauensvollen Augen an. Stimmte etwas mit ihm nicht, das ich nicht sehen konnte? Die Natur weiß von solchen Dingen, wie ich bei der kleinen Thula gelernt hatte, aber ich könnte es nicht ertragen, wenn ein weiteres Kalb in meinem Haus sterben sollte.

Die Kleine trank vier Handschuhe voller Milch.

Nachdem ihr Durst gelöscht war, inspizierte sie uns mit großem Interesse, fuhr mit ihrem neugierigen Rüssel an uns entlang, schnüffelte an unseren Gesichtern und Leibern, steckte ihn in unser Haar und die Achselhöhlen. Wir versuchten, möglichst wenig Körperkontakt mit ihr zu haben, denn ich befürchtete, dass ET sie vielleicht verstoßen würde, wenn sie uns an ihr roch. Aber mein kleiner Hausgast ging einfach über unsere Bemühungen hinweg und verlangte nach Liebe, schob ihre weiche Stirn gegen mich, wie sie es bei ihrer Mutter täte. Wie konnte ich mich dem verweigern? Ich erwiderte sanft den Druck, beruhigte sie und sagte, dass die Ranger das Reservat nach ihrer Mama absuchten.

Sie döste ein, wie es Babys tun, wenn ihr Bauch voll ist und sie sich geborgen fühlen. Ich setzte mich neben sie auf den Küchenboden, die Beine gegen sie gestemmt, falls sie aufwachte und Angst bekam.

Wir standen durchgehend in Funkkontakt mit Vusi, der jeden Ranger aus dem Bett gezerrt hatte, um die Herde zu suchen. Ich war perplex, dass die Elefanten nicht in der Nähe waren. Wir wissen, wie gut sie kommunizieren, aber sie suchten anscheinend nicht nach dem Kalb oder wussten sogar nicht einmal, dass es bei mir war. Dennoch hatte Vusi gesagt, dass die Herde an diesem Morgen sichtlich gestresst gewesen war. Was war da bloß los?

Ich untersuchte jeden Teil der Kleinen und fand nichts, was nicht stimmte. Keine offenen Wunden, keine Schwellungen, keine offensichtlichen Missbildungen. Sie war eine perfekte kleine Elefantenkuh. Wenn die Herde sie nicht aus gesundheitlichen Gründen verstoßen hatte, wo war sie dann? Warum standen die Elefanten nicht am Zaun und trompeteten, weil sie das Baby zurückhaben wollten? Das ergab alles keinen Sinn.

Lange nach Mitternacht knisterte der Sprechfunk.

»Wir haben sie gefunden«, sagte Vusi. »Und sie sind nicht weit weg, in der Nähe der Pipeline.«

Nur eine halbe Stunde entfernt. In unserem Reservat ist kilometerweite Wildnis, also sind 30 Minuten ein Klacks. Das waren fantastische Neuigkeiten! Jetzt also auf zum echten Test. Was, wenn ET sie ignorierte? Oder, noch schlimmer, gewalttätig wurde? Unsere ET ist temperamentvoll, wenn sie sich bedroht fühlt, und ich hatte schon von Fällen gehört, in denen Elefantenbabys, die von der Herde verstoßen worden waren, zu Tode getrampelt wurden.

»Wir sind auf dem Rückweg. Ich fahre den Truck an deine Tür, wir laden sie auf und bringen sie nach Hause«, sagte Vusi.

Alyson und Tom bereiteten eine weitere Handschuh-Flasche vor, falls unsere schlafende Schönheit in Panik geriet, wenn wir sie weckten. Doch unsere Sorge war unbegründet. Sie war nicht im Geringsten verstört, als sie sich in meiner Küche wiederfand, und war mehr an meinem braunen Wildledersofa interessiert als an den besorgten Aushilfsmamas um sich herum. Ich glaube, sie fand das weiche Material beruhigend, weil sie den winzigen Rüssel auf die Armlehne legte und mit halb geschlossenen, schläfrigen Augen das Maul gegen die Kante drückte. Ich kauerte mich neben sie und nahm sie in die Arme.

»Bald bist du wieder bei deiner Mama«, versprach ich ihr.

Wir hörten das Klappern des *Bakkie* auf dem Feldweg, gefolgt von zweimal schnellem Hupen. Vusi war eingetroffen. Alyson fütterte das Kalb und Tom und ich trugen Decken zum Truck, damit die Fahrt für sie weicher wäre. Siya sprang herab, um uns zu helfen. Ich nickte Vusi anerkennend zu. Siya war ein Fährtenleser mit Adleraugen und eine ausgezeichnete Wahl, wenn es darum ging, beim Aufspüren der Herde zu helfen. Seit 2017 ist er unser leitender Ranger und vereint Ruhe und Ernsthaftigkeit mit den makellosen Manieren eines Gentleman, selbst wenn er unter gewaltigem Druck steht.

»Wie lautet der Plan?«, fragte ich Vusi.

»Wir lassen sie in der Nähe der Herde raus und bleiben dort, bis wir uns sicher sind, dass sie wieder aufgenommen ist.«

Bei ihm hörte es sich so simpel an. Sich einer Elefantenherde mit einem ihrer Babys zu nähern, wäre am helllichten Tag schon ein gefährliches Unterfangen, aber in der Dunkelheit grenzte es an Wahnsinn.

»Wie ist die Herde drauf?«, fragte ich.

»Angespannt und launisch. Die Weibchen sondern Sekret aus ihren Schläfendrüsen ab«, erwiderte Siya.

Die Herde verwirrte mich. Die Elefanten standen eindeutig unter Stress, waren aber dennoch nicht gekommen, um das Kalb zu holen. Alle Zeichen deuteten auf Verstoßung.

Tom hatte sich zur Pflegemutter des Kalbs ernannt und bestand darauf, sich den Rangern anzuschließen. Alyson ebenso. Ich war nicht sehr glücklich darüber, dass sie sich dieser Gefahr aussetzten, aber sie würden ein Nein nicht akzeptieren. Diese tapferen jungen Frauen waren die wahren Helden des Buschs – alles, worum sie sich sorgten, war, dem Baby zu helfen. Wie hätte ich sie daran hindern können?

Die Männer hoben das Kalb auf den Truck, wobei sein Rüssel angesichts der interessanten neuen Gerüche wild umherschwang. Vusi setzte sich ans Steuer, die anderen kletterten hinten zu dem Kalb. Sie bemühten sich, es dazu zu bringen, sich hinzulegen, aber die Siesta war vorüber und es befand sich in einem aufregenden Abenteuer. Obendrein stieß es sogar ein paar glückliche Trompetentöne aus. Es sah so aus, als erlebte es gerade die aufregendste Zeit seines Lebens. Und das für ein kleines, eine Woche altes Kalb. Wenn es überlebte, wäre es eines Tages ein bemerkenswerter Elefant.

Mit Sorge im Herzen winkte ich ihnen zum Abschied. *Nimm sie bitte zurück, ET.* Ich bin nicht abergläubisch, aber ich drückte die Daumen, blies einen Kuss zum Himmel und weigerte mich zu glauben, dass diese Kleine wie unsere Thula verlassen worden war.

Die Ranger teilten sich in zwei Gruppen auf. Ein Team würde mit Siya gehen, um die Elefantenherde zu überwachen, das andere würde bei Vusi bleiben, um ihm zu helfen, das Kalb vom Truck herunterzubekommen. Der Plan war, so nahe an die Herde heranzufahren, wie es gefahrlos möglich war, das Baby abzuladen und so schnell zurückzufahren, wie die Geländewagen es erlaubten, und die Wiedervereinigung aus sicherer Entfernung zu überwachen.

Doch dieser Plan hatte zwei ernsthafte Haken. Erstens: Die Herde war bereits in höchstem Maße erregt, und wenn die Tiere glaubten, die Ranger hätten das Kalb gestohlen, würden sie angreifen. Ohne Zweifel. Die Herde vertraute uns, aber Regel Nummer eins im Busch lautet, nie zu vergessen, dass die Tiere wild sind. Zweitens: Wir wussten nicht, wie die Herde auf das Kalb reagieren würde. Wenn Elefanten es nicht wieder annahmen, konnten wir es unmöglich beschützen.

Es war eine typische Sommernacht in Zululand – heiß, schwül und feucht. Ich konnte nicht stillsitzen und machte mich stattdessen daran, wieder Ordnung in meine Küche zu bringen. Es war eine einsame Tätigkeit, erschwert durch die Hunde, die angesichts der Gerüche, die der Eindringling in ihrem Heim hinterlassen hatte, schier durchdrehten. Ich musste immer wieder an Lawrence denken. Es fühlte sich an, als wäre er mit Vusi und den Rangern losgefahren und würde in ein paar Stunden zurückkehren, um mir zu berichten, was geschehen war.

Jeff, Gin und Gypsy rannten hechelnd herum und schnüffelten in jeder Ecke meiner Küche, starrten mich mit großen Augen an, als wollten sie fragen: *Was ist denn hier passiert?* Ich gab jedem einen Knochen. Sie vergaben mir sofort und kauten geräuschvoll, knurrten einander an und beäugten sich. Ich wünschte, ich hätte mich selbst so leicht ablenken lassen können.

Inzwischen hatte die Herde sich auf den Weg nach Süden gemacht und Vusi war zu einer Lichtung gefahren, die sie wahrscheinlich überqueren würde. Siya folgte den Tieren und hielt Vusi per Sprechfunk auf dem Laufenden.

»Sie sind immer noch auf dem Weg nach Süden. Bleibe dran.«

Die Ranger waren ebenso wie Alyson und Tom in höchster Alarmbereitschaft. Sie kannten die Gefahr, aber keiner blieb zurück. Das Kalb spürte die Anspannung, legte sich hin und saugte, um Trost zu finden, an seiner Decke.

»Erwarte Sichtkontakt mit der Herde in fünf Minuten«, funkte Siya.

»Zeit, das Kalb auszuladen. Los, Jungs!«, sagte Vusi.

Sie senkten es vom Truck und bildeten einen Kreis, damit es nicht fortlief. Das Letzte, was sie brauchten, war, dass es ein weiteres Mal in den Busch ausbüxte und verschwand.

Das Knacken von Bäumen wurde lauter. Die Herde war in der Nähe.

Das Team sprang auf den Truck zurück und hämmerte auf das Dach der Fahrerkabine.

»Los!«, schrien sie Vusi an.

Das Kalb trompetete verwirrt, als seine Retter davonfuhren, und folgte ihnen auf wackeligen Beinen. Das war schlecht. Sehr schlecht. Vusi hielt an, winkte dem zweiten Geländewagen zu, er solle Alyson und Tom in Sicherheit bringen, und dann kehrten er und Promise zu dem Kalb zurück. Promise sprang herab und kauerte sich neben die Kleine, wobei er die Dunkelheit nach den Elefanten durchsuchte. Wolken blockierten jegliches Mondlicht und die Nacht war schattenlos. Sie konnten die Elefanten hören, aber nicht sehen.

Das Kalb schmiegte sich an Promise. Wer konnte es ihm verübeln? Es war erst eine Woche alt, hier war es stockdunkel und es wusste nicht, dass seine Mutter kam, um es zu holen. Oder es wusste es vielleicht und fürchtete, sie würde es nicht wieder aufnehmen.

Die Herde hatte den Geruch des Babys aufgenommen und kam donnernd näher. Vusi und Promise wussten nicht, wie ET reagieren würde. Sie warteten und wappneten sich.

Die Herde brach aus der Deckung und stapfte auf sie zu – Frankie, ET und Mabula an der Spitze. Vusi schaltete in den ersten Gang, Promise biss die Zähne zusammen und blieb beim Kalb.

Es sah seine Mutter, wollte Promise jedoch nicht verlassen.

Die Herde kam noch näher. Vusi und Promise rührten sich nicht. ET kam eine Wagenlänge entfernt zum Stehen, die Ohren angelegt, die Atmung abgerissen. Promise wich zurück. ET funkelte ihn an. Er machte einen weiteren Schritt, blieb stehen. Sie starrten einander an. Die Herde scharte sich schweigend hinter sie.

Sein Blick fiel auf das Kalb: *Es gehört ganz dir.*

ETs Rüssel krümmte sich über ihre Tochter und zog sie unter ihren Bauch.

Promise wartete, wollte das Kalb mit der Kraft seiner Gedanken dazu bringen zu saugen. Doch das Elefantenbaby stand still da und sah ihn an.

»Zeit zu gehen«, sagte Vusi mit unterdrückter Stimme.

Promise schob sich zurück, voller Angst, dass das Kalb ihm folgen würde. Vusi startete den Motor. ET trompetete laut und schob ihre Tochter mitten in die Herde. Ein Gewirr aus Rüsseln hieß sie aufgeregt willkommen. Promise hechtete über die Tür ins Fahrzeug und die beiden Männer rasten davon.

Dank ihres Geschicks und ihrer Nerven aus Stahl war unser kleiner Ausreißer wieder mit seiner Familie vereint.

So weit, so gut. Sie hatten die Kleine nicht ausgestoßen, aber wir waren noch nicht aus dem Gröbsten heraus. Nicht auf lange Sicht gesehen. Wir konnten uns erst dann entspannt zurücklehnen, wenn wir sie saugen gesehen hatten.

Im ersten Morgenlicht gingen Promise und Alyson los, um den Zustand des Kalbs zu überprüfen. Sie entdeckten die Herde auf einer Lichtung in der Nähe des Mkhulu-Stausees, aber sie zerstreute sich, als das Fahrzeug näher kam.

»Irgendein Anzeichen für das Baby?«, funkte ich.

»Negativ«, erwiderte Promise. »Die Herde ist nicht glücklich über unsere Anwesenheit. Wir lassen ihr lieber etwas Raum und versuchen es in ein paar Stunden wieder.«

Ich stöhnte verzweifelt. Wenn sie das Baby nicht entdeckt hatten, während die Herde voll zu sehen war, wo war es dann, um Himmels willen? Hatten sie es getötet? Gypsy stupste mich ans Bein und ihr seelenvoller Blick war voller Zärtlichkeit. Ich hob sie auf meinen Schoß und drückte sie an mich.

»Hoffen wir, dass alles mit ihr in Ordnung ist«, flüsterte ich.

Um halb neun schickte ich jeden verfügbaren Geländewagen auf die Suche nach dem Elefantenbaby. Vusi entschloss sich, mit Siya zum Stausee zurückzukehren. Seine Instinkte trafen voll ins Schwarze: Die gesamte Herde war dort, als würde sie auf ihn warten.

»Herde hier. Kein Baby«, funkte Vusi.

»Pass auf dich auf«, drängte ich ihn.

Er manövrierte das Fahrzeug etwas näher heran, das Funkgerät am Mund, das Fernglas auf die Herde gerichtet.

»Ich hab's entdeckt!«, sagte er heiser.

»Mensch, es saugt«, hörte ich Siya sagen.

Ich taufte das Kalb auf den Namen Tom, zu Ehren meiner sanften Köchin, deren Geistesgegenwart bei der Nachforschung wegen eines merkwürdigen Geräuschs der Kleinen das Leben gerettet hatte. Wir überwachten Baby Tom wochenlang, um sicherzustellen, dass sie nicht wieder ausbüxte, aber ET hatte ihrer wagemutigen Tochter offensichtlich Hausarrest erteilt, weil sie jedes Mal, wenn die Ranger ET sahen, an der Seite ihrer Mutter war.

Endlich entspannten wir uns.

In meinen Jahren auf Thula Thula bin ich Zeugin erstaunlicher Phänomene geworden, und die wunderbare Art und Weise, wie Baby Tom zu mir gefunden hat, ist ein Rätsel, auf das ich keine Antwort habe. Es war erst eine Woche alt. Wie war es überhaupt zu meinem Haus gekommen? Woher hatte es gewusst, dass es bei mir in Sicherheit wäre?

Meine Köchin Tom und viele meiner Zulu-Angestellten glauben, dass der Geist von Lawrence immer noch bei uns ist und über seine tierische und menschliche Familie wacht, so wie er es zu Lebzeiten getan hat, und sie glauben, dass er es war, der das Baby zu mir geführt hatte.

Ich glaube, es ist eine Kombination verschiedener Dinge. Ich spüre ebenfalls Lawrences Gegenwart auf Thula Thula und sein Einfluss berührt uns nach wie vor jeden Tag. Ich spüre auch, dass unsere Elefanten ihr Wissen unter sich teilen. In all den Jahren, in denen ich so nahe bei ihnen gelebt und ihr Verhalten beobachtet habe, habe ich ihre außerordentliche Fähigkeit der Kommunikation gesehen.

Vielleicht war ET kurz nach der Geburt mit ihrem Baby an meinem Haus vorübergegangen, vielleicht hat sie ihrer Tochter die Geschichte erzählt, wie Lawrence und ich sie vor 14 Jahren gerettet hatten, und vielleicht – nur vielleicht – erinnerte sich die kleine Tom daran und wusste, dass mein Haus der sicherste Ort war, zu dem sie gehen konnte.

17 FOLGE DEINEN TRÄUMEN, SIE KENNEN DEN WEG

Inoffiziell eröffneten wir unsere Waisenstation Ende 2014, fast genau ein Jahr nach dem Tag, an dem wir den Zuschuss von Four Paws erhalten hatten. Ich hätte gern etwas mehr Wirbel darum veranstaltet, aber wir hatten noch nicht die endgültige Genehmigung seitens der Behörden und ohne diese Erlaubnis durften wir keine Tiere aufnehmen.

An Heiligabend fuhr ich morgens los, um nach dem Gebäude zu sehen. Die Arbeit für dieses Jahr war so gut wie beendet und alle waren während der sommerlichen Betriebsunterbrechung in Urlaub gefahren. Gypsy hatte sich auf dem Beifahrersitz zusammengerollt und hechelte in der Hitze. Acht Uhr morgens bei 39 Grad. Trotz der Hitze war die Luft schwer von Feuchtigkeit. Typisch für die Tropen, und es braute sich ein Sturm zusammen. Unheimliche Bullaugen aus blauem Himmel schimmerten durch dicke schwarze Wolken. Ein paar fette Tropfen spritzten auf meine staubige Windschutzscheibe. Gut, daraus würde hoffentlich ein heftiger Regenguss.

Als wir damals das Reservat erworben und die Lodge errichtet hatten, hatte ich Lawrences Fixierung auf den Regen nie verstanden. Ich sah immer ein Ärgernis darin, weil Beobachtungsfahrten im strömenden Regen für die Gäste kein sonderlicher Spaß waren, aber meine erste echte Dürre war ein Erlebnis, das diese sehr europäische Sichtweise veränderte.

In KwaZulu-Natal ist der Sommer für gewöhnlich unsere Regenzeit, aber in jenem besonderen Jahr war es brüllend heiß gewesen und es hatte seit Monaten nicht geregnet. Die Stauseen trockneten aus und die Sonne versengte die Steppe und tötete das Gras ab, sodass für unsere Wildtiere nichts zu fressen und saufen blieb. Tiere, die den hiesigen Dorfbewohnern gehörten, waren nur noch Haut und Knochen. Benachbarte Reservate zogen Keulungen in Betracht, um zumindest einige ihrer Wildtiere zu retten. Die Erde war so ausgedörrt, dass überall Staubwolken in der Luft schwebten.

In ländlichen Gebieten gibt es so etwas wie Wasserleitungen nicht und alle sind vollkommen von Bohrlöchern oder öffentlichen Wasserlieferungen abhängig. Das Unheil brach herein, als die Regierungsbeamten, die offiziell für die Koordination der Wasserlieferungen zuständig waren, in die Ferien verschwanden, ohne alternative Vorkehrungen zu treffen. Von einem Tag auf den anderen hatte Buchanana, das ländliche Dörfchen, in dem die Familien der meisten unserer Angestellten lebten, kein Wasser mehr. Die Menschen sind so arm, dass Wasser in Flaschen ein unglaublicher Luxus ist. Wir hatten ein Wasserloch und Wasservorräte für den Notfall auf Thula Thula, aber sie hatten nichts. Aus Paris stammend, war es für mich ein gewaltiger Schock, dass Menschen, die ich kannte und liebte, wegen etwas so Grundlegendem wie Wasser in Panik gerieten.

Ich ging zusammen mit Vusi zu einem Treffen mit den Dorfältesten. Kinder spielten im Schmutz draußen vor dem Versammlungsraum aus massivem Ziegelstein und die Sonne knallte erbarmungslos auf das Zinndach. Drinnen war es heißer als draußen.

»Wenn wir nicht bald Wasser bekommen, werden wir die Wut der Menschen nicht mehr kontrollieren können«, warnte Mr Khumalo.

»Wie viel haben Sie noch übrig?«, fragte ich.

Sein Daumen und Zeigefinger formten einen Kreis. Ich warf Vusi einen Blick zu. Das war eine Katastrophe!

»Wir geben Ihnen, was wir können«, versprach ich.

»Ich bringe persönlich etwas mit dem Truck her«, sagte Vusi.

»Ich telefoniere mit der Verwaltung. Die können ja nicht alle im Urlaub sein!«, sagte ich.

Ich verbrachte den restlichen Nachmittag mit dem Versuch, einen Beamten zu finden, der die Verantwortung übernehmen würde, Wasser an das Dorf zu liefern. Doch es hob niemand ab, meine Nachrichten blieben unbeantwortet. Niemand war erreichbar.

Die Dorfbewohner machten einen Aufstand, verbrannten Autoreifen, blockierten Straßen. Unsere Gäste kamen nicht hinein und nicht heraus. Wir teilten alles Wasser, das wir hatten. Verzweifelt telefonierte ich mit den Zeitungen und erst als Bilder der Notlage der Dorfbewohner in Umlauf kamen, wurde jemand aufmerksam. Binnen zwei Stunden traf ein Konvoi aus sieben Trucks mit Wasser ein. Kaum genug für ein paar Tage, aber zumindest ein Anfang.

Ich habe Regen nie mehr auf dieselbe Weise betrachtet. Ohne Wasser endet das Leben.

Ich streckte den Arm aus meinem Wagenfenster und beobachtete, wie die plumpen Regentropfen von meiner Handfläche abprallten. Jene ersten Tropfen nach einer Trockenzeit erscheinen immer schwerer und runder. Sie sehen so aus, als würden sie langsam fallen, als würden sie sich Zeit nehmen, nach einer langen Wartezeit zur Erde zu kommen. Donner rumpelte und der Wind wirbelte um meinen Wagen herum – ein Anzeichen, dass sich weitere Regenwolken heranwälzten. Ich startete meinen Wagen wieder. In einem Gewittersturm festzustecken, war für diesen Morgen definitiv nicht geplant.

In der Waisenstation war niemand und als ich eintrat, schüttete es wie aus Kübeln. Das Regengeprassel auf dem Wellblechdach dröhnte durch die leeren Räume. Lawrence war immer überschwänglich wie ein Kind, wenn wir etwas Neues erreicht hatten, und er wäre so stolz gewesen. Ich versuchte, den Bau mit seinen Augen zu betrachten. Er war so viel besser als ich darin gewesen, Probleme zu erkennen.

»Setz die rosarote Brille ab«, hörte ich ihn sagen.

Ich sah zu den Infrarotlampen auf und fragte mich, welches kleine Wesen wohl das Erste wäre, das unter dieser lebensrettenden Wärme liegen würde. Wir hatten Platz für bis zu 20 Tierwaisen, aber ich hoffte, dass es nie so weit käme. 20 Waisenkinder bedeuteten schließlich auch 20 tote Mütter – und allein der Gedanke daran war entsetzlich.

Ziegelsteine und Mörtel sind nur ein Teil eines Notfallzentrums wie dem unsrigen. Herz und Seele sind die Menschen, die ihr Leben der Pflege dieser Tiere widmen, und ich hätte kein hingebungsvolleres Team haben können.

Alyson war seit Jahren Teil der Thula-Thula-Familie und für mich war es tröstlich, jemanden hier zu haben, dem ich so vertrauen konnte und den ich so sehr mochte. Das Erste, was einem an ihr auffällt, ist ihr Lächeln, dem rasch ein herzhaftes Lachen folgt. Und glauben Sie mir, man braucht gute Laune und eine positive Einstellung, um die Arbeit zu tun, die unsere Tierpfleger tun. Sich um gequälte und verletzte Wesen zu kümmern, erfordert Courage und Durchhaltevermögen. Alyson ist nicht nur eine fähige Tierkrankenschwester, sie verfügt auch über einen natürlichen Instinkt für Tierpsychologie. Ihr ist es zu verdanken, dass Thabo das Trauma seiner Schussverletzung überwunden hat. Ihre Erfahrung mit ihm wäre unschätzbar wertvoll, sobald wir damit anfingen, Tierwaisen aufzunehmen. Tierisches Verhalten zu interpretieren und Tiere zu verstehen, erfordert für gewöhnlich jahrelange Erfahrung, aber es kann auch einfach eine Gabe sein. Alyson spürt, wenn Tiere niedergeschlagen oder verängstigt sind, und weiß stets genau, was zu tun ist, um sie wieder aufzumuntern.

»Thabo liebt es, wenn man ihm übers Gesicht streichelt. Mir war nicht bewusst, wie liebevoll Nashörner sein können, bevor ich angefangen habe, mich um sie zu kümmern. Sie wirken äußerlich hart, aber sie sind innerlich so verletzlich und bedürftig«, sagte Alyson.

Der Zweite, der sich dem Waisenhausteam anschloss, war Axel, ein lockerer junger Mann mit Wuschelkopf aus Frankreich. Seine Qualifikationen waren ein Abschluss in Tierpsychologie und ein sehr großes Herz. Die Tiere liebten ihn, ebenso wie alle anderen, die mit ihm arbeiteten. Er hatte die Ruhe weg – ungewöhnlich für einen Franzosen! – und er hatte ein Händchen dafür, selbst das verschreckteste Wesen zu beruhigen.

Megan war das dritte Teammitglied, eine junge, kesse Britin, die trotz ihrer jungen Jahre aus tiefster Überzeugung wusste, dass Tierpflege ihre Berufung war. Sie traf mit einem Tierpflegerdiplom aus England ein sowie mit ersten Erfahrungen in der Pflege von Nashornkälbern aus einer anderen Nashorneinrichtung.

Alyson, Axel und Megan arbeiteten gern zusammen, das spürte man, sobald man eintrat. Eine heimelige, glückliche Atmosphäre ist gut für die Tiere. Erstklassige Tierärzte für Wildtiere sind unerlässlich für den medizinischen Teil, aber ein warmes Nest, in dem sich die Tierwaisen sicher und geborgen fühlen, ist mindestens ebenso wichtig.

Die folgenden Monate waren seltsam. Die Waisenstation war bereit, der Papierkram erledigt, die Genehmigungen waren erteilt, das Team stand bereit. Wir befanden uns in einem seltsamen Schwebezustand und warteten darauf, dass sich irgendwo eine Tragödie ereignete. Unsere Pfleger lebten in einem bittersüßen Stadium der Bereitschaft, einerseits aufgeregt, weil sie quasi einsatzbereit waren, sich jedoch andererseits auch bewusst, dass ihr erstes Nashornkalb schrecklich gelitten hätte, bevor es zu ihnen gelangte. Sie nutzten die Zeit, um letzte Hand an die

Waisenstation zu legen – Teiche zum Suhlen zu bauen, Gras zu pflanzen und sogar das »Kinderzimmer« mit stilisierten Pfotenabdrücken zu schmücken.

Der Anruf kam früh an einem Morgen im April 2015.

»Die Anti-Wilderer-Einheit des Zululand-Nashorn-Reservats hat den Kadaver eines gewilderten Weibchens gefunden, aber es gibt keine Spur ihres Kalbs – ein männliches. Könnt ihr es aufnehmen, wenn es gefunden wird?«, fragte Mike Toft.

»Natürlich, bringt ihn so schnell wie möglich her. Wie alt ist er?«

»Etwa sechs Monate. Die Ranger suchen nach ihm. Niemand weiß, ob er noch am Leben ist. Der Kadaver der Mutter ist etwa zwei Tage alt, also ist er schon eine Weile da draußen. Ich melde mich bei euch, sobald ich mehr weiß.«

Sechs Monate war zwar sehr jung, aber gerade alt genug, um ein paar Tage auf sich allein gestellt zu überleben – solange es den Rangern gelang, ihn zu finden, bevor es die Löwen taten. Die Pfleger kamen in die Gänge und machten die Notaufnahme für den Kleinen bereit – sie schrubbten Fußböden und Wände mit Desinfektionsmittel, legten saubere Matratzen und Decken aus, sterilisierten Flaschen und Sauger, überprüften Futter und medizinische Versorgung.

Am folgenden Tag hörten wir nichts. Auch nicht am nächsten. Die Uhr tickte unerbittlich für den Knirps. Endlich, am Karfreitag, nach vier Tagen Alleinsein, wurde das Kalb mit einem weiteren weiblichen Nashorn und dessen Kalb gesichtet.

»Deswegen konnten wir ihn nicht finden. Wir haben nicht erkannt, dass die Kuh zwei Kälber bei sich hatte. Sie sind gleich alt und sehen fast identisch aus«, berichtete Jake, der Manager des Reservats.

Wir waren begeistert. Für ein Nashornweibchen ist es ungewöhnlich, dass es sich um ein Kalb kümmert, das nicht ihr eigenes ist, und wir alle hofften, dass ihm die Götter gewogen waren. Wenn sie ihm erlaubte, bei ihr zu bleiben, hatte er eine echte Chance zu überleben. Die Waisenstation stand zwar bereit, aber der Jackpot wäre, wenn er uns überhaupt nicht bräuchte.

»Als die Wilderer die Mutter angegriffen haben, muss der Kleine mit dem anderen Weibchen weggelaufen sein«, vermutete der Manager.

Das Alter spielt eine große Rolle dabei, ob ein Nashornkalb mit dem Verlust seiner Mutter zurechtkommt. Ein neugeborenes Kalb bleibt beim Leichnam seiner Mutter, egal, wie verschreckt es auch ist, und die Wilderer würden es erschießen, ohne mit der Wimper zu zucken, wenn es ihnen im Weg stünde. Ältere Kälber verfügen über einen höher entwickelten Überlebensinstinkt und laufen weg, wenn sie sich bedroht fühlen.

Wegzulaufen hatte diesem Kalb das Leben gerettet, weil es bereits ein winziges Horn hatte, und bei 90 000 Dollar pro Kilo hätten es die Wilderer für jedes Gramm, das sie bekommen konnten, getötet.

Der Kleine wurde *Ithuba* getauft, was »Chance« auf Zulu bedeutet, weil er über eine Woche den Wilderern und Raubtieren entkommen war. Jetzt musste das Glück nur weiter auf seiner Seite bleiben, sodass er eine zweite Chance für ein glückliches Leben bekam – entweder in der Wildnis mit seiner Adoptiv-Nashornmutter oder sicher bei uns in der Waisenstation.

»Glauben Sie, die Nashornkuh wird sich um den Kleinen kümmern, wo sie doch ein eigenes Kalb hat?«, fragte ich.

»Das ist die große Frage. Wir haben keine Ahnung, wie es laufen wird, aber die Ranger werden Tag und Nacht bei ihm bleiben.«

»Ist er alt genug, um ohne Muttermilch zu überleben?«

»Könnte er schon, aber das ist in seinem Alter alles andere als ideal. Aber offen gesagt ist Milch zu bekommen im Augenblick nicht sein größtes Problem. Das Problem ist das erwachsene Weibchen, mit dem er zusammen ist. Wenn sie ihn verstößt, wird sie ihn davonjagen oder sogar töten.«

Nashörner sind mit ihrer Liebe nicht so großzügig wie Elefanten. In einer Elefantenherde ist es undenkbar, ein verwaistes Tier zu verstoßen, außer etwas stimmt ernsthaft nicht mit ihm, und selbst dann wird jedes erwachsene Weibchen versuchen, ihm beim Überleben zu helfen, bevor es im Stich gelassen wird.

Gegen Abend rief Jake an, um mich auf den neuesten Stand zu bringen. Die Nashornkuh schien doch aggressiv zu werden. Der kleine Ithuba konnte ihre Milch riechen, konnte sehen, wie das andere Kalb bei seiner Mutter trank, aber er durfte sich den beiden keinen Millimeter nähern. Wie sehr er sich nach ihren Zitzen gesehnt haben muss – aber die Nashornkuh war nur an ihrem eigenen Kalb interessiert.

Die ganze Nacht warf ich mich unruhig hin und her. Um sechs Uhr am folgenden Morgen rief Jake erneut an.

»Der Kleine ist in Gefahr. Wir holen ihn raus.«

»Bringt ihn her, wir sind bereit. Wann werdet ihr hier sein?«

»Weiß ich nicht. Es wird verdammt gefährlich sein. Die beiden Kälber sehen sich so ähnlich, wir haben unsere liebe Mühe, sie auseinanderzuhalten. Wenn wir das Falsche mitnehmen, wird die Kuh das Waisenkind töten. Wir machen es vom Boden aus, um sie nicht mit einem Hubschrauber unnötig zu stressen.«

Die Lage verschlechterte sich zusehends. Sobald die Geländewagen sich Ithuba auch nur näherten, zerstreuten sich alle drei Nashörner und verschwanden im dichten Busch. Die Ranger fingen Ithuba weder an diesem noch am folgenden Tag ein. Er baute körperlich ab und kämpfte allmählich darum, mit dem Weibchen und ihrem Baby mitzuhalten. Sollte er in der Nacht von ihnen getrennt werden, würde er nicht bis zum Morgen durchhalten.

»Sie hat ihn angegriffen!«, funkten die Ranger. »Sie hat ihn in die Luft geworfen. Er ist verletzt und die Kuh und das Kalb sind davongelaufen.«

Da das wütende Nashornweibchen jetzt aus dem Weg war, konnten die Ranger endlich das völlig verstörte Kalb einfangen.

Acht Tage nach dem Verlust seiner Mutter traf Ithuba in der Waisenstation ein. Die Ranger, die ihn herbrachten, wollten den Pick-up und den Anhänger so dicht an das neue Klinikgebäude heranfahren wie möglich. Leichter gesagt als getan. Der Zugang zur Notaufnahme war nicht richtig durchdacht worden, wie sich herausstellte. Trucks benötigten Platz, um große Anhänger zu manövrieren, und das auf beschränktem Raum zu tun, kostete viel Zeit – ein Luxus, den wir nicht hatten.

»Er muss rein!«, rief der Tierarzt, der mit ihm gefahren war.

»Näher ran komme ich nicht«, rief der Ranger zurück.

»Macht den Anhänger hinten auf«, wies Vusi sie an. »Wir sind genug Leute, wir können ihn sicher hinausbefördern.«

»Ich hole Bretter, so können wir ihn zur Tür leiten«, sagte Axel.

Es herrschte das reinste Chaos und ich erinnerte mich mit Schrecken an den Abend, als unsere Herde eingetroffen war und wir nicht imstande gewesen waren, sie schnell genug abzuladen. Ein Nashornbaby ist leichter zu kontrollieren als sieben Elefanten, aber die Ankunft eines verletzten Kalbs sollte so ruhig und zügig wie möglich ablaufen, und das war jetzt das genaue Gegenteil. Wie konnten wir etwas so Wichtiges verhunzen?

Endlich war Ithuba drinnen, unter starke Betäubungsmittel gesetzt und mit einem Tuch über den Augen. Er wirkte so winzig, wie er da auf seiner Decke in der Notaufnahme lag, und ich bezweifelte, dass er überleben würde. Der Tierarzt suchte nach einer Ader und legte einen Tropf an.

»Er ist in schlechter Verfassung«, murmelte er.

Es gab eiternde Wunden an seinem Geschlechtsteil, wo das Weibchen ihn aufgespießt hatte, und seine Haut war von entzündeten Zeckenbissen übersät. Der Tierarzt säuberte ihn und verabreichte ihm eine kräftige Dosis Antibiotika. Alle redeten nur ganz leise.

In der ersten Nacht schlief Ithuba friedlich, zweifelsohne aufgrund seiner Erschöpfung und durch das Betäubungsmittel, denn die zweite Nacht war die Hölle. Es war, als würde er sämtliche Traumata der vergangenen Woche noch einmal durchleben – den Mord an seiner Mutter, von einer Nashornkuh aufgespießt worden zu sein, der er glaubte, vertrauen zu können, in einem klappernden Anhänger transportiert worden zu sein und sich dann in einem fremden Raum mit Menschen wiederzufinden, die wie diejenigen aussahen, die seine Mutter getötet hatten. Sein schrilles Gekreisch des Entsetzens schnitt durch jede Ecke des Tierwaisenhauses.

Ihn zu füttern war unmöglich. Er war zu groß und zu gestresst, als dass die Pfleger gefahrlos seinen Raum betreten konnten, um ihm die Flasche zu geben. Aber er war auch zu verängstigt, um sich der Flasche zu nähern, die sie ihm durch das Gitter entgegenhielten. Es war ein schreckliches Dilemma. Er musste fressen, aber er musste dazu zunächst seine Angst vor Menschen überwinden.

Das Team versuchte abwechselnd, ihn zu überreden, eine Flasche zu nehmen, aber seine Angst war größer als sein Hunger, und er scheute vor ihnen zurück.

In dieser Hinsicht sind neugeborene Kälber leichter zu versorgen, da sie nach wie vor so vertrauensvoll sind. Ithuba war sechs Monate alt und er wusste, wie gefährlich Menschen sein konnten. Allein beim Anblick seiner Pfleger rannte er panisch in seinem Raum umher. 200 Kilo erregtes Nashorn können zwei menschlichen Beinen beträchtlichen Schaden zufügen. Er machte es unmöglich, ihm das zu geben, was er am meisten brauchte: Streicheleinheiten und Nahrung.

»Gebt nicht auf. Er wird sich an euch gewöhnen. Fangt damit an, euch neben sein Gitter zu setzen, damit er begreift, dass ihr ihm nichts antut. Keine schnellen Bewegungen, keine lauten Stimmen. Geht es langsam an«, wies sie der Tierarzt an.

Niemand gab ihn auf. Axel spielte mit einer Milchflasche zwischen den Stäben des Gitters.

»Komm schon, *Boytjie*. Du musst fressen«, sagte er leise.

Ithuba beobachtete ihn, Angst im Blick.

Axel drückte den Sauger der Flasche und spritzte etwas Milch auf den Boden. Ithuba rührte sich nicht, aber seine Nase zuckte hungrig. Axel reizte ihn mit ein paar weiteren Tropfen. Ithuba kam einen Schritt vor. Axel hielt die Flasche still, den Sauger nach vorn gerichtet. Ithuba stieß einen hungrigen kleinen Quietscher aus und kam ein paar weitere Schritte heran, bereit loszustürmen. Die Flasche war knapp außer seiner Reichweite.

»Noch ein paar Schritte«, ermunterte ihn Axel sanft.

Ithuba starrte ihn an, wagte sich etwas näher. Axel streckte sich und spielte mit dem milchgetränkten Sauger um Ithubas Lippen. Der öffnete den Mund und schnappte zu. Seine Lider flatterten, er schloss die Augen und trank und trank.

Was für ein Meilenstein! Er leerte diese Flasche und eine Stunde später schlürfte er gierig eine zweite. Sobald ein Kalb weiß, dass du die Nahrungsquelle bist, folgt das Vertrauen auf dem Fuß. Ich sah ihn am Sauger nuckeln, sah, wie der Milchpegel fiel, und wusste, dass seine Überlebenschancen gut waren.

Dann schlug die Kolik zu. Und er bekam Albträume.

»Er begann im Schlaf zu zittern und ruckartige Bewegungen zu machen, wobei er vor Entsetzen quietschte. Es war schrecklich. Ich glaube, er durchlebte noch einmal, was seiner Mutter zugestoßen ist. Ich wusste nicht, wie ich ihn trösten sollte«, stöhnte Axel.

»Ich wollte ihn nicht wecken, damit es nicht schlimmer wurde, also saß ich einfach bloß am Gitter und redete ihm zu. Schließlich wachte er auf und war so verängstigt und verwirrt, dass er voller Panik in seinem Raum herumwirbelte, überall hinpinkelte und sich gegen die Wand warf, als ob er hinausklettern wollte.«

»Im Vergleich zu ihm waren Thabo und Ntombi so gesunde kleine Strolche«, seufzte Alyson unglücklich.

»Angesichts des Traumas, das er erlebt hat, ist das, was Ithuba durchmacht, nicht ungewöhnlich«, versicherte uns der Tierarzt. »Die Menschen glauben, dass es posttraumatischen Stress nur bei Menschen gibt, aber es gibt ihn auch bei Elefanten, die Opfer von Wilderern wurden, und auch bei Militärhunden. Ich weiß, das ändert nichts daran, wie schwer es für euch ist, aber so bekommen wir seine Behandlung besser in den Griff. Eines ist klar: Seine emotionale Genesung wird erheblich komplizierter ablaufen als seine physische.«

Es ist herzzerreißend schwer, traumatisierte Tiere zu trösten, insbesondere wenn sie gerade erst eingetroffen sind. Sie verstehen nicht, was geschehen ist, und sie haben vor allem und jedem Angst. Man braucht einen endlosen Vorrat an Mut und Liebe, um ihnen zu helfen. Unsere Pfleger gaben Ithuba so viel, hielten nichts zurück. Ich beneidete sie um ihre Furchtlosigkeit. Nachdem ich die kleine Thula und dann Lawrence verloren hatte, war mein Herz verschlossen, und ich war immer noch zu betäubt, um so mutig zu lieben.

»Was können wir noch tun, um ihm zu helfen?«

»Routine und Zuneigung. Seine Pfleger werden seine Familie, und wenn er sich sicher fühlt, wird er auch genesen«, erwiderte der Tierarzt.

»Bei Thabo und Ntombi zumindest war es so, dass sie sich beruhigten, wenn ich ihnen übers Gesicht rieb, aber Ithuba lässt uns nicht einmal in seine Nähe«, sagte Alyson.

»Schauen wir mal, ob es hilft, wenn er seinen Raum verlässt und in die *Boma* geht«, schlug einer unserer Nashornspezialisten vor. »Wenn es morgen warm ist, öffnen wir das Gitter und lassen ihn die Umgebung erforschen. Vielleicht lenkt es ihn ab und Aktivitäten im Freien tun ihm bestimmt gut.«

Ithubas Raum öffnete sich zu einem umgrenzten Bereich mit Bäumen, die Schatten spendeten, und viel Spielzeug, das ihm zur Anregung dienen sollte. Im Busch würde er neue Fertigkeiten im Zusammenspiel mit anderen Nashörnern lernen, also musste wir das simulieren, was ihm fehlte, nicht nur damit er sich nicht langweilte und Zerstörungswut entwickelte, sondern auch für seine eigene gesunde Entwicklung.

Am folgenden Morgen schien die Herbstsonne warm in die *Boma*. Axel öffnete Ithubas Tor, nachdem der Kleine seine Flasche geleert hatte. Er trabte zur Schwelle, die Nase hoch erhoben, um neue Gerüche einzufangen, und seine Ohren zuckten und drehten sich den neuen Geräuschen des Buschs zu, aber er wagte sich nicht weiter. Unser Junge hatte es nicht gerade eilig, etwas Neues zu erforschen. Zwei Tage ängstlicher Inspektion folgten, dann jagte er plötzlich direkt auf einen Reifen zu, der in der Nähe seiner offenen Tür lag. Offensichtlich hatte er ihn seit Tagen ins Auge gefasst, bis der Forscherdrang größer war als seine Angst.

Er beschnüffelte den Reifen mit großem Interesse, stieß ihn daraufhin selbstsicher mit dem Kopf an und schleuderte ihn über seinen Kopf. Er war so überrascht! Aber dann landete der Reifen mit einem solch dumpfen Schlag auf dem Boden, sodass Ithuba zurück in seinen Raum schoss. Ein Schritt vorwärts, zwei Schritte zurück.

Tiere fühlen sich zu sanftmütigen Geistern hingezogen, und der erste Mensch, dem Ithuba zu vertrauen lernte, war Axel. Wie gestresst oder erregt Ithuba auch war, Axel ließ sich nie nervös machen. Er blieb ruhig, sprach leise mit Ithuba und überschüttete ihn mit Liebe. Ich weiß nicht, wie er das hinbekommt. Ich bin ein Nervenbündel, wenn ein Tier krank ist oder Schmerzen hat. Langsam verstand Ithuba, dass Axel ihm nie etwas antun würde, im Gegensatz zu den Menschen, die seiner Mutter etwas angetan hatten.

Ich werde nie den Tag vergessen, an dem Alyson und ich ihn sahen, wie er glücklich neben Axel hertrabte. Immer wieder stieß er mit dem Rumpf gegen Axels Beine, wie um sich zu vergewissern, dass er nicht mehr allein war. Vertrauen ist so kostbar, wenn man sich um diese kleinen Tierwaisen kümmert.

Wenige Tage später kam Alyson zu ihnen in die *Boma*, um ihn zu lehren, dass er mehr als einem Pfleger vertrauen konnte. Zunächst hielt sie sich von ihm fern, nahe an der Umzäunung, um ihm Raum zu lassen und ihm das Gefühl zu geben, er habe die Kontrolle. Er starrte sie aus dem Schutz von Alex' Beinen an, doch dann gewann die Neugier und er schlenderte zu ihr hinüber, um sie zu beschnüffeln, wobei er immer über die Schulter sah, um sich zu vergewissern, dass Axel noch in der Nähe war. Ein weiterer riesiger Schritt. Neugier ist lebenswichtig in diesem Alter und es war aufregend, ihn dabei zu beobachten, wie er das normale Verhalten eines Nashornkalbs zeigte.

Es lässt sich nie voraussagen, welche Spielzeuge menschliche Kinder am meisten lieben, und bei Nashornkälbern ist es nicht anders. Ithuba ging stets auf alles zu, das aus Gummireifen bestand, inklusive seiner Futterschüssel, die aus Reifen zusammengeschustert war. Er kippte sie um, warf das Futter hinaus und schleuderte sie herum, bis sie rollte, dann rannte er hinterher, bis es ihm gelang, sie auf dem Kopf zu balancieren, und stolzierte herum wie ein Dressurpferd.

Einmal fuhr Axel nach Frankreich zurück, um sein Visum zu erneuern, und bei seiner Rückkehr schlich er sich in Ithubas

Boma und rollte einen Reifen umher, als der Kleine nicht da war. Ithuba hörte das vertraute Geräusch und galoppierte von der benachbarten *Boma* herüber und kam rutschend und staunend zum Stehen, als er Axel sah. Reine Freude folgte, weil er wieder mit seinem Lieblingsmenschen vereint war.

Wenn man eng mit Nashornkälbern zusammenarbeitet, lernt man, wann sie glücklich, traurig oder wütend sind. Man erkennt es an der Art und Weise, wie sie gehen oder rennen. Daran, ob sie halbherzig spielen oder freudig. Ithubas Pfleger wussten genau, wie er sich fühlte, und es war immer einer von ihnen in der Nähe, um ihn zu trösten oder mit ihm zu spielen.

Wenn ihn ein lautes Geräusch erschreckte, schoss er zu Mama Alyson. Axel andererseits war sein Großer-Bruder-Ersatz – mit der ganzen Neckerei, der Anleitung und dem Schutz eines älteren Geschwisterkinds. Beide Pfleger waren besorgt, weil er immer noch Anzeichen eines Traumas zeigte.

»Er leidet wirklich im Schlaf«, sagte Axel sorgenvoll.

»Und er hat untertags immer noch Panikattacken«, fügte Alyson hinzu. »Er spielt glücklich, steigt auf mir herum, dann quietscht er plötzlich verängstigt, schnappt nach einem Zipfel meines Ärmels und lutscht daran, wie ein Baby an seinem Daumen lutscht. Ich weiß nicht, was es auslöst. Wir haben gespielt und er wirkte so glücklich.«

»Er macht gute Fortschritte«, versicherte ihnen der Tierarzt. »Er legt an Gewicht zu, sondert gesunden Stuhl ab und spielt gerne. Posttraumatischer Stress braucht seine Zeit, aber er wird es schon schaffen.«

Zum Glück war die Zeit auf unserer Seite und es gab keine Minute, in der Ithuba nicht seine Schmusedecke in Gestalt von Alyson oder Axel in der Nähe hatte. Mit der Zeit kamen seine Albträume seltener, seine Unsicherheit ließ nach und sein Appetit explodierte regelrecht. Als er neun Monate alt war, hatte er sein Gewicht verdoppelt und war zu einem glücklichen kleinen »Nashorn-Panzer« geworden!

Mit der Größe kam das Selbstvertrauen. Er übernahm den Job eines Qualitätskontrolleurs und war unermüdlich damit beschäftigt, jegliche Schwäche in der Konstruktion der Waisenstation mit großem Eifer vorzuführen – meist brach er irgendwo durch, um es zu beweisen. Nachdem der Ithuba-Qualitätstest an jeder Tür, jedem Schloss und jedem Gitter durchgeführt worden war, würde kein Nashornkalb jemals mehr ausbrechen.

Und das war auch gut so, denn seine Tage als einziges Kalb in der Waisenstation waren bald gezählt.

18 ELLIE

»Hier ist ein sehr kranker, zwei Wochen alter Elefant. Könnt ihr ihn aufnehmen?«

»Hast du ›Elefant‹ gesagt?«

»Ja.«

Wir hatten keine Genehmigung für Elefantenkälber, aber wir zögerten keine Sekunde. Das Kalb stand an der Schwelle des Todes und wir waren die nächstgelegene Notfalleinrichtung. Alyson und Axel rasten zum Bonamanzi-Reservat und kehrten fünf Stunden später mit einem sehr kranken kleinen Elefantenbullen zurück.

Bei seinem Anblick machte mein Herz einen Satz. Er sah genauso aus wie die kleine Thula – ein winziges, pinkfarbenes Neugeborenes, bedeckt mit weichem Babyflaum.

»Blutdruck niedrig. Atmung unregelmäßig«, sagte Mike Toft knapp.

Seine Herde hatte ihn ausgestoßen – ein schlechtes Zeichen.

»Er hat einen Nabelbruch mit Abszessen und eine lebensbedrohliche Infektion«, fuhr Mike fort. »Dazu kommt gefährliches Untergewicht.«

»Können wir ihn retten?«, fragte ich und fürchtete mich schon vor der Antwort.

»Das bezweifle ich. Meist ist so etwas tödlich.«

Ich starrte ihn an. »Welche Optionen haben wir?«

»Einschläfern«, erwiderte er ausdruckslos. »Oder intensive Rund-um-die-Uhr-Betreuung mit einem Prozent Überlebenschance. Er hat eine tödliche bakterielle Infektion, die direkt in seinen Blutkreislauf geht. Es ist schlimm, wirklich schlimm.

Wenn wir ihn aufnehmen, werden die nächsten paar Tage die Hölle sein, und er schafft es vielleicht nicht.«

»Ich bin dabei«, sagte Megan.

»Wir auch«, echoten Axel und Alyson. »Wir müssen es versuchen!«

Versuchen ist eine Untertreibung. Gemeinsam mit ihnen, mit Großwildspezialisten aus dem ganzen Land, unserem Tierarzt und einer ganzen Schar hilfreicher Engel brachten wir das kleine Kalb durch die Nacht. Der Kleine wurde ganz schlicht *Ellie* getauft.

Alyson, Megan und Axel ließen sich auf einen strapaziösen Zeitplan ein, bestehend aus Fütterung, dreistündigen Schichten und ständiger Überwachung von Blutdruck, Temperatur, Atmung und Herzfrequenz. Er hatte eine menschliche Herde um sich, die ihn mit Liebe überschüttete. Die kleinste Veränderung sorgte für Jubel oder Panik. Jeder Atemzug wurde gefeiert. Jede Temperaturschwankung löste Alarm aus. Es war eine verzweifelte Tretmühle aus Säubern, Füttern, Pflegen und Lieben.

Das Team kam an seine Grenzen. Thabo und Ntombi brauchten Alyson immer noch und der kleine Ithuba kam ohne seinen großen Bruder Axel nicht zurecht. Zusätzliche Freiwillige wurden herbeigerufen. Megans Mutter flog von England zum Helfen ein.

Ellie überlebte 24 Stunden. Dann weitere. Drei Tage später war er immer noch bei uns. Seine Temperatur stabilisierte sich, aber er trank immer noch nicht richtig. Alle waren blau und grün von den Versuchen, ihm beizubringen, wie er aus der Flasche trinken sollte.

»Er wird es schaffen«, sagte Megan entschlossen, aber mit dunklen Ringe unter den Augen.

Die Teammitglieder waren nicht die Einzigen, die über ihn wachten. Unsere Herde stattete ihm ebenfalls einen Besuch ab.

Die Waisenstation liegt im nordwestlichen Teil des Reservats und die Herde kommt normalerweise dem Gebäude nicht nahe. Trotzdem trafen sie am Tag nach Ellies Ankunft ein. Zunächst nahm niemand so richtig Notiz davon, aber dann kehrten sie am folgenden Tag zurück und auch am darauffolgenden.

»Sie waren jetzt drei Tage hintereinander hier.« Megan runzelte die Stirn. »Ich frage mich, ob sie wissen, dass wir ein Elefantenbaby hier haben …«

Es musste so sein, weil sie wochenlang jeden einzelnen Tag herkamen, ruhig herumliefen und grasten. Nana und Frankie standen Seite an Seite und blickten zur Waisenstation herüber, sanfte Wächter, die über einen ihrer Art wachten. Bei Ithubas Ankunft hatten sie keinerlei Interesse gezeigt, aber sie waren bald nach Ellies Aufnahme da. Schauten sie nach ihm? Spürten sie, wie krank er war? Schickten sie ihm telepathische Botschaften zur Unterstützung? Wir werden es nie wissen, aber ihre Anwesenheit war beruhigend, und wir nahmen sie als Zeichen, dass es die richtige Entscheidung gewesen war, ihn zu retten.

Gerade als die Fütterung weniger anstrengend wurde, bekam er von einer Flasche auf die andere Durchfall und Koliken. Wir wussten nicht, warum. Die Waschmaschine lief Tag und Nacht, um seine verschmutzten Decken sauber und hygienisch zu halten. Sein Raum wurde ununterbrochen gesäubert und desinfiziert. Er wand sich und schrie vor Schmerz. Seine Pfleger rieben ihm den Bauch und legten sich neben ihn. Seine Temperatur schoss in schwindelerregende Höhen und er dehydrierte gefährlich.

Durchfall kann tödlich sein. Wir waren entsetzt, dass wir ihn womöglich doch noch verlieren konnten.

Es kam zurück an den Tropf. Aus Simbabwe ließen wir eine Spezialmilch einfliegen. Wir probierten es mit Milch aus der Sheldrick-Waisenstation. Elektrolyte und Steroide wurden ihm intravenös zugeführt. Doch sein Zustand verschlechterte sich weiter. Uns allen fehlte Schlaf und wir waren verzweifelt, aber keiner gab auf. Am allerwenigsten er. Er war ein kleiner Kämpfer.

Buchstäblich im letzten Augenblick brachte eine Mischung aus zerkochtem Reis, Kokosmilch, getrockneter Kokosnuss und speziellen Proteinen und Mineralien die Wendung. Später fanden wir heraus, dass er eine heftige Laktoseintoleranz hatte. Ich weiß nicht, wer härter um sein Leben gekämpft hat, unser kleiner Ellie selbst oder das Team Ellie. Er begann auf die Behandlung anzusprechen, sein Durchfall ließ nach.

Die Nächte waren am schlimmsten. Ellie hatte zu viele Schmerzen, um zu schlafen. Er war todmüde, kaum imstande zu stehen, schloss aber die Augen nicht. Er schlief nur, wenn Megan bei ihm war, also übernahm sie seine Schlafenszeiten und rollte sich neben ihm auf der Matratze ein, kuschelte sich unter seine Lieblingsfleecedecke mit Donald-Duck-Muster, bis er einschlief. Sie lag völlig still da, horchte auf den stetigen Rhythmus seines Atems und sein leises Schnarchen. Ihre Arme und Beine verkrampften, aber sie wagte nicht, sich zu rühren. Gegen elf Uhr nachts löste sie sich vorsichtig von ihm und schlüpfte in ihr eigenes Zimmer, während jemand anders die Nachtschicht übernahm, und gegen sechs Uhr morgens war sie wieder zurück in seinem Raum, um bei ihm zu sein, wenn er aufwachte.

Das Team überschüttete ihn mit Liebe und er erwiderte sie, indem er sie mit der Rüsselspitze streichelte und ein glückliches Kollern von sich gab. Er konnte natürlich nicht sprechen wie ein Mensch, aber seine Augen sagten alles.

»Er schaut mir so tief in die Augen und ich weiß, dass er sagt: *Danke, dass du mir hilfst.*« Megan seufzte glücklich. »Er weiß, dass wir ihm das Leben retten, und er liebt uns ebenso sehr, wie wir ihn lieben.«

Sein Zustand verbesserte sich von lebensbedrohlich zu kritisch, und bald darauf erklärte ihn der Tierarzt für stabil. Der kleine Bulle war ebenso aufgeregt wie wir, dass es ihm besser ging. Welch eine Erleichterung, ihn zu sehen, wie er neben Megan hüpfte und sein stets beschäftigter Rüssel chaotisch über sie wanderte, während er sein Bestes gab, um das faszinierende Ding unter Kontrolle zu bekommen, das ihm aus dem Gesicht wuchs.

Wir hatten die vierte Woche erreicht und konnten nicht glauben, dass er durchgekommen war.

»Er ist in Meg verliebt«, sagte Alyson zu mir. »Sieh mal …«

Als Megan hereinkam, wurde sie von einer Explosion aufgeregter Kollerlaute begrüßt. Ellie tapste zu ihr und hob vertrauensvoll den Kopf für seine Flasche. Megan liebkoste ihm die Stirn und ließ den Sauger in seinen Mund gleiten. Er schloss sogleich die Lippen darum, dann bog sich sein Rüssel hoch und legte sich über ihren Mund. Megan warf uns einen Blick reinster Freunde zu.

»Ihr Atem beruhigt ihn«, flüsterte Alyson. »Anders trinkt er nicht.«

Bei der Kommunikation zwischen verschiedenen Spezies kommt es nicht auf eine gemeinsame Sprache an. Es geht darum, Hinweise und Zeichen zu lesen, die nichts mit Worten zu tun haben. Ellies seelenvolle Augen folgten Megan, wohin sie auch ging. In ihrer Gegenwart war er ruhiger. Er trank mehr Milch. Er zeigte seine Freude durch Kollern und später, als er seine Stimme fand, mit aufgeregten quietschenden Trompetentönen. Er spürte, dass er bei ihr geborgen war, und sobald diese erste Vertrauensbasis geschaffen war, hatten sie und das Team etwas, worauf sie aufbauen konnten. Genauso wie Ithuba Axel brauchte, so brauchte Ellie Megan.

Als Ellie gesund genug war, liebte er nichts mehr als einen Ringkampf vor dem Frühstück. Megan tat so, als wäre sie ein

Elefantenbaby, und hüpfte auf allen vieren im Raum herum, während er sie jagte. Der Gewinner war derjenige, der als Erster auf den anderen kletterte. Sobald er die »Regeln« kapiert hatte, zeigte sich seine wetteifernde Ader. Megan ist ein schlankes Mädchen und hat nur einen Bruchteil seines Gewichts, und er schob und stieß sie, bis sie »hinfiel«. Dann kletterte er auf sie und nahm seinen Gewinn in Anspruch, indem er seinen Rüssel und die Vorderbeine über ihrem Rücken hängen ließ. *Ich habe gewonnen! Ich habe gewonnen!* Er war aber ein sehr schlechter Verlierer. Wenn Megan so tat, als hätte sie gewonnen, indem sie ihre Brust und Arme über seinen Rücken legte, schmollte er so lange, bis er ein weiteres Spiel gewonnen hatte.

Bewegung und Sonnenschein sind für Kälber unerlässlich, und es tut ihnen extrem gut, nach draußen zu gehen. Wir gaben unser Bestes, ihr Leben in der Wildnis nachzuahmen, daher hatte jeder Raum ein umfriedetes Außengehege, das für einen Neuankömmling abgeschlossen oder mit anderen Umfriedungen verbunden werden konnte, damit die Kleinen sich mischen konnten, wie sie es in ihrer natürlichen Umgebung auch täten.

Anfangs hielten wir Ellie und Ithuba voneinander getrennt, aber wir ließen sie abwechselnd in dieselbe *Boma*, damit sie sich an den Geruch das anderen gewöhnen konnten, ohne einander tatsächlich zu begegnen. Wir hatten keine Ahnung, wie ein Elefantenbaby und ein junges Nashorn auf ein Zusammentreffen reagieren würden.

Als Ellie eine Zeit lang gute Fortschritte gemacht hatte, hatten seine Pfleger das Gefühl, dass es an der Zeit für ihn war, Ithuba zu treffen. Sie öffneten seine Tür, hielten jedoch das Metallgitter geschlossen, sodass die beiden einander sehen und beschnüffeln konnten, ohne zusammen in derselben *Boma* zu sein. Noch nicht. Wir wollten kein unnötiges Risiko eingehen. Elefantenkälber sind emotional fragil, und das Letzte, was wir wollten, war, dass Ellie den Schreck seines Lebens bekam und hinsichtlich seiner Gesundheit in eine Abwärtsspirale geriet.

Sobald die Tür sich öffnete, schoss Ellie zum Gitter, denn er erwartete, hinausgelassen zu werden. Verwirrt drückte er den Kopf gegen die Stäbe, weil er nicht in die *Boma* hinaus durfte.

Ithuba schien Ellie zu ignorieren, aber seine Ohren drehten sich sofort dem Lärm an der offenen Tür zu. Zum Ausgleich für ihr schwaches Sehvermögen verfügen Nashörner über einen ausgezeichneten Hör- und einen mächtigen Geruchssinn, also wusste Ithuba sehr wohl, dass etwas Interessantes vor sich ging. Die Neugier überwog schließlich und er spähte über die Schulter zu Ellie hinüber. Mit seinen schwachen Augen konnte er eigentlich nicht viel sehen, aber er konnte ihn riechen, und obwohl es ein vertrauter Geruch war, hielt er sich dicht an Axel und wollte nicht weiterforschen.

Ellie andererseits war sehr interessiert. Er konnte Ithuba sehen und riechen, und sein kleiner Rüssel arbeitete unermüdlich, um Ithubas Geruch aufzunehmen.

Wir hielten den Atem an.

Mit Axel als Leibwächter, der jeglichen Nashorn-Bösewicht abwehren konnte, näherte sich Ithuba nervös Ellies Raum.

Ellie wirbelte zur Begrüßung seinen Rüssel umher.

Ithuba quietschte und verzog sich schnell hinter Axel.

»Schon gut, du großes Baby.« Axel lachte. »Er ist bloß ein paar Wochen alt. Sei ein Mann, mein Kleiner.«

Ithuba versuchte es, er versuchte es wirklich, aber er war verschreckt.

Ellie wusste nicht, was das Getue sollte, und hielt die Stirn gegen die Metallstäbe gedrückt, während er den Rüssel Ithubas Geruch entgegenstreckte.

Am folgenden Tag öffneten wir wieder die Absperrung. Diesmal rannte Ithuba nicht davon, als Ellie seinen Rüssel durch die

Stäbe steckte, um ihn zu riechen, aber als er zu nahe an seinem Gesicht herumwirbelte, verließ ihn sein Mut und er flüchtete sich in die benachbarte *Boma*. Keine Tapferkeitsmedaille für dieses kleine Nashornkalb!

Ithuba war größer als Ellie, aber er fürchtete sich eindeutig vor diesem seltsamen Wesen mit seinem hyperaktiven Rüssel, also hielten wir sie weiterhin voneinander getrennt, was schade war, weil Ellie die Aussicht auf etwas Nashorn-Gesellschaft zu gefallen schien.

Ellies lässige Reaktion auf Ithuba war sehr ermutigend, aber bedeutete das, dass er wirklich aus dem Gröbsten raus war? Megan war sich nicht so sicher.

»Er scheint immer noch lethargisch zu sein und es gibt Augenblicke, da ist er so zurückgezogen und wirkt wirklich deprimiert«, sagte sie hilflos.

Da trat Duma auf den Plan, ein deutscher Schäferhund, der seit dem zarten Alter von sieben Wochen dazu ausgebildet worden war, Nashornkälber zu finden, die verschwunden waren, nachdem ihre Mütter von Wilderern getötet worden waren. Daraufhin hatte er einen kurzen Karrieresprung als Spürhund an einem Flughafen hinter sich, aber seine Leinenführer dort merkten rasch, dass er innerhalb der Betonmauern einer städtischen Umgebung eine erbärmliche Leistung hinlegte und dass er Sehnsucht nach seinem alten Leben im Busch hatte. Angesichts dessen, dass er umgeben von Baby-Nashörnern groß geworden war, war unsere Waisenstation der perfekte Landeplatz für ihn.

Genau sechs Wochen nach Ellies Ankunft wurde Duma Mitglied von Team Ellie. Gypsy war ebenso aufgeregt wie ich und bei ihrer ersten Begegnung sprang sie an ihm hinauf, streckte den kleinen Hals, um seine Nase zu beschnüffeln, und dann jagten die beiden zusammen über den Rasen – mein winziges schwarzes Pelzknäuel zwergenhaft klein gegenüber ihrem löwengleichen neuen besten Freund.

Ellie hatte ein solches Interesse an Ithuba gezeigt, dass wir uns darauf freuten, ihm Duma vorzustellen. Die erste Begegnung am Gitter war ein Gewirr aus forschendem Rüssel, schnüffelnder Schnauze und einem wedelnden Schwanz. Duma zügelte seine Aufregung etwa zwei Sekunden lang, bevor er gegen die Stäbe sprang. Ellie trat ruhig ein paar Schritte zurück, wobei sich sein kleiner Rüssel ständig bewegte. Es war faszinierend zu sehen, wie er mithilfe seines Rüssels herauszufinden versuchte, was es mit der bezaubernden Erscheinung mit herabhängender Zunge und liebevollen Augen auf der anderen Seite der Stäbe auf sich hatte. Er war fasziniert und nicht im Geringsten erschrocken.

»Nicht schlecht für ein Elefantenkalb, das nie zuvor einen Hund gesehen hat«, sagte Megan stolz.

»Was für ein tapferer kleiner Kerl! Wann dürfen sie zusammen in eine *Boma*?«, fragte ich.

»Wir tun das, was wir mit Ithuba getan haben«, sagte der Tierarzt. »Sie sollen sich durch ein Gitter voneinander getrennt kennenlernen und dann können sie sich treffen.«

Die nächsten paar Tage schoss Duma zu seinem neuen Freund am Gitter und sie brachten sich über Dinge auf den neuesten Stand, über die Elefanten und Deutsche Schäferhunde eben so reden. Der Tag für ihr erstes richtiges Treffen zum Spielen kam allzu rasch für Mama Megan.

»Duma ist so übermütig. Was ist, wenn er zu ruppig mit Ellie umspringt und ihn erschreckt?«

»Wenn es ein erstes Treffen zwischen Ithuba und Duma wäre, würde ich dir recht geben, aber dein Ellie ist ein kleiner Krieger. Du bist diejenige, die Angst hat«, neckte sie einer der Freiwilligen.

Duma befand sich mitten in einem Buddelrausch, als Megan Ellie zu ihm führte. Ellie war achtsam, jedoch bezaubert. Dumas Kopf fuhr hoch.

»Oh, oh«, sagte Megan, aber dann – und das musste man ihr hoch anrechnen – ging sie weiter mit Ellie auf ihn zu.

Duma bockte und wich beim Anblick seines Kumpels zurück, suchte seinen gelben Ball und ließ ihn zu Ellies Füßen fallen. *Lass uns spielen!*

Ellie stellte die Ohren weit, sein Körper zitterte und wand sich und er schwenkte den Rüssel herum wie einen Lasso.

»Er wird auf ihn losgehen«, kicherte Megan.

Duma hatte offensichtlich nichts gegen ein Feiglingsspiel einzuwenden. Sie rannten von verschiedenen Seiten auf den Sandhaufen zu, wobei Rüssel und Schwanz wild wedelten. Duma duckte sich unter Ellies Bauch durch und entkam. Ellie fuhr herum und trampelte ihm hinterher.

Sie rannten umher, sie jagten einander, sie schossen den Sandhaufen hinauf und hinab.

Man musste kein Elefantenpsychologe sein, um zu sehen, dass der sanfte Duma Ellie geholfen hatte, sein wahres Ich zu finden.

19 UND DANN WAREN ES SIEBEN

Megan hüllte das dürre Nashorn in eine Decke und hielt es an ihren Leib, um es zu wärmen. Es war von Blut und Kadaverflüssigkeit bedeckt, aber sie ignorierte den ekelerregenden Gestank. Seine Augen weiteten sich beim kleinsten Geräusch. Es war mitten im Winter und es hatte einen langen Weg zu uns hinter sich.

Sechs Tage lang hatte es beim Leichnam seiner von Wilderern getöteten Mutter gestanden und verzweifelt an ihren verrottenden Zitzen gezogen, während Geier an ihrem Fleisch gerissen hatten. Es war so hungrig gewesen, dass es Schlamm aus einem nahe gelegenen Wasserloch hinuntergeschlungen hatte.

Wie soll man ein armes, kleines Wesen wie dieses nur trösten?

Dr. Mike Toft raste quer durch KwaZulu-Natal, um ihm zu helfen. Seine behandschuhten Finger massierten das Ohr des Kalbs, suchten nach einer Ader, legten einen Zugang an und hängten einen Tropf daran. Elektrolyte, Nährstoffe, Glukose und Antibiotika strömten in den kleinen Körper. Mike rieb und drückte den geblähten Bauch des Kalbs.

»Steinhart. Wir müssen den Schlamm aus ihm rausbekommen. Schnell.«

Megan blieb die ganze Nacht bei ihm. Der kleine Nashornbulle rannte unermüdlich im Kreis, schrie unaufhörlich, zu verängstigt zum Schlafen, und suchte verzweifelt nach seiner Mutter.

»Ich habe die ganze Zeit mit ihm gesprochen«, sagte sie. »Ich erzählte ihm, was ihm zugestoßen war, dass es bei uns in Sicherheit war, dass es ein weiteres Nashornbaby namens Ithuba gab und dass sie sich ganz bestimmt anfreunden würden.« Sie zuckte verlegen die Achseln. »Ich rede immer mit ihnen so, als würden sie es verstehen.«

»Natürlich verstehen sie es. Lawrence hat genau dasselbe getan«, sagte ich sanft.

»Schließlich begriff der Kleine wohl, dass ich ihm nichts antun würde, kam zu mir und stellte sich schweigend vor meine Knie, als würde er überlegen, was als Nächstes zu tun wäre. Er wirkte so verloren. Ich wollte ihn so gerne in die Arme nehmen, um ihn zu trösten, aber ich wagte nicht, mich zu rühren, damit ich ihn nicht erschreckte. Dann brach er vor mir zusammen und schlief ein. Ich freute mich wahnsinnig, weil er sich dafür sicher genug fühlte, legte ihm eine Decke über und blieb am Boden bei ihm, falls er aufwachte und nicht wusste, wo er war.«

Gegen Mittag des folgenden Tages hatte er kein einziges Mal Stuhl abgegeben. Er war lustlos und zickig und nicht am Fressen interessiert.

»Wenn die Blockade in seinem Enddarm nicht bald beseitigt wird, müssen wir operieren«, warnte Mike. »Aber das sollte unser letzter Ausweg sein. Er ist zu geschwächt für eine Operation und ich mache mir Sorgen wegen seiner Zeckenbiss-Abszesse. Versucht es weiter mit kleinen Mengen Milchersatz. Seht zu, ob ihr ihn dazu bringen könnt, umherzugehen. Bewegung könnte helfen, seine Gedärme zu entleeren.«

Es brauchte drei schwere Tage der Entleerung harter Bälle aus Ton, bevor er sämtlichen Schlamm losgeworden war, den er gefressen hatte. Danach war er wie ausgewechselt. Jetzt konnte er gar nicht mehr aufhören zu fressen und stieß seine Pfleger ungehalten mit dem Kopf an, wenn er hungrig wurde und seine Flasche noch nicht bereit war. Welch ein Durchbruch! Es gibt nichts Schöneres als den Anblick eines kleinen Kalbs, das wieder Gewicht zulegt, nachdem es zu krank zum Fressen gewesen ist.

Wir tauften unser drittes Waisenkind *Impi*, was »Krieger« auf Zulu bedeutet, weil er so hart ums Überleben kämpfte. Er hatte das süßeste Wesen und dieselbe sanfte, schweigsame Art und Weise wie Gypsy, jemandes Aufmerksamkeit zu gewinnen. Eines Morgens war Megan auf Händen und Knien dabei, den Fußboden in seinem Raum richtig zu schrubben, da spürte sie, dass zwei kleine Augen auf ihr ruhten, und schaute auf. Er blickte sie eine lange Zeit an, dann kam er näher und legte ihr das Kinn auf die Schulter.

»Anfangs war er nicht so schwer, also putzte ich einfach weiter, und er watschelte mit mir mit, aber je müder er wurde, desto schwerer war sein Kopf!« Sie grinste.

Einige Kälber sind übermütig und streitlustig, aber nicht Impi. Er war ein zartes kleines Wesen, das vor allem und jedem Angst hatte. Wie Ithuba litt er an posttraumatischer Belastungsstörung, bei jedem unbekannten Geräusch – selbst dem Ruf eines Vogels – ging er fluchtartig in Deckung und quietschte panisch. Die Nächte waren für ihn ein schrecklicher Kampf. Wie erschöpft er auch war, er fühlte sich erst dann sicher genug, um sich hinzulegen und zu schlafen, wenn eine freiwillige Helferin ihm aus einem Buch vorlas und er sich leise auf das Heu neben sie legen und den Kopf in ihrem Schoß vergraben konnte.

Ithuba war nicht glücklich darüber, seine Rolle als Hätschelkind als einziges Nashorn in der Waisenstation zu verlieren, und er war besonders eifersüchtig, als er bemerkte, dass Impi in seinem alten Raum untergebracht war. Er stieß gegen das Gitter und rannte dagegen an, um hineinzukommen, und war dabei so beharrlich, dass er das Schiebetor aus seiner Schiene stieß. Erst das Geräusch, wie Axel seinen Lieblingsreifen hinter ihm rollte, konnte ihn wieder aufmuntern.

Schon jetzt hatte das Team einen extrem anstrengenden Tagesablauf mit der Sorge für Ithuba, Ellie und Impi, und wir konnten es nicht glauben, als ein weiteres Nashornkalb eintraf.

Baby Thando war in einem benachbarten Reservat im Schlamm gefangen aufgefunden worden. Es steckte bis zum Hals darin und konnte sich nicht rühren. Zu allem Überfluss war seine Mutter verschwunden. Dass er entdeckt worden war, bevor er komplett untergetaucht und gestorben wäre, war pures Glück.

Schwere Dürreperioden trocknen Wasserlöcher aus und verwandeln sie in gefährlichen Schlamm, der kleine Wesen wie eine Schraubzwinge im Griff hält. Eine der tragischsten Situationen, deren Zeugin ich wurde, war ein ausgezehrtes Giraffenbaby, das heftig darum kämpfte, sich zu befreien, während seine stark gestresste Mutter in der Nähe hin und her ging. Das Giraffenkalb steckte jedoch so fest im Schlamm, dass es sich nicht rühren konnte. Eine Rettung war unmöglich und ein Ranger war gezwungen, es von seinem Leid zu erlösen. Die verängstigten Schreie des Kalbs und diesen Gewehrschuss werde ich niemals vergessen.

Ich war so dankbar, dass Thando rechtzeitig entdeckt worden war. Die Ranger teilten sich in zwei Gruppen auf. Eine Gruppe suchte nach der Mutter, während die andere versuchte, das Kalb aus dem Schlamm zu befreien. Fünf Männer waren nötig, um das Kalb herauszuziehen, und sie stießen Freudenschreie aus, als sie sahen, dass es stark genug war, um zu stehen.

Der ideale Ablauf in solchen Situationen wäre, das Kalb seiner Mutter zurückzugeben. Es war immer noch früh am Tag, also wurde beschlossen, es freizulassen, während ein Wächter es überwachte, vor Raubtieren schützte und hoffte, es würde sie finden. In der Zwischenzeit wurden weder Kosten noch Mühen gescheut, um die Mutter zu suchen – ein Hubschrauber wurde losgeschickt, Ranger suchten zu Fuß und jeder verfügbare Geländewagen durchkämmte das Reservat nach ihr.

In der Waisenstation bereiteten die Pfleger in aller Eile alles für den Fall vor, dass Thando nicht wieder mit seiner Mutter vereint werden konnte. Ein Raum wurde geputzt und desinfiziert, Flaschen und Sauger bereitgestellt, Tropfinfusionen vorbereitet und Töpfe mit Wasser gekocht, damit bei seinem Eintreffen kaltes steriles Wasser vorrätig war.

Inzwischen brach die Nacht an und Thando war immer noch allein im Reservat. Es war zu riskant, ihn dort zu lassen, daher fiel die Entscheidung, ihn zu uns zu bringen.

Schutzengel wachten über dieses kleine Kalb, weil es nicht allzu lang im Schlamm gesteckt hatte und daher in der Waisenstation in ausgezeichnetem Zustand eintraf und nicht annähernd so verängstigt war wie Ithuba. Wir fanden nie heraus, was seiner Mutter zugestoßen war. Vielleicht hatte sie begriffen, dass sie ihn nicht retten konnte, oder vielleicht hatten Raubtiere ihre Wache unterbrochen und sie gezwungen, ihn im Stich zu lassen. Wir werden es nie erfahren.

Von Beginn an war der Unterschied im Traumaverhalten zwischen Thando und den anderen beiden Kälbern erstaunlich. Thando war nicht Zeuge geworden, wie man seine Mutter zu Tode gehackt hatte, und er war auch nicht endlose Nächte auf sich allein gestellt draußen in der Wildnis gewesen. Offensichtlich war er nicht glücklich, als er in einem fremden Raum umgeben von Menschen aufwachte, aber er war eher übellaunig als erschrocken.

Wie Impi hatte Thando viel Schlamm gefressen, sein Bauch war geschwollen und er hatte Schmerzen. Shana, eine freiwillige Notfallhelferin, versuchte, ihm die Flasche zu geben.

»Er will nicht trinken«, sagte sie verzweifelt.

Wie sich herausstellte, hasste Thando alles dicht an seinem Gesicht, und selbst wenn er wirklich Hunger hatte, wich er vor der Flasche zurück. Kreative Lösungen sind im Busch wohlbekannt und bald schlürfte Thando fröhlich seinen Milchersatz aus einem leuchtend roten Behälter für Katzenstreu. Er nahm an Gewicht zu und wurde sehr rasch eines der coolsten kleinen Nashörner der Waisenstation.

Als er das erste Mal in seine *Boma* hinausging, trabte er gleich zur Umzäunung, um Ithuba nebenan zu begrüßen. Sie beschnüffelten einander durch die Stäbe mit solcher Vertrautheit, als würden sie einander kennen. Sie stammten aus demselben Reservat, aber Ithuba war bereits vor Thandos Geburt in Thula Thula eingetroffen, also konnten sie einander zuvor noch nicht begegnet sein. Nichtsdestotrotz bestand gleich vom ersten Augenblick an eine wirklich starke Verbindung zwischen ihnen. Hatten sie gemeinsame Familienangehörige? Tauschten sie Klatsch und Tratsch über Nashörner aus, die sie beide kannten? Wer weiß, wie Nashörner miteinander kommunizieren, aber ihnen bei dieser ersten Begegnung zuzusehen, wirkte so, als ob sie etwas aneinander wiedererkannten. Es gab keinerlei territoriale Auseinandersetzung und keines der beiden war im Mindesten ängstlich, mit einem anderen männlichen Kalb zusammen zu sein.

Wir wissen so wenig über die erstaunliche Fähigkeit von Tieren, miteinander zu kommunizieren.

Binnen fünf Monaten hatten wir vier Tierwaisenkinder, jedes mit seiner eigenen Persönlichkeit und seinen Marotten.

Ithuba war stur, zutraulich, liebte Aufmerksamkeit und war stets für eine Partie »Reifenjagd« mit jedem zu haben, der die Energie aufbrachte, mit ihm mitzuhalten. Sobald Thando sich eingewöhnt hatte, überwand er seine Abneigung Fremden gegenüber und wurde zu einem sehr neugierigen Nashornkalb. Er sah mit einem verwirrten Ausdruck zu Neuankömmlingen auf, der besagte: *Hi, dich habe ich hier zuvor noch nie gesehen.* Impi andererseits war scheu, liebenswürdig und schreckhaft, und er hasste es, allein gelassen zu werden. Ellie war der größte Spitzbube der Rasselbande – ein liebenswerter, frecher und schlauer kleiner Elefant.

Die Pfleger hatten alle Hände voll mit ihnen zu tun. Schlaf wurde unterbrochen, Mahlzeiten hinuntergeschlungen, Burnouts standen kurz bevor. Ein Dienstplan sollte die Arbeitsbelastung aufteilen und sicherstellen, dass keine Fehler passierten. Zwei Teams wurden gebildet: Team Nashorn und Team Ellie, sodass mindestens drei Leute für jedes Tierwaisenkind zuständig waren. Die regelmäßige Ablösung der Pfleger stellte nicht nur sicher, dass sie Zeit fanden, sich etwas auszuruhen, sondern bedeutete auch, dass die Kälber sich nicht übermäßig an einen einzelnen Menschen banden.

Es war eine harte Maßnahme. Tierwaisen brauchen viel Liebe, damit sie gedeihen, und sie stellen oft eine tiefere Bindung zu einem bestimmten Pfleger her, wie sehr wir auch versuchen, das zu verhindern. Ellie schlief ohne Megan nur sehr schwer ein, und Ithuba war glücklich mit Axel. Abgesehen davon war ein Dienstplan mit vier Knirpsen, die lautstark Liebe einforderten, nur schwer einzuhalten. Die Teammitglieder schliefen, wann und wo sie gerade konnten. Niemand beklagte sich. Sie tauschten gähnend Informationen über ihre jeweiligen Aufgaben aus und gaben sich oft nicht einmal die Mühe, in ihr eigenes Bett zu gehen, sondern ließen sich stattdessen neben eines der Tierwaisen fallen.

»Es ist Zeit, dass Impi und Thando sich kennenlernen«, wurde das Team angewiesen. »Keiner ist mehr ansteckend und es wird ihnen guttun, einander Gesellschaft zu leisten.«

»Was ist mit dem armen Ithuba? Er ist seit einer Ewigkeit allein«, protestierte Axel.

»Er ist viel älter als sie und zu groß, um mit ihnen zu spielen. Er weiß vermutlich nicht, wie stark er ist, und wir können nicht riskieren, dass er sie versehentlich verletzt. Er wird warten müssen, bis sie größer sind oder bis ein Nashornkalb eintrifft, das ähnlich groß ist wie er.«

Sowohl Impi als auch Thando hatten die *Boma* oft allein erforscht und waren liebend gern draußen. An einem bewölkten Sommernachmittag ließen wir die Türen und Gatter ihrer Räume zur Fütterungszeit offen. Die Pfleger hielten sich außer Sichtweite, aber in der Nähe auf. Es bestand keine Gefahr für die Kälber, aber wie jedes besorgte Elternteil, das einen neuen Spielgefährten einlädt, saßen sie auf glühenden Kohlen.

Thando ignorierte seine offene Tür und schlürfte erst einmal seine Milch.

Impi verließ sogleich seinen Raum, die Nasenflügel gebläht und die Ohren zuckend. Dann trottete er zu »seinem« Schlammbad hinüber und tauchte hinein.

Thando hörte den Lärm und lief mit einem prächtigen Milchbart hinaus.

Mit einer ungewöhnlich frechen Bewegung für dieses furchtsame kleine Nashorn sprang Impi auf und jagte auf Thando zu, wie um ihn anzugreifen, und der Schlamm spritzte beim Laufen nur so von ihm weg. Thando stand wie angewurzelt da. Verblüfft über diese Nicht-Reaktion kam Impi rutschend zum Stehen. Sie starrten einander an. Thando leckte sich ruhig die letzten Überreste der Milch vom Maul, trottete dann zu Impi und quietschte ein Hallo. Impi schnaubte und tollte davon.

Gegen Abend und nach ein paar Stunden unsicheren Nashorngehabes und Herumstolzierens ließ das Team die Tür zum Pflegeraum offen, und Thando und Impi rempelten einander an, während sie hineinkamen, eher daran interessiert, den gemütlichsten Platz unter den Infrarotlampen zu ergattern, als sich territorial zu geben. Nach weiterem Umherstoßen und Quietschen fielen sie auf die Matratze, die kleinen Stummelfüße ineinander verschränkt, und die besten Freunde waren geboren.

Nashornkälber haben normalerweise eine gewaltige warme Mutter, die sie tröstet, also war es wunderbar zu sehen, wie diese beiden einander trösteten, sich aneinanderschmiegten, in der Schlammgrube spielten, einander in der *Boma* gegenseitig jagten und ihre Manöver übten. Thando war der Bulligere von beiden und konnte sehr aufdringlich sein, aber Impi, unser kleines Kalb mit der Buddhanatur, war nicht im Mindesten gestresst davon, von seinem neuen Freund herumkommandiert zu werden.

In dieser Zeit forderten das Wildreservat, unsere Sicherheitsvorkehrungen, die beiden Lodges und mein Angestelltenstab von 50 Leuten jede freie Minute meines Lebens. Selbst wenn ich die Stunden meines Tages hätte verdoppeln können, ich hätte dennoch nicht alles hineinquetschen können. Die Waisenstation wuchs schneller als in meinen kühnsten Träumen. Daher übergab ich die Leitung im Jahr 2015 an ein externes Managementteam. Alles, was mit der Leitung zu tun hatte – von der Versorgung bis hin zur Verwaltung von Spendenfonds – wurde vom Durban-Zweig einer Tierschutzorganisation übernommen, die Lawrence ins Leben gerufen hatte, während die Bereiche Gesundheit und ärztliche Versorgung in die Verantwortung eines Beraters in Johannesburg übergingen, der auf Wildtierrehabilitation spezialisiert war.

Es war eine solche Erleichterung und schien eine ausgezeichnete Lösung zu sein, um sicherzustellen, dass die Auffangstation von hingebungsvollen Menschen mit mehr Zeit und Expertise, als ich sie hatte, überwacht wurde. Ich vertraute ihnen völlig und hatte keinerlei Grund, daran zu zweifeln, dass diese Partnerschaft funktionieren würde, insbesondere da sich an der alltäglichen Routine in der Einrichtung gar nichts ändern würde – unsere handverlesene Gruppe von Pflegern kümmerte sich weiterhin um den wichtigsten Teil, nämlich die Versorgung unserer Tierwaisen. Sie waren diejenigen, die rund um die Uhr anwesend waren und die gaben und gaben, selbst wenn sie nichts mehr übrig hatten zu geben.

Ich blieb die Direktorin und war weiterhin dafür verantwortlich, Sponsorengelder einzutreiben, weil die Waisenstation ohne Spenden nicht überleben konnte. Ich werde immer wieder mit der Brutalität der Wilderei konfrontiert und es fällt mir schwer, nicht den Glauben an die Menschheit zu verlieren. Aber ich begegne auch so vielen wundervollen Menschen und Organisationen, die mich darin bestärken, die Hoffnung nicht aufzugeben, weil sie sich so sehr um die Tiere sorgen und alles tun, was in ihrer Macht steht, damit sie Einrichtungen wie die unsrige am Leben erhalten.

Eines Morgens erhielt ich aus heiterem Himmel einen Anruf von Reha Hutin, der Präsidentin von 30 Millions d'Amis, einer in Frankreich ansässigen Tierschutzorganisation.

»Wir würden gern helfen«, erzählte sie mir. »Wir können 15 000 Euro spenden, aber es muss für ein bestimmtes Projekt sein. Was benötigen Sie am dringendsten?«

Das Timing hätte nicht besser sein können. Wir hatten festgestellt, dass die Waisenstation einen Spezialbereich für neugeborene und sehr zarte Tierwaisen benötigte. Es musste ein unabhängiges, kleineres Gebäude sein, in dem die Temperatur sowohl im Sommer als auch im Winter angemessen kontrolliert werden konnte, in dem Nahrung und medizinische Vorräte in Reichweite sein und Betreuer schlafen konnten. Viel verlangt, aber all das war nötig, wenn wir weiterhin extrem kranke Tiere am Leben erhalten wollten.

»Eine Neugeborenenstation«, sagte ich, ohne zu zögern. »Wir haben ein altes Wasserreservoir unmittelbar neben der vorhandenen Waisenstation, das wir umbauen könnten.«

»Schicken Sie mir einen Antrag, und dann erledigen wir das«, erwiderte sie.

Es war einer dieser Tage, der mich an gute Feen glauben ließ. Die Arbeiten begannen noch in jenem Monat und der Bau war im November fast vollendet, als Nandi, unser erstes Spitzmaulnashorn, eintraf.

Der Unterschied zwischen Spitzmaulnashörnern und Breitmaulnashörnern ist auf den ersten Blick nicht besonders groß. Beide sind grau, haben eine dicke Haut wie ein Panzer, zwei Hörner, starke, stämmige Körper und kurze, aber sehr kräftige Beine. Von hinten sind sie identisch, erst wenn man sie von vorn betrachtet, kann man sie auseinanderhalten, denn ihre Mäuler und Lippen sind total unterschiedlich. Ein Breitmaulnashorn hat ein abgeflachtes Maul mit rechteckigen Lippen, wohingegen das Maul eines Spitzmaulnashorns in einer zugespitzten Oberlippe endet – sodass sie fast aussehen, als würden sie schmollen. Mit diesen muskulösen, fingergleichen Lippen hält das Nashorn Blätter und Zweige von Büschen und Bäumen fest und dreht sie ab.

Spitzmaul- und Breitmaulnashörner haben sehr verschiedene Gemüter. Breitmaulnashörner sind in der Regel ruhig, ausgeglichen und weniger leicht zu erschrecken, während Spitzmaulnashörner scheuer und daher ängstlicher sind. Jedermann weiß, dass man, wenn man zu Fuß auf ein Spitzmaulnashorn trifft, sich den nächsten Baum suchen sollte – es sei denn, man ist abgebrüht genug, absolut still stehen zu bleiben, was ich ganz bestimmt nicht wäre!

Eines der ersten Dinge, die ich von Lawrence lernte, war, dass eine Herde von Nashörnern auf Englisch *crash of rhinos* genannt wird, also ein »Zusammenprall von Nashörnern«. Das machte mich damals ziemlich nervös, weil es sich recht aggressiv anhört, aber seitdem habe ich gelernt, dass der Ausdruck zu diesen Energiebündeln aus stahlharten Muskeln wirklich gut passt. Interessanterweise lieben Breitmaulnashörner die Gesellschaft ihrer Herde, während Spitzmaulnashörner eher für sich bleiben.

Die Rettung Nandis war äußerst wichtig, weil Spitzmaulnashörner stärker vom Aussterben bedroht sind als Breitmaulnashörner. Tatsächlich stehen sie auf der Roten Liste der gefährdeten Tierarten ganz weit oben, und laut dem World Wildlife Fund, kurz WWF, gibt es von ihnen nur noch 5500 Exemplare auf der ganzen Welt – im Gegensatz zu 20 000 Breitmaulnashörnern.

Nandis Entdeckung war nichts weniger als ein Wunder. Die Anti-Wilderer-Einheit eines örtlichen Reservats war auf den Kadaver eines weiblichen Spitzmaulnashorns gestoßen, dem in die linke Flanke und in den Kopf geschossen worden war. Ihr Horn war verschwunden und rings um ihren Leichnam gab es winzige Spuren und Fäkalien eines Kalbs. Die Männer schickten sofort einen SOS-Ruf um Hilfe los.

Neun Ranger und Wächter folgten der Spur des Kalbs zu Fuß. Um vier Uhr nachmittags hatten sie es immer noch nicht gefunden. Mit nur zwei Monaten lagen seine Überlebenschancen bei null. Kälber von Spitzmaulnashörnern sind kleiner und verletzlicher als die von Breitmaulnashörnern und das Reservat war für sein großes Löwenrudel bekannt. Das Kalb war so klein, dass selbst eine Hyäne es angegriffen hätte.

»Der Kadaver ist fast zwei Tage alt. Sollte das Kalb noch am Leben sein, wird es die Nacht nicht überstehen«, sagte der leitende Ranger des Reservats. »Wir brauchen einen Hubschrauber.«

In Rekordzeit wurde ein Helikopter bereitgestellt und gerade als die Sonne hinter dem Horizont verschwand und der Himmel orangefarben glühte, wurde das Kalb unter einem Baum entdeckt.

Dieses sehr geschwächte und dehydrierte kleine Nashornkalb wurde der erste Patient unserer Neugeborenenstation. Nandi war winzig, aber was ihr an Größe fehlte, machte sie durch ihre Streitsucht wett – sie jagte jeden, den sie sah. Die Pfleger wechselten sich bei ihr ab und tauschten untereinander Tipps aus, wie man Blessuren vermeiden konnte.

Wenn diese kleinen Wesen aggressives Verhalten zeigen, so liegt es im Allgemeinen daran, dass sie sehr verängstigt sind, doch sobald sich eine Routine bei der Nahrungsaufnahme eingestellt hat und sie gelernt haben, ihren Pflegern zu vertrauen, beruhigen sie sich rasch und zeigen ihre wahre Natur. Alyson gewann die Kleine bald für sich und unsere Nandi erwies sich als echter Schmusebär. Die beiden schliefen zusammen unter Schichten gemütlicher Decken.

Was täten wir ohne Decken? Wir brauchen Hunderte davon. Sie halten die Tierwaisen warm, aber sie haben so viele andere Vorzüge. Untergewichtige Kälber haben Mühe, ihre Körpertemperatur konstant zu halten, und ein unterkühltes Kalb kann schnell krank werden, daher sind Decken ein einfaches und effektives Mittel, um sie zu wärmen. Aber nicht nur Wärme ist wichtig, sondern auch das Schlafen auf einer weichen Unterlage. Das ist für die Kälber tröstlich und verhindert die Verschmutzung offener Wunden durch Heu oder Erde. Es ist auch einfacher, Kot und Urin von Tieren auf einer Decke zu untersuchen als auf Stroh – ein wichtiger Aspekt bei der Überwachung ihres Gesundheitszustands. Logischerweise sind die Waschmaschinen der Waisenstation ununterbrochen in Betrieb, damit die Decken sauber und hygienisch bleiben.

Nandi liebte ihre Decke – eine Häkeldecke in leuchtenden Regenbogenfarben, die sie mit sich herumschleppte, insbesondere am Abend. Die Dunkelheit ängstigte sie, und die beste Maßnahme, damit sie sich geborgen fühlte, war die, die Decke fest um sie zu wickeln. Wenn sie herausrutschte, quietschte Nandi, bis ihr Pfleger aufwachte und sie wieder zurücksteckte. Was für eine kleine Prinzessin!

Die Flut verwaister Nashörner hörte mit Nandi nicht auf, binnen Wochen kamen zwei weitere Notfälle rein. Beide wären gestorben, wenn sie nicht zu uns gekommen wären.

Das erste Tierwaisenkind, Storm, war ein kränkliches Spitzmaulnashorn, das alleine gefunden worden war, wahrscheinlich von seiner Mutter verstoßen. Er litt an der schlimmsten Wurminfektion, die der Tierarzt jemals gesehen hatte, und niemand wusste, wie er sich eine derart lebensbedrohliche Überlast an Parasiten zugezogen hatte. Es war so schlimm, dass er sie sogar hochwürgte, und binnen weniger Tage nach der Ankunft bekam er davon auch noch eine Lungenentzündung. Er magerte stark ab, hatte aber trotzdem einen geschwollenen Bauch. Schließlich fand das Team heraus, dass er nicht in der Lage war, Nahrung richtig zu verarbeiten. Er war appetitlos und wir hätten ihn dreimal fast verloren. Es war eine so verzweifelte Zeit, und die Tatsache, dass er ein seltenes Spitzmaulnashorn war, kam zum Trauma und Stress beim Kampf um sein Überleben erschwerend hinzu.

Das zweite kleine gerettete Tier, Gugu, war ein gesundes weibliches Breitmaulnashorn in hervorragendem Zustand. Tatsächlich ging es ihr so gut, dass sie nichts mit den Pflegern zu tun haben wollte. Sie wollte keinen Trost, hasste die Milch, die sie erhielt, und trank lieber aus einem Eimer – solange das bedeutete, dass ihr niemand zu nahe kam.

Sie war nicht scharf auf Menschen, erkannte jedoch augenblicklich ihre Artgenossen, und beim ersten Anblick von Impi und Thando brach sie in schrille Jubelschreie aus. Bald öffneten die Pfleger die Gatter und die drei quietschten und beschnüffelten einander total aufgeregt. Es war wundervoll, ihnen zuzusehen, wie sie so natürlich ihre eigene kleine Nashornherde bildeten. Auf emotionaler Ebene ist es für ein verwaistes Kalb enorm wichtig, andere Nashörner zum Trost und Spielen zu haben.

Der arme Ithuba war total frustriert, weil er nicht zu ihnen konnte, aber es gab nicht nur schlechte Neuigkeiten für ihn: In dem Augenblick, als Gugu ihn zu Gesicht bekam, war es um sie geschehen. Sie verliebte sich in den strammen Jungen von nebenan und sie verbrachten Stunden damit, nebeneinander zu beiden Seiten des Zauns zu wandern.

An Weihnachten war die Waisenstation erst ein Jahr in Betrieb und wir hatten schon sechs Nashornkälber, einen Baby-Elefanten und einen Deutschen Schäferhund aufgenommen, der teils Hund und teils Krankenpfleger war. Abgesehen vom jungen Storm, der immer noch mit dem Fressen und der gesunden Verarbeitung von Nahrung zu kämpfen hatte, gediehen sie alle. Sogar Ellie, unser Baby-Elefant, liebte das Leben mit Duma als Spielgefährten – und Elefanten sind notorisch schwer zu retten.

Zum mitternächtlichen Glockenschlag am Ende des Jahres 2015 konnte ich nicht glauben, dass ich ein weiteres Jahr überlebt hatte. Wir hatten viel erreicht, aber emotional war es wirklich hart gewesen. Der größte Schlag für mich war, dass die Zusammenarbeit der Waisenstation mit dem externen Managementteam nicht funktionierte. Anfangs hatte ich versucht, die Probleme als persönliche Differenzen zwischen Menschen mit starkem Willen abzutun, aber als ich mit Gypsy, Gin und Jeff, die umherstreunten, an der Schwelle des neuen Jahres auf meiner Veranda saß, musste ich der bitteren Realität ins Gesicht sehen, dass ich aus meiner eigenen Waisenstation verdrängt wurde.

Es hatte langsam mit merkwürdigen Beschwerden angefangen, wie zum Beispiel als ich einen verärgerten Anruf seitens des Verwaltungsmanagers erhielt, der sagte, das mein Anti-Wilderer-Wächter zu nahe an die Waisenstation herangefahren sei und der Lärm seines Geländewagens die Kälber verstört habe. Später in derselben Woche berichteten mir meine Ranger, dass eine dieselbetriebene Sense unmittelbar neben den Räumen der Tierwaisen verwendet wurde.

Die Meinungsverschiedenheiten hinsichtlich der Spenden und der Sicherheit eskalierten allmählich. Ich kann tatsächlich etwas aufbrausend sein, wenn ich frustriert oder müde bin – schließlich bin ich Französin –, aber ich hasse Auseinandersetzungen und unternehme gewöhnlich alles, um den Frieden zu wahren, also tat ich es ab und redete mir ein, dass lediglich zählte, dass die Tiere unter der hingebungsvollen Pflege des Teams gediehen, zu dem ich nach wie vor eine ausgezeichnete Beziehung hatte.

In solchen Situationen suche ich immer das Positive und die Waisenstation hatte tatsächlich so viel erreicht. Lawrence wäre hellauf begeistert von unserem Erfolg gewesen.

»Es sind nicht bloß sechs Kälber, die wir gerettet haben«, konnte ich ihn sagen hören. »Es sind ihre Kinder und ihre Kindeskinder. Wir sprechen von Dutzenden, Frankie!«

Er liebte solche Statistiken.

Eine weitere beständige Sorge zu der Zeit war für mich, dass die meisten unserer Wildereropfer aus sehr nahe an Thula Thula gelegenen Reservaten stammten, viel zu nahe für meinen Geschmack. Ich lebte in der ständigen Angst, dass Thabo und Ntombi die nächsten sein könnten, insbesondere während der Weihnachtszeit und um den Jahreswechsel herum. Ich weiß nicht, warum, aber es ist eine besonders gefährliche Zeit hinsichtlich des Wilderns.

Inzwischen hatte die Horninfusion als effektive Verteidigung gegen das Wildern so viele widersprüchliche Meldungen in den Medien hervorgerufen, dass sie für unsere Nashörner sinnlos war. Es gab so viele Ansichten und Meinungen. Erstens gab es keinen wissenschaftlichen Beweis dafür, dass das »Gift« tatsächlich beim Endverbraucher Übelkeit verursachte, also gab es schlechte Presse in der Richtung, dass die ganze Strategie lediglich Schall und Rauch sei. Zweitens wurde darauf herumgeritten, dass, wenn ein vergiftetes Horn jemanden nicht fürchterlich krank machte, das Risiko bestand, eine Haltung im Sinne von »Was dich nicht umbringt, macht dich stärker« hervorzurufen. Es wurde auch davon geredet, dass das Gift nicht in den Rest des Horns einsickerte, sondern dort blieb, wo es injiziert worden war, sodass im Endeffekt der Großteil des Horns unbeschadet blieb.

Viele waren der Ansicht, dass der Faktor Abschreckung es wert war, weiterverfolgt zu werden, aber die Bedenken wuchsen zunehmend, dass es ein falsches Gefühl von Sicherheit erzeugen würde, wenn das Wohlergehen der Nashörner auf einem Bluff beruhte. Noch wichtiger war aber, dass diese Methode nicht die eigentliche Ursache bekämpfte, die hinter der Nachfrage nach Nashornhörnern steckt.

Es war eine kühne und ungewöhnliche Idee gewesen, aber als Wilderer sich in Sabi Sabi, einem privaten Wildreservat neben dem Kruger-Nationalpark, Nashörner mit vergifteten Hörnern vornahmen, begriff ich, dass es ihnen letztlich egal war, ob die Hörner giftig waren oder nicht, und dass Thabo und Ntombi gegenwärtig ebenso gefährdet waren wie zu der Zeit, bevor wir versucht hatten, ihre Hörner unverkäuflich zu machen.

So begann ich das Jahr 2016 mit einem mehr als flauen Gefühl im Magen wegen der Auffangstation und in der Gewissheit, dass ich eine neue Möglichkeit finden musste, Thabo und Ntombi weiterhin zu schützen. Aber wie? Sie hatten bereits eine Rund-um-die-Uhr-Betreuung durch bewaffnete Sicherheitskräfte, aber das hatte in anderen Reservaten auch nicht immer geholfen. Sollte ich ihnen die Hörner doch abschneiden lassen? Den Gedanken daran ertrug ich nicht. Für mich war ein Nashorn ohne Horn kein Nashorn, doch gleichzeitig wusste ich, dass ich nicht zögern dürfte, wenn es ihnen das Leben retten könnte.

Für den Augenblick entschloss ich mich, auf unsere hauseigenen Sicherheitsleute zu vertrauen und abzuwarten, was sich in den benachbarten Reservaten tat. Wenn sie ihren Nashörnern die Hörner entfernten, würde ich es auch machen. Ich würde niemals das Risiko eingehen, dass unsere Nashörner die Einzigen in der Region mit Hörnern wären.

Ich hoffte, dass es nie so weit käme, aber im Herzen wusste ich bereits, dass diese Hoffnung vergebens war.

20 LAUTLOSE KILLER

Der Notruf kam kurz nach dem Essen über Funk.

»Alarmstufe Rot! Elefantenbaby in Schwierigkeiten!«

Vusi rannte ins Büro und schnappte sich das Funkgerät.

»Vusi hier! Was gibt's?«

»Marulas Baby hat eine Schlinge im Gesicht.«

»Verstanden. Wo sind sie?«

»Letzte Sichtung am Mkhulu-Stausee. Wir versuchen, näher ranzukommen, um zu sehen, wie schlimm es ist, aber die Herde lässt uns nicht. Die Elefanten sind gereizt und in Bewegung.«

»Wartet auf Hilfe. Over.«

Alarmstufe Rot bedeutet: *Alles stehen und liegen lassen, sofort zum Haupthaus.* Was auch immer der Grund für den Alarm ist, es ist dringend. Binnen Minuten trafen die ersten Ranger am Versammlungspunkt ein, bereit zum Handeln. Vusi brachte sie kurz auf den neuesten Stand.

»Leute, das ist ernst. Siya hat von einem Kalb mit einer Schlinge berichtet. Er konnte nicht nahe genug ran, also brauchen wir Augen auf dem Boden. Teilt euch in Zweiergruppen auf, schnappt euch Geländewagen und ortet das Baby vor Einbruch der Nacht. Holt Ferngläser. Ich nehme den Pick-up und trefft euch bei Siya und Shandu. Los, los, los!«

Die Männer rasten davon und fuhren im Zickzack durch das Reservat. Obwohl die Elefanten zuletzt oben im Norden gesichtet worden waren, hatte die Herde Angst bekommen und konnte daher überall sein. Kälber müssen alle paar Stunden gefüttert werden, damit sie überleben, und dieses Kleine war nicht einmal zehn Tage alt. Es ging um Leben und Tod, aber ich hatte

Vertrauen in meine Ranger. Sie kennen den Busch in- und auswendig und können Tierspuren unter fast allen Bedingungen entdecken.

Schlingfallen sind die lautlosen Killer des Buschs. Alles, was es braucht, ist etwas Draht und einen Slipstek, also einen einfachen Knoten. Der Wilderer hängt eine Schlinge dort auf, wo ein Tier wahrscheinlich vorbeikommt – in der Regel auf Kopfhöhe an einen Baum –, und sobald ein argloser Hals oder Rüssel durch die Schlinge gleitet, zieht sie sich zu. Je mehr das Tier kämpft, desto enger wird die Schlinge. Es ist ein langsamer, grausamer Tod und das Opfer entkommt selten. Vielleicht ist es imstande, die Schlinge von dort loszureißen, wo sie befestigt ist, aber das macht die Sache bloß schlimmer, weil es sich dann in ein Versteck zurückzieht und wir weniger Chancen haben, es zu finden und ihm zu helfen. Wir dankten dem Himmel, dass es diesem Kalb gelungen war, bei der Herde zu bleiben.

Schlingfallen sind billig, leicht aufzustellen und schrecklich effektiv. Das Erste, was unsere Anti-Wilderer-Einheit jeden Morgen tut, ist, das Reservat danach zu durchforsten. Wir hatten Zeiten, da entdeckten sie bis zu zehn Schlingen pro Tag. Lawrence und ich haben immer gesagt, dass man sich nicht in den Lauf der Natur einmischen sollte, aber manchmal muss man es tun, insbesondere wenn ein Tier durch Menschen verletzt wurde – etwa durch Schlingen.

Unserem Nashorn Ntombi wurde durch eine Schlinge ein Stück vom Ohr abgerissen. Sowohl ETs Tochter als auch ihre Enkelin sind Schlingfallen nur knapp entkommen. Ihrer Tochter hatte sich eine Schlinge ums Bein gelegt und sich so tief eingegraben, dass sie es durch eine Infektion hätte verlieren können, und ihre Enkelin Susanna hatte eine Schlinge ums Ohr. Zum Glück bemerkte ein scharfäugiger Ranger, dass das Ohr in einem unnatürlichen Winkel zurückgebogen war, und es gelang uns, den Draht zu entfernen. In beiden Fällen waren wagemutige Eingriffe nötig, darunter Hubschraubereinsätze, Betäubungspfeile und hochriskante Aktivitäten auf dem Boden durch den Tierarzt und die Ranger, die den Adrenalinspiegel in die Höhe schießen ließen, um die verletzten Tiere von der Herde zu trennen. Den Fuß des ersten Kalbs konnten wir retten, aber Susanna verlor leider einen Teil ihres Ohrs.

Vor nicht langer Zeit verendete eine männliche Giraffe mit einer Schlinge ums Bein. Welch ein Albtraum! Babyelefanten aus Schlingen zu retten, ist schon schwer genug, aber Schlingen von Giraffen zu entfernen, ist noch schwerer, weil ihre Betäubung ein furchtbar komplizierter Vorgang ist. Man kann eine Giraffe nicht einfach nur bewegungsunfähig machen. Ihre langen Beine, der Hals und der schwere Kopf bergen das Risiko lebensbedrohlicher Verletzungen, sollte die Giraffe unglücklich zu Boden stürzen.

Der Vorgang verläuft daher in drei Stufen.

Zuerst wird das Tier leicht betäubt, damit es fügsam und benommen genug ist, sodass die Ranger sich ihm gefahrlos nähern können. Daraufhin werden Seilschlingen über den Hals und um die Beine gelegt. Zuletzt wird sie richtig anästhesiert und ihr Sturz wird sorgfältig überwacht, damit sie ohne Verletzungen landet.

Selbst wenn die Giraffe am Boden ist, unterscheidet sich die Vorgehensweise sehr von der bei Elefanten, und weit mehr Menschen sind daran beteiligt. Zwei Gruppen starker Männer sind nötig, damit sowohl dem Tierarzt als auch dem Tier nichts geschieht. Eine Gruppe stellt sicher, dass Kopf und Hals flach auf dem Boden bleiben, während die andere für die Beine verantwortlich ist. Der Hals einer Giraffe ist ausgesprochen kräftig – wie ich von Lawrence bei meinem ersten Besuch gelernt hatte –, und sobald das Tier einmal imstande ist, den Kopf anzuheben, gewinnt es sehr rasch an Schwung, steht auf und kann binnen Sekunden wieder auf den Beinen sein: eine potenziell tödliche Situation inmitten des Vorgangs, eine Schlinge zu entfernen.

So viel Leid wird von herzlosen Wilderern und ihren Schlingfallen verursacht. Ich verstehe, dass es verzweifelte Menschen gibt, die tatsächlich etwas zu essen brauchen, aber wenn sie ein Tier erlegen müssen, warum können sie dann keine weniger schreckliche Art und Weise wählen? Wilderer, die um der Nahrung willen töten, durchbrechen nachts unsere Umzäunung, legen eine Vielzahl an Schlingen aus und schlüpfen wieder hinaus. Ein paar Tage später kehren sie zurück, um die Tiere zu holen, die sie gefangen haben. Sobald sie so viele eingesammelt haben, wie sie tragen können, verschwinden sie wieder, ohne sich die Mühe zu machen, die verbliebenen Schlingfallen unschädlich zu machen. Jedes gefangene Tier, das sie zurücklassen, stirbt einen qualvollen Tod. Haben diese Leute denn kein Gewissen? Diese Grausamkeit macht mich fertig.

Es gibt also zwei Typen von Wilderern – jene, die für den Kochtopf töten, und jene, die für den Profit töten.

Letztere sind wild versessen aufs Geld und scheren sich einen Dreck um die Tiere oder gefährdete Tierarten, und sie würden auch nicht zögern, die Männer oder Frauen zu erschießen, die ihr Leben für deren Schutz aufs Spiel setzen. Sie haben nur ihren Profit im Sinn und sie wissen, dass sie für praktisch jedes Teil des Tiers gut bezahlt werden – Haut, Hörner, Stoßzähne und Fleisch. Und sie erhalten sogar einen noch höheren Preis, wenn die Körperteile für die eher finsteren, schlechten *Muthi* gekauft werden, die dunkle Seite der traditionellen Medizin.

Muthi bedeutet auf Zulu sowohl »Baum« als auch »Arznei« und umfasst pflanzenbasierte Heilmittel für traditionelle afrikanische Heilbehandlungen. Englisch sprechende Südafrikaner schreiben es oft ohne H – *Muti* –, weil es so ausgesprochen wird.

Wie bei vielen uralten Kulturen kann es gute und schlechte Anwendungen traditioneller Heilmethoden geben. Echte pflanzliche Arzneimittel werden von erfahrenen und weisen Heilern angewendet, während nicht ganz so ehrbare Hexendoktoren eine Art von schwarzer Magie einsetzen und Aberglauben und Unwissenheit ausnutzen.

Muthi ist überwiegend in ländlichen Gegenden verbreitet, doch es gibt auch viele Städter, die zwar niemals zugeben würden, dass sie an seine Wirksamkeit glauben, es aber nicht wagen würden, das Ganze als Unsinn abzutun. Es könnte ja vielleicht doch wirken.

Historisch gesehen verwenden nur *Inyangas* echte pflanzliche Arzneimittel, während *Sangomas* eher Knochen werfen und die Vorfahren befragen. Aber die Zeiten haben sich geändert, die Rollen sind vermischt und heutzutage verwenden beide Typen von Heilern regelmäßig beide Methoden. Der Begriff *Sangoma* ist die üblichste Art und Weise, sie zu beschreiben.

Man wacht aber nicht einfach auf und beschließt, ein *Sangoma* zu werden. Es ist eine Berufung, an der für gewöhnlich die Vorfahren und ein älterer, erfahrener *Sangoma* beteiligt sind. Im ländlichen Zululand spielen die Vorfahren eine wichtige Rolle im Hinblick auf Bewusstsein, Körper und Seele, wobei der *Sangoma* der Mittler zwischen den Lebenden und den Toten ist. *Sangomas*, die ihrer Berufung gerecht werden, sind zutiefst spirituell und würden niemals schlechtes *Muthi* anwenden. Sie wissen, dass sie dadurch den Zorn der Ahnen riskieren.

Mit gefällt es sehr, wie sich traditionelle Sitten und Gebräuche heutzutage mit dem Leben in Südafrika vermischen. Die *Sangomas* sind legal anerkannt wie andere Praktiker alternativer Medizin und das Ergebnis ist eine reiche Tapisserie aus uralter Weisheit und moderner Lebensweise.

Vor Jahren bat ich einmal eine *Sangoma*, mir bei der Lösung eines Problems mit den Lodges zu helfen. Kurz nachdem wir eröffnet hatten, wurden kleinere Diebstähle zu einem Problem. Nichts Ernstes, nur sehr frustrierend und ärgerlich. Ich bat die *Sangoma*, die Lodge zu segnen und zu tun, was sie konnte, um den Diebstählen Einhalt zu gebieten. Mein gebildeter Zulustab lachte mich aus, aber ich tat ihren Skeptizismus ab und glaubte daran, dass es funktionieren würde. Wir leben tief im ländlichen Zululand, daher erschien es mir sinnvoll, auf diese Weise um Hilfe zu bitten.

Die *Sangoma* traf in der Nacht ein – eine königliche, jedoch bescheidene Zulufrau Ende 70. Sie war barfuß, gekleidet in traditionelle rote und schwarze Gewänder und sie trug einen prächtig mit Perlen besetzten Kopfschmuck, der ihre dunklen Augen umrahmte, die mir tief in die Seele blickten und mich in Freundlichkeit badeten. Ich fühlte mich, als würde ich sie schon ewig kennen.

Sie ging in der Lodge umher, von Zimmer zu Zimmer, wobei sie leise rätselhafte Worte des Gebets sang, eine sanfte Meditation über die universellen Kräfte Gottes. Nach Beendigung ihrer Runde bat ich sie, mein eigenes Haus ebenfalls zu segnen.

»Natürlich.« Sie lächelte, als ob sie schon gewusst hätte, dass ich sie darum bitten würde.

Bevor sie ging, baten dieselben Skeptiker, die mich vorher aufgezogen hatten, ebenfalls, ihre Räumlichkeiten zu segnen! Ihre Gegenwart hallte noch eine lange Zeit nach, hinterließ einen Hauch des Friedens überall dort, wo sie vorbeigekommen war.

Das Beste daran war, dass unsere Langfingerprobleme am selben Tag endeten.

Leider gibt es für jeden ehrbaren *Sangoma* einen Scharlatan da draußen, dem es egal ist, wozu seine Tränke verwendet werden, und es gibt Menschen, die bereit sind, gewaltige Summen für ihre Dienste auszugeben. Die Macht des bösartigen *Muthi* kann so überzeugend sein, dass diejenigen, die glauben, mit einem Todesfluch belegt worden zu sein, tatsächlich sterben.

Schlechtes *Muthi* hat verheerende Auswirkungen, weil es oft Tierteile erfordert – und in extremen Fällen sogar Teile von Menschen. Wilderen ist es egal, was mit den Tieren geschieht, die sie töten. Geld ist Geld.

Das alles ging mir durch den Kopf, während ich auf Nachricht von Vusi hinsichtlich des Elefantenkalbs wartete. Diese Babys sind so neugierig und erforschen mit ihren Rüsseln alles und berühren alles, was sie sehen, und ein Stück Draht, das in der Sonne glitzert, ist ein unwiderstehliches Objekt, das es zu untersuchen gilt. Sobald dieser kleine Rüssel in der Schlinge steckt, zieht sich der Knoten zusammen und nur sehr starke Seitenschneider können ihn befreien.

Mir wurde übel bei dem Gedanken daran, wie das Kalb litt, und ich dachte an die Qual seiner Mutter. Marula würde versuchen zu helfen, die Sache allerdings wahrscheinlich nur schlimmer machen, da der Draht sich immer tiefer ins Gesicht ihres Sohnes eingraben würde.

Frankie wäre natürlich an ihrer Seite und würde ihre Tochter und ihren Enkel bewachen, könnte jedoch ebenfalls nichts ausrichten. Ihre Instinkte würden sie drängen, das verletzte Baby zu verstecken und es vor Raubtieren zu beschützen. Wie in aller Welt sollte unser Tierarzt nahe genug herankommen, um es zu retten? Sie würde ihm nie erlauben, sich ihnen zu nähern.

Die Ranger hielten mich auf dem Laufenden, während die Stunden nur so vorüberflogen. Die Herde war wie vom Erdboden verschluckt.

Um fünf Uhr läutete mein Telefon.

»Nichts von ihnen zu sehen«, sagte Vusi.

»Sucht weiter. Wir können nicht aufgeben.«

Die Zeit lief uns davon. Wir wussten nicht, wie lange die Schlinge schon um das Gesicht des Kalbs lag, und eine weitere Nacht ohne Nahrung könnte fatal sein.

Knapp vor Einbruch der Nacht teilten Siya und Shandu über Funk Vusi mit, dass sie die Herde geortet hatten.

»Sie sind nahe am Grenzzaun, lassen uns jedoch nicht heran.«

»Bleibt dort. Ich bin unterwegs«, erwiderte Vusi.

Er raste in seinem Pick-up quer durchs Reservat und als er um eine Biegung kam, sah er die Herde. Er fuhr so nahe heran, wie er sich traute, gab den Rangern auf der anderen Seite der Lichtung Zeichen, sie sollten bleiben, wo sie waren, schaltete dann den Motor ab und richtete das Fernglas auf die Elefanten. Frankie hob den Rüssel und schwenkte ihn in seine Richtung. Vusi funkte die Ranger an.

»Nicht rühren. Sehen wir mal, was sie tut.«

Er wartete ab, wie Frankie auf seine Anwesenheit reagieren würde, wobei er die Hand am Zündschlüssel hielt, falls sie angriff. Sie musste ihren verletzten Enkel beschützen, und das machte sie unberechenbar. Sie beobachtete Vusi ruhig und hielt die Herde eng hinter sich zusammengeschart. Sie stand still da und wirkte entspannt. Ihre Ohren schlugen nicht, ihr Schwanz hing schlaff herab. Marula und das Baby waren nirgendwo zu sehen.

Langsam kam Frankie auf Vusi zu. Die Herde folgte.

Er musterte sie durch sein Fernglas. Immer noch kein Anzeichen des Kalbs. Er legte den Gang ein, bereit zu fliehen. Die Elefanten waren bis aufs Äußerste angespannt und wären ihm gegenüber misstrauisch. Sie kannten Vusi zwar von seinen Besuchen mit Lawrence, aber wilde Tiere, die ihre verletzten Jungtiere beschützen, können tödlich für Menschen sein. Wenn Frankie einen Angriff unternahm, wäre er Hackfleisch.

Er wägte seine Optionen ab, während er die herannahende Schar ständig im Auge behielt. Sein Truck befand sich auf einem Pfad, der parallel zur offenen Steppe verlief und auf dem sich ziemlich einfach mit hoher Geschwindigkeit fahren ließ. Er beschloss abzuwarten.

Er senkte sein Fernglas und runzelte verwirrt die Stirn.

Warum kamen sie auf ihn zu?

Er funkte Siya und Shandu ein zweites Mal an und wies sie an, sich zurückzuhalten. Das war sehr gewagt, aber wenn er keinen richtigen Blick auf das Baby werfen konnte, wüsste er nicht, wie er helfen könnte.

Wenige Meter von ihm entfernt blieb Frankie stehen. Die anderen hielten genau im gleichen Moment an. Vusi spürte keine Wut, keine Aggression. Frankie fixierte ihn mit ihren ausdrucksvollen bernsteingelben Augen und aus der Mitte der Herde tauchte Marula auf, das Kalb geschützt unter ihrem gewaltigen Körper.

Verblüfft hob Vusi sein Handy an und schoss schnell ein paar Fotos für den Tierarzt. Je besser Mike sich vorbereiten konnte, desto größere Chancen hätten wir auf eine erfolgreiche Rettung.

Marulas Rüssel legte sich über den Leib ihres Babys, zog ihn sanft unter sich hervor und schob das Kleine auf Vusi zu. Frankie als die weise, tapfere Leitkuh, die sie war, war klar geworden, dass die einzige Chance, wie das Kalb überleben konnte, in einem menschlichen Eingriff bestand, und sie wählte Lawrences rechte Hand als Helfer.

Vusi stellte den Zoom an seinem Handy ein, damit er die Verletzung besser einschätzen konnte. Sah nicht gut aus. Die Schlinge lag um das Gesicht und den Rüssel des Kalbs und hatte knapp ein Auge verfehlt. Das Baby konnte das Maul keinen Millimeter öffnen. Marula stand gelassen und furchtlos da und streichelte mit der Rüsselspitze ihrem Sohn die Stirn. Das Baby reagierte nicht auf ihre Berührung. Ein schlechtes Zeichen.

Hunger und Dehydrierung forderten allmählich ihren Tribut. Frankie verweilte neben dem Paar, ihr vertrauter Wachposten.

Vusi schaltete den Motor ein. Er hatte genug gesehen.

Die einzige Lösung war ein riskantes Vorgehen, das unter anderem erforderte, das Kalb von seiner Mutter und der Herde zu trennen. Allein dazu wären ein Hubschrauber und mehrere Geländewagen erforderlich. Einmal isoliert, müsste es sediert, behandelt und wieder freigelassen werden – während seine Mutter und jedes einzelne erwachsene Weibchen verzweifelt versuchen würden, zu seinem Schutz zurückzukehren. Ja, Frankie wusste, dass wir helfen konnten, aber im Busch herrscht nun mal der Instinkt und ihr angeborener Trieb wäre, alle Menschen von dem sterbenden Kalb fernzuhalten.

Die Sonne ging unter und Streifen von Zinnoberrot schichteten sich am Horizont hinter den dunkler werdenden Gestalten der Elefanten auf. Es war 18:40 Uhr. Binnen einer halben Stunde wäre es tiefschwarze Nacht. Vusi rief mich an und brachte mich auf den neuesten Stand.

»Es steht nicht gut, Françoise. Der Draht liegt über seinem Rüssel und Maul. Er kann nicht saugen.«

»Mike Toft ist startklar. Er hat einen Hubschrauber organisiert und wird bei Tagesanbruch hier sein.« Ich hielt inne und fürchtete mich davor, meine Frage zu stellen. »Wird es das Baby schaffen?«

»*Angazi*.« – Ich weiß es nicht.

Vor Angst krampfte sich mein Herz zusammen. Jede Stunde, die die Schlinge das Baby daran hinderte zu saugen, brachte es dem Tod einen Schritt näher. In jener Nacht saß ich auf meiner Veranda, während ein ockerfarbener Vollmond am Himmel hing. Ich hoffte auf ein gutes Omen. Wir hatten eine solche Rettung schon oft durchgeführt, und ich wusste, dass wir es wieder schaffen konnten. Ich schickte dem Kalb all meine Liebe.

»Bleib bis zum Morgen am Leben, *mon bébé*«, murmelte ich hoffnungsvoll.

In dieser Nacht vernahm ich Trompetentöne. Die Herde war aufgeregt und verzweifelt, aber es beruhigte mich – denn es bedeutete, dass sie in der Nähe blieben und nicht in Deckung gingen.

Dr. Mike Toft hielt Wort, zur Morgendämmerung durchbrach das *Tack-Tack-Tack* eines Hubschraubers das Schweigen. Der Wetterbericht hatte ein heftiges Gewitter angekündigt, aber er hatte sich zum Glück geirrt, denn der Himmel war wolkenlos, es regte sich kein Lüftchen. Der Pilot landete in der Nähe des Hauses, in einem Tornado aus Lärm und Staub.

»Sie sind immer noch im selben Gebiet«, berichtete Vusi.

»Und das Baby?«, fragte Mike.

»Wir haben die Herde gesehen. Kein Anzeichen des Babys. Flieg zur Umzäunung an der Landepiste vorüber, Siya und Shandu werden dich von dort aus leiten. Ich folge in meinem Truck.«

Der Hubschrauber schwebte davon. Vusi folgte mit seinem Team auf dem Boden. Jeder verfügbare Mann und jedes Fahrzeug waren bereit, um dabei zu helfen, das Kalb von seiner Mutter zu trennen. Lawrence wäre mitten im dichtesten Getümmel gewesen. Er fürchtete sich vor nichts, insbesondere dann nicht, wenn einer seiner geliebten Elefanten Hilfe brauchte.

Ich verfügte nicht über seine draufgängerische Furchtlosigkeit, mich der Jagd anzuschließen, und um ehrlich zu sein, ich fand es emotional zu belastend. Ich hatte große Angst. Was wäre, wenn das Baby die Nacht nicht überlebt hatte? Was wäre, wenn etwas bei dem Prozedere schiefginge? Ich habe definitiv keine Nerven aus Stahl.

Die Geländewagen brachten sich auf dem Feldweg in Position und der Hubschrauber kam tief hereingeflogen und schwang gefährlich nahe an die Herde heran. Der Pilot war ein furchtloses Genie. Die Elefanten donnerten davon, Frankie an der

Spitze, die unablässig den Kopf hin- und herdrehte und den Hubschrauber über ihr und die Fahrzeuge zu beiden Seiten beobachtete.

Vusi funkte mich an.

»Das Kalb ist am Leben! Es ist schwach und kann nicht mit der Herde mithalten.«

»Das ist gut, oder?«

»Sehr gut. Es wird leichter zu betäuben sein. Ich melde mich, wenn es vorüber ist.«

Es ist furchtbar, die Elefanten mit einem Hubschrauber gewaltsam zu zerstreuen, aber es ist die einzige Möglichkeit, um gefahrlos an ein Tier heranzukommen, das medizinische Hilfe benötigt. Der Tierarzt zielte und traf das Kalb mit einem Betäubungspfeil. Binnen Sekunden begann das Mittel zu wirken und das Kalb sank zu Boden.

Der Hubschrauber setzte Mike kurz in der Nähe des gestürzten Babys ab und schoss dann sofort wieder in den Himmel hinauf, um die Herde auf sicherer Distanz zu halten. Die Geländewagen wachten ebenfalls weiter, falls es Marula fertigbrachte, zu ihrem Kind zurückzukommen.

Das Kalb war winzig und unterernährt mit einem daunenähnlichen Flaum, der die Babyfalten seiner Haut bedeckte. Es war wunderschön auf dem Bauch gelandet. Perfekt, um den verrosteten Draht aus seinem Gesicht zu entfernen. Vusi durchschnitt den Draht an mehreren Stellen, und er und Mike drückten jedes Bruchstück los, dann wusch Mike die Wunden aus und schmierte eine dicke Schicht antiseptischer Salbe darauf. Er überprüfte die Vitalzeichen des Kalbs, zeigte jedem in den wartenden Geländewagen ein breites Grinsen und hielt den Daumen hoch.

»Er wird's schaffen!«, rief er.

Vusi funkte den Hubschrauberpiloten an.

»Wir sind fertig und werden zurückfahren. Gib uns Deckung.«

Mike injizierte dem Kalb ein Gegenmittel und sprintete zusammen mit Vusi zum Fahrzeug. Sie jagten davon und stießen zu Siya und Shandu, gute hundert Meter entfernt. Niemand wollte in der Nähe des Kalbs sein, wenn die Herde zurückkehrte. Alle richteten ihre Ferngläser auf den Kleinen. Er rappelte sich bereits wieder auf und suchte nach seiner Mutter.

Wie aufs Stichwort brach Marula durch den Busch. Dunkle Streifen aus ihren Schläfendrüsen schwärzten ihr die Wangen. Das Kalb wackelte auf sie zu. Sie erkundete zart sein Gesicht mit ihrem Rüssel. Befreit von der Schlinge, bog sich sein Rüssel gegen ihren Bauch und sein kleines Maul suchte hungrig nach ihrer Zitze.

In den Fahrzeugen herrschte seliges Schweigen, während die vier Männer ihm beim Saugen zuschauten.

An jenem Tag taufte ich – unserer lange bestehenden Tradition folgend, einen Babyelefanten nach demjenigen zu benennen, der bei seiner Rettung geholfen hatte – das Kalb auf den Namen Vusi. Ich war so stolz auf das Team, dass ich ein paar Flaschen Champagner auf Eis legte und alle um halb sieben an jenem Abend zum Feiern in die Lodge einlud. Was eine wirklich harte Rettungsaktion hätte werden können, war so glatt verlaufen, dass sie keine halbe Stunde gedauert hatte. Das war zum Teil Mike Toft und meinen mutigen Rangern zu verdanken, aber auch dem wunderbaren Glauben der Herde an uns. Ich fühlte mich so geehrt, dass sie uns ihr verletztes Baby anvertraut hatten. Alle, Menschen und Elefanten, hatten für seine Rettung zusammengearbeitet.

Mein Haus in Thula Thula ist nur etwa zwei Kilometer von dort entfernt, wo unsere Champagnerparty steigen sollte, also machte ich mich erst um fünf vor halb sieben auf den Weg. Und wer erwartete mich am Eingang zur Lodge?

Die gesamte Herde!

Ich traute meinen Augen nicht. Wenn Elefanten ein solches Trauma durchmachen – Hubschrauber, Flucht in Panik, gezwungen, ihr Kalb im Stich zu lassen –, verschwinden sie manchmal wochenlang. Nicht dieses Mal. Alle waren hier, jeder Einzelne von ihnen, und sie blieben stundenlang bei uns, völlig gelassen, und gingen lautlos die Umzäunung der Lodge entlang. Wir werden nie wissen, was sie dachten, aber sie suchten unsere Nähe und strahlten Wärme und Liebe aus. Für mich bestand kein Zweifel daran, dass sie hergekommen waren, um sich für die Rettungsaktion zu bedanken.

21 ERST WENN DER BRUNNEN VERSIEGT, WISSEN WIR DEN WERT VON WASSER ZU SCHÄTZEN

Unser Ellie hatte gelernt, Türen zu öffnen – zwar nicht die Tür aus seinem Raum, der zusätzlich von einem Sperrgitter gesichert war, aber diejenige zur Küche. Unser cleverer kleiner Elefant hatte zwei und zwei zusammengezählt und herausgefunden, woher sein Fressen kam und wie er den Türknauf mit seinem Rüssel drehen konnte. Ich weiß nicht, was mit unseren Elefantenkälbern und Küchen los ist, aber sie finden anscheinend immer einen Weg hinein!

Sein Erfindungsreichtum war ein ermutigendes Zeichen dafür, wie gut es ihm ging. Wenn Babyelefanten krank sind, schlafen sie viel und wollen lediglich Liebe und etwas zu fressen, aber wenn sie glücklich und energiegeladen sind, können sie genauso viel Unfug treiben wie ein menschliches Kleinkind.

Vor 15 Jahren, als Lawrences geliebter Elefant Mnumzane noch jung war, hatte er Lawrence einmal dabei gesehen, wie er Säcke in unseren Vorratsraum brachte, und begriffen, dass sie voller Futter waren. Er wartete, bis Lawrence weggefahren war, zerbrach das Fenster mit seinem Rüssel und schlug sogar ein Stück Wand heraus.

Das war der einfache Teil – ein Loch in eine Mauer schlagen war keine Herausforderung für einen Elefanten seiner Größe. Als Nächstes musste er herausfinden, wie man die Säcke öffnete. Auch kein Problem. Er hob einen 50-Kilo-Sack heraus, ließ ihn vor sich hinfallen und stampfte darauf herum, wodurch er eine Mehlexplosion auslöste, die ihn in ein überrascht dreinschauendes, gigantisches Gespenst verwandelte.

Ellie war ebenso clever wie Mnumzane und ähnlich verfressen, daher überraschte es mich nicht im Geringsten, dass er herausbekommen hatte, wie er in die Küche einbrechen konnte. Es war ein Fulltime-Job, den kleinen Racker zu bespaßen und dafür zu sorgen, dass er nichts anstellte. Dem Himmel sei gedankt, dass er Duma hatte, mit dem er einen Teil seiner Energie verbrennen konnte! Eines ihrer Lieblingsspielzeuge war ein großer silberfarbener Pilatesball, den Ellie jagte, mit dem er dribbelte und den er mit einer Ballkontrolle von Duma wegtrat, auf die David Beckham stolz gewesen wäre.

Wenn ich daran zurückdachte, wie krank und winzig Ellie bei seiner Ankunft gewesen war, konnte ich kaum glauben, in was für einen gesunden, quicklebendigen Elefanten er sich verwandelt hatte. Er tat alles mit Genuss. Wenn er rannte, wackelten sein Rüssel und sein Schwanz und alle übrigen Teile dazwischen vor Freude. Er hatte so viel *joie de vivre*, wie die Franzosen sagen würden – Lebensfreude. Manchmal rannte er im Zickzack im Garten herum und stieß so glückliche, schrille Trompetentöne aus, dass Axel und Megan hinter ihm herliefen, weil sie Angst hatten, die Herde würde ihn hören und nachforschen kommen. Aber das tat sie nie. Irgendwie wusste sie, dass die Waisenstation, sobald es ihm besser ging, der sicherste Aufenthaltsort für ihn war.

Ellie war außerdem verrückt nach Wasser. Sobald ein Sprinkler eingeschaltet war, sauste er in die Gischt und der Rüssel flog hoch, um das Wasser aufzufangen. Wir besorgten ihm ein eigenes, leuchtend blaues Planschbecken. Zunächst wusste er nicht so genau, was er damit anfangen sollte, dann näherte er sich vorsichtig und fuhr mit dem Rüssel über die Seiten und schob ihn sogar so weit darunter, wie er konnte. Als das Wasser halbe Höhe erreichte, tunkte er den Rüssel hinein.

Der Groschen fiel. Wasser!

Er schlingerte nach vorn, um hineinzukommen, und prallte auf das Becken. Die Plastikumrandung beulte sich nach innen. Er hob das Bein, kam jedoch nicht hoch genug. Frustriert senkte er den Kopf über den Rand, beugte sich tief herab, den Hintern in die Höhe, und wälzte sich hinüber.

Sein erster Sturzflug.

Er sprang auf, krabbelte wieder heraus, rannte fort, wirbelte wieder herum, jagte zurück – und tauchte erneut hinein, wobei seine Füße in der Luft strampelten. Er verließ das Becken nur, um wieder hineinzuspringen.

Ich war nicht selbst vor Ort, als er sein Planschbecken zum ersten Mal erkundete, aber jeder Meilenstein unserer Tierwaisen war so aufregend, dass ich binnen Minuten über den Buschtelegrafen davon hörte. Auch unsere Herde liebt das Herumtollen im Wasser und es war wunderbar, dass es bei Ellie genauso war. Wenn ein traumatisiertes Jungtier sich so verhält, wie es sich verhalten sollte, ohne jemals einen seiner eigenen Art gesehen zu haben, bedeutet das: Die Chancen stehen gut für ihn, ein normales wildes Tier zu werden. Einen so wichtigen Schritt nehme ich nie als gegeben hin, und jedes Mal, wenn es geschieht, verspüre ich dieselbe Freude, Erleichterung und das erhebende Gefühl, etwas erreicht zu haben. Eines meiner schönsten Erlebnisse mit unserer Herde war, als ein Regenguss eine wirklich schlimme Dürre beendete. Das Wetter ist so wechselhaft geworden, dass wir uns nicht mehr auf die Regenfälle im Sommer verlassen können, und meine größte Sorge ist, dass eines Tages die Wasserknappheit für uns ein ebenso großes Problem werden wird wie die Wilderei.

Die Waisenstation ist besonders abhängig vom Wasser. Wir brauchen Wasser, um die Räume der Tierwaisen hygienisch und steril zu halten. Wir brauchen es zum Waschen der Decken. Wir brauchen es, um Tränken und Schlammlöcher aufzufüllen und um die Jungtiere abzukühlen, wenn es heiß ist. Während einer Dürre gibt es Tage, an denen die Pfleger nicht baden oder duschen, damit genug Wasser für die Tierwaisen übrig bleibt.

Man begreift erst, wie abhängig man vom Wasser ist, wenn es keines mehr gibt.

In jenem speziellen Sommer des Jahres 2016 war der Nseleni ungewöhnlich trockengefallen und der Wasserstand in unseren Stauseen so gefährlich niedrig, dass unsere Flusspferdfamilie – Romeo, Juliet und Baby Chump – von ihrem Lieblingsort am Mkhulu-Stausee zum Mine-Stausee umgezogen war, in dem immer noch ausreichend Wasser war, um sie zu bedecken. Ich war krank vor Sorge, dass er auch austrocknen könnte.

Flusspferde heißen auch »Hippopotamus«, eine Lehnübersetzung aus dem Griechischen und eine perfekte Beschreibung, weil sie außer Fressen sonst alles im Wasser tun. Sie können bis zu 16 Stunden am Tag darin verbringen, also sind sie – kaum überraschend – gute Schwimmer, sogar sehr anmutige. Zwar können sie unter Wasser nicht atmen, aber sie können bis zu fünf Minuten die Luft anhalten, und weil sie so schwer sind, können sie am Grund eines Sees so leicht spazieren wie an Land.

Wasser ist für Flusspferde eine derart natürliche Umgebung, dass ein Baby in der Minute, in der es geboren ist, zur Oberfläche schwimmt, ein- oder zweimal nach Luft schnappt und dann wieder untertaucht, um zu saugen, wobei es die Ohren und Nasenflügel zum Schutz vor eindringendem Wasser schließt.

An jenem Abend ging ich voller Sorge wegen ihres Stausees zu Bett und erwachte mitten in der Nacht von dem wundervollen Geräusch prasselnden Regens. Ich knuddelte Gypsy und hörte zu, wie der Regen auf mein Strohdach hämmerte und auf die Terrasse platschte. Ich liebe das Geräusch und den frischen Duft von Regen.

Es goss 48 wunderbare Stunden lang.

Staub verwandelte sich in Schlamm. Die Luft roch sauber und grün. Der Nseleni floss. Unsere Stauseen und Wasserlöcher glitzerten. Die Welt fühlte sich irgendwie weicher an. Die Natur tankte wieder auf, wie sie es immer tut.

Am dritten Morgen hatten sich die heftigen Wolkenbrüche in einen leisen Nieselregen verwandelt, und ich ging hinaus, um den Dunst der treibenden Tröpfchen zu genießen.

Direkt vor mir, auf der anderen Seite der Umzäunung, stand die Herde.

Frankie zuerst, gefolgt von Nana und ihrer Tochter Nandi, dann die Halbwüchsigen und die Babys mit den großen Jungen Gobisa und Mandla, die ihnen in ihrem eigenen leichten Schritt folgten. Jedes einzelne Mitglied der Herde war auf dem Weg zu dem Tümpel aus Regenwasser, der sich während des Gewitters in der Nähe des Hauses gebildet hatte. Mabula begann, den Grund mit seinen mächtigen Stoßzähnen aufzuwühlen, und verwandelte den Sand zu Schlamm. Die Kleinen, Natal und Themba, ahmten ihn nach, begriffen jedoch nicht, dass sie keine Stoßzähne wie ihr Onkel hatten, und sahen am Ende so aus, als hätten sie eine Schlammpackung bekommen, für die Schönheitssalons ein Vermögen berechnen.

Die gesamte Herde purzelte in völliger Hingabe herum und schleuderte Schlamm in prächtigen Bögen über ihre Leiber. Wieder und wieder nahmen sie Blickkontakt mit mir auf, als wollten sie mir sagen, wie glücklich sie waren. Sie hatten ganze 4500 Hektar, auf denen sie sich Schlammlöcher hätten aussuchen können, doch sie kamen zu dem Loch vor meinem Haus.

Ich zog meinen purpurfarbenen Morgenmantel eng um mich, tief bewegt von ihrer Freude und so dankbar dafür, dass sie diesen Augenblick mit mir teilten.

Nana setzte sich auf ihr massiges Hinterteil, den Rüssel hoch erhoben, und besprühte sich zur Gänze mit Schlamm. Ich bemerkte, dass ihre Zitzen immer noch voller Milch waren – ihr Sohn Lolo hatte eindeutig an diesem Morgen noch nicht gesaugt. Obwohl er vier Jahre alt war und schon eine Weile lang Grünfutter fraß, saugte er immer noch regelmäßig und würde es weiterhin tun, bis er sich entwöhnte oder bis Nana ihn wegstoßen würde. Aber in diesem Augenblick war Nahrung das Letzte, was er im Sinn hatte. Er jagte hinter Natal und Themba her und warf sich auf sie, sodass sie ein fröhliches Kuddelmuddel schlammbespritzter Elefanten bildeten.

Jedes Mal, wenn ich Ellie beim Spielen in einem Planschbecken zuschaute, staunte ich über die Ähnlichkeiten zwischen ihm und den Babys der Herde, und ich war so traurig, dass er keine Elefanten als Spielgefährten hatte. Gott sei Dank war Duma da, der als stets bereiter Elefantenfreund sich selbst übertraf und um Ellies Planschbecken herumrannte, sich an die Seiten klammerte und sich vor Aufregung die Seele aus dem Leib bellte.

Eines Morgens leerte Ellie seine Flasche nicht. Zuerst dachten wir, die Hitze hätte ihm den Appetit verdorben, aber von seiner nächsten Flasche trank er sogar noch weniger, und als er die dritte Flasche komplett zurückwies, riefen wir den Tierarzt.

»Seine Temperatur beträgt 38,4 Grad. Das ist hoch«, sagte er grimmig.

Elefanten haben eine ähnliche Körpertemperatur wie Menschen und wenn bei einem Kalb, das so verletzlich ist wie Ellie, die Temperatur in die Höhe schießt, ist es etwas Ernstes. Zu allem Überfluss war sein Blutproteinspiegel gefährlich niedrig.

Der Tierarzt legte einen Tropf an, um ihn zu füttern und ihm ausreichend Flüssigkeit zuzuführen. Zum Schutz vor der Sonne behielten wir Ellie im Haus. Duma spürte, dass sein Kamerad krank war, und bliebt dicht bei ihm, patrouillierte ununterbrochen um ihn herum, leckte ihm das Gesicht und versuchte, ihn durch Anstupsen dazu zu überreden aufzustehen. Doch Ellie reagierte kaum und zuckte nur lethargisch mit dem Rüssel, als Duma sein Lieblingsspielzeug, den Dino, vor ihn fallen ließ. Seine Augen verloren ihr Funkeln. Seine Temperatur stabilisierte sich nicht. Er wand sich vor Schmerzen.

Ich konnte nicht glauben, dass wir den Albtraum von Baby Thula erneut durchlebten mussten. Wie Thula hatte sich Ellie wirklich gut entwickelt und alle waren zuversichtlich gewesen, dass er über den Berg sei. Laut Tierarzt kämpfte Ellie gegen eine Infektion, aber er wusste nicht, was sie verursacht hatte. Diese kleinen Wesen sind so verletzlich. Wir strengen uns so sehr an, um sie zu retten, und dann werden sie aus heiterem Himmel krank und wir haben keine Ahnung, wie wir ihnen helfen können.

»Es könnte sein, dass er immer noch Infektionsherde im Körper hat, die wieder aufgeflammt sind«, spekulierte der Tierarzt. »Ich pumpe ihn mit Antibiotika und Nährstoffen voll.«

»Bitte sagen Sie, dass er wieder gesund wird«, bat Megan.

Er sah sie schweigend an.

»Konzentrieren wir uns einfach auf die Tatsache, dass er ein sehr viel stärkeres und gesünderes Kalb ist als bei seiner Ankunft«, sagte er dann nur mit ruhiger Stimme.

Am vierten Tag ging es Ellie immer noch nicht besser. Er hatte sich nicht einmal stabilisiert. Dennoch verloren wir die Hoffnung nicht. Er hatte einmal überlebt, er würde auch ein zweites Mal überleben. Megan war komplett von der Rolle, sie wollte ihn keine Minute allein lassen und streichelte ihm das Babygesicht.

»Du kannst nicht sterben, mein Ellie. Du hast noch so einiges im Leben vor dir. Du wirst ein prächtiger Bulle werden wie Mabula, mit deiner eigenen Herde.«

Er sah sie mit eingesunkenen Augen an.

Dann kam auch noch Durchfall hinzu. Der Tierarzt kämpfte darum, dass er nicht dehydrierte. Nichts half. Ellie konnte sich nicht ohne Schmerzen bewegen. Megan bedeckte ihn mit Decken und legte sich zu ihm auf die Matratze. Duma schlief an seinem Kopf.

Und als unser Ellie seinen letzten Atemzug tat, war er eingehüllt in die Liebe seiner Familie aus Mensch und Hund.

Er hatte so tapfer für seine Genesung gekämpft, aber die Infektion war zu stark, und er hatte sich sanft seinem Schicksal ergeben, nur ein paar Tage bevor er sechs Monate alt geworden wäre.

Alle waren untröstlich. Aber es gab hungrige Nashornmäuler zu stopfen und es blieb keine Zeit für Trauer. Die Pfleger machten weiter. Die Leere, die Ellie hinterließ, war unerträglich. Jedes Mal, wenn der Wasserschlauch angeschaltet wurde, erwarteten wir, dass er um die Ecke geschossen käme. Sein Planschbecken wurde weggepackt. Duma lag tagelang auf dem Bett seines grauen Freunds.

Ellie wurde an einem schwülen Sommertag mit seiner Lieblingsdecke, seinem grünen Dinosaurier und dem silberfarbenen Pilatesball, den er mit Duma geteilt hatte, zur letzten Ruhe gebettet. Wattewölkchen trieben an dem Tag am Himmel dahin und die Blätter flüsterten leise Lieder in der sanften Brise. Er liegt in Frieden in einem alten Flussbett, geschützt vor Geiern und Aasfressern, und sein Geist vermischt sich mit anderen tapferen Geistern, die auf Thula Thula begraben sind.

22 LIEBER EIN LEBENDIGES NASHORN OHNE HORN ALS EIN TOTES NASHORN OHNE HORN

»Siya an Basis. Hört ihr mich?«

»Roger. Was gibt's?«, erwiderte Christiaan, der Manager unseres Zeltcamps.

»Drohnensichtung über dem Mkhulu-Stausee.«

»Wie bitte? Behalt sie im Auge. Bin unterwegs. Over und aus.«

Christiaan schnappte sich sein Gewehr, rief Vusi, er solle ihn begleiten, und die beiden liefen schnell zum Geländewagen. Unterwegs riefen sie mich an.

»Françoise, da fliegt eine Drohne über dem Reservat.«

Ich erstarrte. Es gibt nur einen Grund, warum eine Drohne über Thula Thula hinwegfliegt, und der lautet: Ortung unserer Nashörner.

»Wissen wir, wo Thabo und Ntombi sind?«, fragte ich ruhig.

»Richard ist bei ihnen. Er ist bewaffnet und auf Probleme vorbereitet. Ich habe Unterstützung angefordert.«

»Gut. Und die Drohne?«

»Wir schießen das verdammte Ding ab!«

20 Minuten über ausgefahrene Feldwege später erreichten Christiaan und Vusi Siya auf dem Hügel, von dem aus man den Mkhulu-Stausee überblickt.

»Sie ist in dem Moment weggeflogen, als ich euch angefunkt habe«, berichtete Siya angespannt.

Frustriert hieb Christiaan mit der Faust auf das Fahrzeug ein. Er ist ein Buschmann durch und durch, er hat sogar den Beruf gewechselt und seine Pilotenuniform gegen Kleidung in Kaki eingetauscht. Er hat zudem ein gutes Gespür für Blödsinn, ein wesentlich besseres, als ich jemals haben werde, daher ist er beim Verhör von Wilderern eine große Bereicherung.

»Verdammt! Sie sind auf unserer Frequenz. Das ist nicht das erste Mal, dass so etwas passiert.«

Wir hatten schon seit längerer Zeit den Verdacht, dass jemand Zugriff auf unsere Funkfrequenz hatte, wahrscheinlich ein verärgerter Ex-Angestellte, aber die Frequenz im Busch regelmäßig zu verändern ist kompliziert, und ohne konkreten Beweis waren wir machtlos, etwas deswegen zu unternehmen.

Mir war schlecht vor Angst. In unser Reservat war nie zuvor etwas so Hochtechnisches eingedrungen wie eine Drohne. Die Wilderei wurde zunehmend besser finanziell ausgestattet und organisiert, sodass ich bezweifelte, ob ich Thabo und Ntombi je beschützen konnte.

»Wir verstärken besser eine Zeit lang die Bodentruppen«, sagte Christiaan.

Ich nickte betrübt. An jenem Nachmittag trafen zusätzliche Männer von dem privaten Sicherheitsunternehmen ein, das wir in Notfällen engagierten.

»Sie überprüfen vor Einbruch der Nacht den Grenzzaun«, berichtete Christiaan. »Dann schwärmen sie zusammen mit unseren eigenen Jungs im Reservat aus und suchen nach Anzeichen für Wilderer.«

Sie entdeckten nichts. Der Zaun war nicht zerstört worden. Es gab keine Überreste flüchtig weggepackter Zeltlager. Das war eine gute Nachricht, aber es bedeutete nicht, dass Thabo und Ntombi in Sicherheit waren. Die heutige Galgenfrist ist morgen die Gelegenheit zur Wilderei. Man darf einfach keine Sekunde nachlassen.

Zwei Tage später warf mir Christiaan eine Ausgabe des *Zululand Observer* auf den Schreibtisch: »Wilderer bei Schießerei verletzt«. Ich überflog den ersten Absatz. Drei Nashörner waren in einem benachbarten Reservat getötet worden.

»Die Polizei erhielt einen Hinweis, aber sie traf erst ein, als die Wilderer gerade verschwinden wollten«, sagte er. »Sie sind ihnen gefolgt und haben einen der Burschen erwischt. Die anderen sind entkommen.«

Die Polizei hatte den Isuzu-Truck auf der R 22 in Richtung Durban verfolgt. Ich verzog das Gesicht. Diese Straße war in schlimmem Zustand. Hinzu kam eine wilde Verfolgungsjagd von Wilderern, denen ihr eigenes Leben völlig schnuppe war, ganz zu schweigen von dem eines anderen. Das hätte in einem katastrophalen Unfall enden können, bei dem womöglich unschuldige Menschen ums Leben gekommen wären.

Ich las weiter.

Die Polizei hatte auf den Truck geschossen, einen Reifen getroffen, woraufhin das Fahrzeug von der Straße abgekommen und in einen Graben gefahren war. Ein Mann flüchtete zu Fuß, der andere wurde angeschossen und festgenommen. Auf der Rückbank des Trucks fand man eine 9-mm-Pistole und ein .303-Jagdgewehr ohne Seriennummer, dazu Munition und zwei blutige Äxte.

»Und die Hörner?«, fragte ich stirnrunzelnd.

»Die Polizei glaubt, sie waren in einem zweiten Wagen.«

»Das ist nah dran, Christiaan … Viel zu nah dran.«

»Muss dieselbe Truppe gewesen sein, die die Drohne geschickt hat. Lies weiter. Es wird schlimmer. Einem der Nashörner, das sie getötet haben, waren von einigen Monaten die Hörner entfernt worden.«

Entgeistert starrte ich ihn an. Ein Horn braucht drei Jahre, um zu voller Größe zu wachsen. Das Nashorn war für kaum mehr als einen Stummel getötet worden.

»Sie haben ihr Leben für so gut wie nichts riskiert«, sagte ich.

»Sie müssen geglaubt haben, es sei die Sache wert.«

Wir mussten unser Entsetzen über diesen Angriff erst einmal verdauen.

»Ich rufe Mike Toft an. Wir werden Thabo und Ntombi die Hörner entfernen«, sagte ich.

So schnell traf ich eine der härtesten Entscheidungen meines Lebens. Welche Wahl blieb mir schon? Da draußen herrschte Krieg, und ich wusste nicht, was ich sonst hätte tun können. Das Horn eines Nashorns ist Mutter Natur in all ihrer Pracht und wenn ich mir unsere Nashörner ansehe, so sehe ich Urgeschichte, Macht und Würde. Wilderer sehen nur Dollars.

Ich hatte so große Hoffnungen in die Giftinfusion gesetzt, aber sie hatte sich als Fehlschlag erwiesen. Ich bin froh, dass ich es ausprobiert habe, aber ich musste weitermachen, akzeptieren, dass es nicht funktioniert hatte, und eine sicherere Lösung für Thabo und Ntombi finden.

In unserer Welt sind nur noch 25 500 Nashörner übrig und sie werden gerade ausgerottet. Nashörner haben keine natürlichen Feinde außer dem Menschen, und abgesehen vom Einsatz ihrer Hörner zu territorialen Scharmützeln unter sich selbst oder zum Schutz ihres Nachwuchses können sie zum Glück ohne sie leben.

Breitmaulnashörner haben ein kleines Horn und ein zweites, sehr langes, mit dem sie Schlamm für ihre Suhlen aufwühlen. Sie graben, machen Schlamm, legen sich hinein, graben weiter, wälzen sich herum. Wenn der Schlamm austrocknet, wühlen sie ihn etwas mehr auf. Das Horn ist also nützlich, aber nicht lebensnotwendig.

Spitzmaulnashörner haben zwei lange Hörner, mit denen sie ebenfalls Schlamm aufwühlen, und ich habe unsere beiden Tierwaisen Nandi und Storm dabei beobachtet, wie sie einen Zweig zwischen ihre Hörner gesteckt, ihn stark verdreht und dann abgebrochen haben, um an die Blätter zu kommen. Auch für sie sind ihre Hörner nützlich, aber nicht lebensnotwendig.

Mit einem dumpfen Gefühl im Magen rief ich Mike Toft an.

»Du tust das Richtige, Françoise«, versicherte er mir. »In den letzten Monaten habe ich über 200 Nashörnern die Hörner entfernt. Es ist die einzige Möglichkeit, damit sie sicher sind.«

»Aber hast du gehört, was diese Woche passiert ist? Einem der gewilderten Nashörner waren vor nicht langer Zeit die Hörner entfernt worden.«

»Ich habe die Schlagzeilen gesehen. Das Merkwürdige ist, dass das Reservat mit mir eine Vereinbarung getroffen hatte, den anderen beiden im nächsten Monat die Hörner zu entfernen.«

Ich brauchte einen Moment, um zwei und zwei zusammenzuzählen. »Du meinst, die Wilderer hatten Insiderinformationen?«

»Wer weiß, Françoise? Wer weiß?«

Wir alle arbeiten hart daran, unsere Nashörner zu schützen, aber der Zugriff auf Informationen über sie ist unmöglich zu kontrollieren. In einem Wildtierreservat könnte jeder, von der Haushälterin bis zum Ranger, die Quelle eines Lecks sein, und außerhalb des Reservats könnte jeder vom Beamten bis zum Regierungsoffiziellen von Wilderern »überredet« werden. Die Informationskette hinsichtlich der Nashörner hat mehr Löcher als ein Sieb.

»Klar, das Entfernen der Hörner ist keine Sicherheitsgarantie«, fuhr Mike fort. »Aber es ist besser, als Thabo und Ntombi mit ein paar Millionen Rand im Gesicht herumlaufen zu lassen. Wenn wir ihnen die Hörner entfernen, wissen wir, dass sie am folgenden Tag leben. Andernfalls ist das Risiko hoch, dass sie es nicht mehr tun.«

»Wie schnell kannst du es machen?«

»Der ganze Papierkram kostet mich ein paar Wochen. Was ist mit Ende Juli?«

Ich schrieb »Thabo und Ntombi« in meinen Terminkalender und war außerstande zu ergänzen: »Entfernung ihrer Hörner«.

»Brauchst du sonst noch etwas von uns?«, fragte ich.

»Einige deiner Leute, falls die Tiere nicht richtig fallen, sobald ich sie betäubt habe. Ich brauche ihre Muskelkraft, um sie in die richtige Position zu wälzen.« Er hielt inne. »Und du heuerst am besten zusätzliche Sicherheitskräfte für die Hörner an.«

Ich legte auf und große Traurigkeit überkam mich. Jetzt gab es kein Zurück mehr.

Das Entfernen der Hörner ist ein streng überwachter Vorgang und wird sehr ernst genommen. Die Wildtierbehörde muss informiert werden, eine Erlaubnis muss erteilt werden und ein Aufseher der regierungsamtlichen Stelle Ezemvelo muss dabei sein. Das Horn wird gewogen, gekennzeichnet, mit einem Mikrochip versehen und jedes Stück davon, selbst der kleinste Span, wird eingesammelt. Ich organisierte sofort den Transport der Hörner unter strengsten Sicherheitsvorkehrungen. Ich wollte keine Hörner im Wert von zehn Millionen Rand länger als nötig auf Thula Thula haben. Der beste Ort für sie war ein Hochsicherheitstresor weit weg von uns.

Zwei Wochen flogen vorüber und der Schicksalstag kam. Winterliche Kälte lag in der Luft und eisige Wolkenfetzen hingen am Himmel. Thabo und Ntombi waren die ganze Zeit über rund um die Uhr bewacht worden.

»Sie sind auf der Landepiste«, berichtete Richard, einer ihrer bewaffneten Wächter.

Landepiste ist eine übertriebene Bezeichnung für einen schmalen Streifen flaches, grasiges Buschland. Perfekt zum Landen für kleine Flugzeuge – und zum Betäuben von Nashörnern. Das bedeutete für uns, dass wir sie vom Boden aus sedieren konnten. Eine Betäubung vom Hubschrauber aus ist extrem stressig, nicht nur für die zu betäubenden Tiere, sondern auch für jedes andere Tier in der Nähe des schrecklichen Getöses, das die Rotorblätter erzeugen.

Ich war bei allem, was mit Thabo und Ntombi gemacht wurde, immer dabei gewesen, aber diesmal fiel es mir am schwersten. Ich konnte immer noch nicht fassen, dass es so weit gekommen war.

Wir fuhren in einer staubigen Prozession von Geländewagen zur Landepiste. Ntombi sah auf, aber Thabo graste weiter, ihm war der Lärm der herannahenden Fahrzeuge total egal. Immer noch so vertrauensvoll. Ich hatte dasselbe schreckliche Gefühl von Verrat wie damals, als ich sie der Horninfusion unterziehen musste, aber das hier war schlimmer, weitaus schlimmer. Sie standen davor, genau den Teil ihrer selbst zu verlieren, der sie zu Nashörnern machte. Wenn ich Mike hier und jetzt hätte aufhalten können, ich hätte es getan.

Er drückte sich das Betäubungsgewehr gegen die Schulter und feuerte rasch hintereinander zwei Pfeile ab. Innerhalb weniger Minuten begannen Thabo und Ntombi zu taumeln. Vusi, Christiaan, Promise, Siya und Andrew sprangen aus den Geländewagen und rannten zu ihnen, um sie sicher zu Boden zu bringen. Ich saß totenstill da und hasste jede Minute, die ich zusehen musste.

»Sie liegen«, rief Vusi.

»Sieht gut aus, Jungs«, sagte Mike. »Ich komme näher ran.«

Er stoppte sein Fahrzeug unmittelbar neben Thabo und er und seine Assistentin sprangen hinaus und legten sofort los. Thabos und Ntombis Augen wurden abgedeckt, die Ohren verstopft, der Herzschlag wurde überwacht.

»Jenny, du übernimmst Ntombi. Martin, du bleibst bei Thabo. Sechs Atemzüge pro Minute. Wenn es weniger werden, sagt ihr Bescheid.«

Ihre Zuversicht linderte meine Qual. Mike legte sich eine Maske übers Gesicht, streifte sich Ohrschützer und Handschuhe über und schaltete dann eine leuchtend orangefarbene Kettensäge ein. Vom Kreischen der Maschine bekam ich eine Gänsehaut. Das Sägeblatt bohrte sich in Thabos Horn. Ich weiß, dass es nicht schmerzt, aber es sieht so aus, als täte es das. Das Blatt schnitt immer tiefer, weiße Hornspäne flogen überall herum. Eine schwarze Plane fing jeden Span auf, der herabfiel. Nichts durfte zurückgelassen werden. Das Material ist so wertvoll, dass Räuber allein wegen der Späne kämen.

Die Kettensäge schwieg. Thabos Horn lag auf dem Boden.

Ich biss die Zähne zusammen und schluckte meine Tränen hinunter. Mike fing meinen Blick auf und nickte mitfühlend. Er wusste, wie schwer das für mich war. Auch einer unserer Anti-Wilderer-Männer wischte sich die Augen, am Boden zerstört über die Verstümmelung der Nashörner, die er so lange Zeit beschützt hatte.

Mike entfernte die letzten Reste von Horn mit einer kleineren Kettensäge und schließlich mit einem Trennschleifer. Rücken und Seiten kürzen, lautete seine Beschreibung. Es war eine neue Technik, die er entwickelte, um so wenig wie möglich zu hinterlassen. Die alte Methode ließ bis zu einem Kilo Horn zurück – zu viel, zu riskant.

Mike trug die Ausrüstung zu Ntombi hinüber, während seine Assistentin die Basis von Thabos Horn mit purpurfarbener Jodtinktur einrieb, um sie zu sterilisieren, und fügte dann ein spezielles Öl hinzu, damit der Stumpf keine Risse bekam. Ich nahm all meinen Mut zusammen, trat näher heran und sah Mike zu, wie er Ntombi operierte. Der Lärm war ohrenbetäubend und ich war schockiert, wie schnell das Horn abgeschnitten war – obwohl ich es hätte besser wissen müssen. Horn ist lediglich Keratin. Es sieht steinhart aus, ist jedoch nicht härter als ein Baumstamm.

Die Hörner wurden in eine Supermarktkiste gelegt und auf den Rücksitz eines Geländewagens gestellt. Mike injizierte den

Tieren das Gegenmittel und wenige Minuten später trabten zwei erschöpfte Nashörner die Landepiste hinab, trotz der Entfernung ihrer Hörner in guter Verfassung.

Fünf Geländewagen, zehn Männer und eine Hundestaffel erwarteten uns an der Lodge. Die Männer standen neben ihren Fahrzeugen, wachsam, mit grimmigen Gesichter, bis an die Zähne bewaffnet und in voller Tarnuniform mit kugelsicheren Westen. Sie wussten um die Risiken. Ich gab meine Supermarktkiste an Larry Erasmus weiter, den Leiter der Firma, und sie waren weg, die Hörner sicher geschützt in einem gepanzerten Geländefahrzeug mitten in ihrem Konvoi in militärischem Stil.

Die Übergabe dauerte keine drei Minuten, aber mehr brauchte es nicht für mich, um zu begreifen, wie schwach unsere eigenen Wachen waren. Zum ersten Mal sah ich, wie echte Security aussah, und ich wollte sie für Thula Thula. Die Männer von Security 4-U waren hartgesottene Profis, für die Schutz ein Geschäft war. Meine Wächter waren im Vergleich dazu Amateure. Kein Wunder, dass unsere Funkgeräte jeden Tag wie wild Sichtungen von gewilderten Tieren meldeten. Kein Wunder, dass ich nicht in der Lage gewesen war, unsere Tiere zu schützen, selbst mit 23 hauptamtlichen Wächtern.

Es hört sich vielleicht wie ein großes Team an, aber wenn man Jahresurlaub, Feiertage, Krankschreibungen und Schichtpausen abzieht und die Unvorhersagbarkeit beim Managen einer Gruppe von Möchtegern-Rambos einkalkuliert, die keiner Frau Bericht erstatten wollen – nicht einmal indirekt –, reichte das für die Sicherheit unserer Tiere nicht aus. Es war an der Zeit für eine Aufrüstung.

Binnen sechs Wochen erreichten Larry Erasmus und ich eine Übereinkunft, dass Security 4-U in Thula Thula die Sicherheit übernehmen sollte. Ich behielt nur eine kleine Anti-Wilderer-Einheit von vier Wächtern im Haus, die direkt Christiaan zu berichten hatten, um Thabos und Ntombis Rund-um-die-Uhr-Überwachung sicherzustellen. Alles andere hinsichtlich der Sicherheit lag in Larrys Verantwortung. Dadurch wurde mir eine gewaltige Last von den Schultern genommen und ich bedauerte einzig und allein, dass ich das nicht schon früher getan hatte.

Die nächste Herausforderung bestand darin, unsere Wächter über die Veränderung zu informieren. Doch ein weiterer Manager hatte in der Zwischenzeit gekündigt, also war es meine Aufgabe, mit ihnen zu sprechen. Ich hatte nie direkten Kontakt zu ihnen gehabt, daher wussten sie, dass etwas im Busch war. Für das Treffen stellten wir außerhalb des Hauptbürogebäudes Stühle auf.

Ich stand vor ihnen und versuchte, meine Nervosität zu verbergen. Sie lümmelten sich auf ihren Stühlen, die Hemden nicht zugeknöpft, die Stiefel nicht zugeschnürt, und stocherten mit Zweigen in ihren Zähnen herum. Welch ein Kontrast zu den sieben Männern von Security 4-U, die hinter mir standen.

»Sanibonani«, begrüßte ich sie auf Zulu.

»Sawubona«, murmelte jemand zur Antwort.

Der größte Teil von ihnen sprach kein Englisch – ein weiterer Nachteil –, aber Vusi konnte für mich übersetzen.

»Ich möchte heute mit euch über die Veränderungen sprechen, die bald erfolgen werden«, sagte ich.

Die Anspannung stieg. Ich holte tief Luft.

»Es ist nun vier Jahre her, seit Lawrence gestorben ist, und mir ist klar geworden, dass ich die Sicherheit nicht alleine managen kann. Ich verstehe nicht genug davon, um für euch und für die Tiere, die ihr beschützt, das Beste zu tun. Mein Plan ist, sämtliche Angelegenheiten der Sicherheit an eine Firma zu übergeben, die weiß, was sie tut.«

Ich warf einen Blick zurück auf Larry und seinen Geschäftspartner.

»Mr Erasmus und Mr Mathabela sind seit rund 20 Jahren im Sicherheitsgeschäft und sie sind besser gerüstet als ich, um euch zu trainieren und euch Waffen und Wissen zum Schutz unserer Wildtiere zur Verfügung zu stellen.«

Die Männer rutschten auf ihren Stühlen herum und flüsterten untereinander. Ich wusste zwar nicht, was sie sagten, aber sie waren nicht glücklich. Einige der Männer waren seit langer Zeit bei uns und ich versuchte, sie dahingehend zu beruhigen, dass sie nicht gefeuert würden.

»Solange ihr den Standards entsprecht, wird euch Security 4-U beschäftigen.«

»Wir sind gut ohne sie zurechtgekommen«, rief jemand aus dem Hintergrund.

»Es könnte aber besser sein«, sagte ich ruhig. »Wir verlieren zu viele Tiere an Wilderer, und das muss aufhören. Aber das bekomme ich nicht allein hin, insbesondere jetzt nicht, wo euer Boss gegangen ist.«

»Sie sind unser Boss«, fauchte ein Mann in der zweiten Reihe.

»Das geht nicht. Ich verstehe etwas von Marketing, Gastfreundschaft und Finanzen, aber ich verstehe nichts von Sicherheit. Dabei brauche ich Hilfe. Seht mich doch an, ich kann nicht einmal auf Zulu mit euch reden.«

Ich nickte Vusi zu.

»Und ich kann Vusi nicht jedes Mal bitten, dabei zu sein, wenn wir miteinander reden wollen. So lässt es sich nicht richtig zusammenarbeiten. Ihr seid 23 Leute und vielen von euch begegne ich heute zum ersten Mal. Für euch ist es besser, wenn ihr einen Boss habt, der euch kennt, mit dem ihr in eurer eigenen Sprache reden könnt und der euch unterstützen und das nötige Training geben kann.«

»Sind unsere Jobs sicher?«, fragte Njabulo, einer der wenigen Wächter, die ich kannte.

»Mr Erasmus und Mr Mathabela haben mir zugesichert, dass sie jeden übernehmen, der ihren Kriterien entspricht.«

Es folgte viel Kopfschütteln und Gebrummel. Unsere Wächter mussten beim Anblick von Larrys und Musas Männern begriffen haben, dass die Tage, da sie niemandem Rechenschaft ablegen mussten, vorbei waren. Ich gab nicht auf und versuchte weiter, sie zu überzeugen, dass es so das Beste für alle war.

»Wir haben ein Wildtierreservat, das dem Artenschutz gewidmet ist, und unsere Sicherheit zu professionalisieren wird dabei helfen, dass unsere Tiere weiterhin in Sicherheit sind. Denkt bitte über alles nach, was ich gesagt habe, und dann treffen wir uns in ein paar Tagen wieder, um jede Frage zu besprechen, die ihr vielleicht habt«, sagte ich.

Das zweite Treffen war genauso mit Ärger und Anspannung behaftet. Was ich auch sagte, sie sahen die Notwendigkeit einer Veränderung nicht ein. Die Übergabe an Security 4-U war für Ende August geplant, also berief ich ein letztes Treffen mit den Wächtern ein, um zu sehen, ob ich sie von den Veränderungen überzeugen konnte, die gut für alle wären – sie eingeschlossen.

Wir trafen uns vor der Werkstatt, wobei Vusi erneut als Übersetzer fungierte. Ich hatte die halbe Nacht mit der Vorbereitung meiner Ansprache verbracht und einen Brief vorbereitet, in dem ich umriss, was geschehen würde, und in dem schriftlich bestätigt wurde, dass sie sich alle für eine Stelle bei Security 4-U bewerben konnten. Naiv, wie ich war, war ich diesmal nicht besorgt, weil ich immer noch glaubte, dass sie den Wert dessen einsehen würden, was ich tat. Larry und seine Männer standen hinter mir, wie sie es bei jedem Treffen getan hatten. Ich fasste zusammen, was ich in den vorherigen Treffen gesagt hatte.

»Vergesst bitte nicht, die Idee ist, dass ihr jetzt für Security 4-U arbeiten sollt«, betonte ich. »Wenn wir heute fertig sind, wird Mr Erasmus dafür sorgen, dass die Bewerbungsgespräche so rasch wie möglich angesetzt werden können.«

Ich blickte in versteinerte Mienen. Ich fühlte mich total hilflos und war frustriert, weil sie mich nicht ernst nahmen. Sie waren schlichtweg nicht daran interessiert, einer blonden Französin zuzuhören, die ihrer Meinung nach bloß versuchte, sie loszuwerden.

Meine Hunde sind immer bei mir, wohin ich auch gehe, und sie liefen herum wie gewöhnlich. Gypsy trottete die vordere Reihe von Männern entlang und blieb stehen, um an ein Paar Stiefeln zu schnüffeln. Der Mann trat sie! Sie jaulte vor Schmerz auf und huschte mit eingezogenem Schwanz hinter mich. Wie vor den Kopf geschlagen starrte ich den Mann an. Er funkelte zurück, Wut im Blick. Larry und Musas Männer legten die Hände auf ihre Waffen und scharten sich um mich. Die Stimmung wurde angespannter. Knisternde Feindseligkeit lag in der Luft. Ohne Larry und seine Männer hinter mir weiß ich nicht, was geschehen wäre. Nicht alle waren gegen mich, aber wir waren nur eine Haaresbreite davon entfernt, dass die Dinge hässlich wurden. Ich schluckte heftig.

»Du bist hier angestellt, um Tiere zu beschützen, und so behandelst du einen schutzlosen Hund?« Meine Stimme war fest, aber innerlich war ich ein Nervenbündel. »Du hast deine wahre Einstellung gezeigt. Für dich ist kein Platz auf Thula Thula. Ich übergebe die anderen hiermit an ihren neuen Boss.«

Nicht nur weil Gypsy einen Tritt abbekommen hatte, war ich so am Boden zerstört. Es war die Gewalttätigkeit, die ich in den Augen dieses Mannes gesehen hatte. Niemand hatte mich je mit einem derartigen Hass angesehen. Ich wusste, dass nicht alle Männer wie er waren, weil ein paar sehr schockiert gewirkt hatten, aber es war für mich ein Wendepunkt. Das Beste, was ich für Thula Thula tun konnte, war, alles in puncto Sicherheit den Profis zu überlassen.

Die Übernahme zeigte sofort Wirkung.

Viele der Männer bewarben sich um Jobs bei Security 4-U und jeder musste einen strengen Bewerbungsprozess absolvieren, von der Abnahme der Fingerabdrücke über Lügendetektortests und der Überprüfung ihrer Qualifikationen bis hin zum Umgang mit Gewehren und einem polizeilichen Führungszeugnis. Dadurch erfuhr ich zu meinem Entsetzen, dass sieben meiner Wächter vorbestraft waren und nicht mit Waffen umgehen durften.

Eine Bombe nach der anderen platzte. Denn als ich unsere Waffenscheine genauer unter die Lupe nahm, entdeckte ich, dass sie entweder gefälscht oder abgelaufen waren. Also war es für einige der Wächter nicht bloß illegal, Waffen zu benutzen, sondern viele der Waffen selbst waren illegal. Es war ein Albtraum! Insbesondere für mich, weil ich alles hasste, was mit Waffen zu tun hatte.

In den Anfangstagen von Thula Thula war Lawrence besorgt wegen der Sicherheit gewesen und hatte entschieden, dass ich eine eigene Waffe brauchte.

»Lolo, ich möchte keine«, protestierte ich.

»Die Kriminalitätsrate steigt und wir leben mitten im Nirgendwo. Du brauchst eine«, beharrte er.

Widerstrebend ging ich zu einem Freund, um Schießübungen zu absolvieren und meinen Waffenschein zu machen. Ich glaube, der Mann, der mich unterrichtete, hatte mehr Angst als wir, insbesondere an dem Tag, an dem wir eine massige Bazooka-ähnliche Waffe handhaben sollten, die Hunderte von Kugeln pro Minute ausspuckt.

»Wir möchten nicht mit solchen Gewehren schießen«, widersprach ich, kaum imstande, das verdammte Ding anzuheben.

»Wenn Sie Ihren Schein haben möchten, müssen Sie es.«

Ich weiß nicht, wie wir es hinbekommen haben, aber uns wurde der Waffenschein gewährt, und ich wurde offiziell bewaffnet und gefährlich – und war ganz und gar nicht glücklich darüber.

Die Waffe, die Lawrence mir gegeben hatte, war ein kleines Ding, das in meine Handtasche passen sollte. Sie war ein Ärgernis. Wenn ich mein Handy herausholen wollte, erwischte ich oft stattdessen sie, und sie fühlte sich an, als würde sie eine Tonne wiegen.

Ich vergaß alles, was ich auf dem Schießstand gelernt hatte, und konnte mich nicht mal daran erinnern, wie sie zu laden oder zu entladen war, aber Lawrence liebte sie und steckte sie sich oft in die Tasche, wenn er hinaus ins Reservat fuhr. Ich weiß nicht, was er glaubte, mit einer so kleinen Waffe erschießen zu können, aber er nahm sie trotzdem mit. Wenn er sie nicht bei sich trug, drängte er mich, sie mitzunehmen.

»Das ist lächerlich. Niemand will mir etwas antun«, sagte ich.

»Man weiß ja nie«, warnte er mich.

»Unsinn«, schnaubte ich. »Behalt sie. Ich will sie nicht.«

Eines Morgens fuhren wir zum Durban Airport, um einen Flug nach Johannesburg zu nehmen, wo wir als Ehrengäste an einem Event teilnehmen sollten und Lawrence einen Preis für die Rettung der Zootiere von Bagdad erhalten sollte. Inzwischen war ich durch und durch ein Mädchen aus dem Busch, aber ich liebte nach wie vor den gelegentlichen Seitensprung in die Stadt und war für meinen Ausflug in die funkelnde südafrikanische Hauptstadt wie ein Weihnachtsbaum gekleidet.

Lawrences Handgepäck ging durch die Röntgenröhre, und weil ich es auf das Förderband gelegt hatte, bat der Sicherheitsmann mich, es zu öffnen.

Drinnen lag meine Waffe. Entsetzt wandte ich mich an Lawrence. Seine Augen weiteten sich vor Überraschung.

»Ach, du Scheiße! Ich habe vergessen, sie vor unserer Abfahrt im Safe einzuschließen.«

»Ich brauche Unterstützung! Sofort!«, rief der Sicherheitsmann in seinen Sprechfunk.

»Das wird nicht nötig sein.« Ich lachte und griff nach der Waffe.

»Treten Sie von der Tasche weg!«, schrie er.

Lawrence riss mich weg. »Tu, was er sagt.«

»Was hast du dir bloß dabei gedacht?«, brummte ich ihm zu.

Zwei bewaffnete Flughafenpolizisten rannten zu uns und eskortierten uns weg.

»Wir dürfen unseren Flug nicht versäumen«, bettelte ich.

»Ihr Flug ist heute die letzte Ihrer Sorgen.«

Ich verbiss mir eine schnippische Erwiderung und lächelte ruhig.

»Wessen Tasche ist das?«, brüllte er.

»Meine«, erwiderte Lawrence. »Aber es ist ehrlich ein Irrtum. Ich wollte die Waffe nicht mitnehmen.«

Der Polizist schob ihm über den Tisch ein Formular zu. »Ausfüllen.«

Ich sah auf meine Uhr.

»Wäre es überhaupt möglich, dass wir auf einen anderen Flug kommen?«, fragte ich.

Der Mann ignorierte mich.

»Waffenschein?«, fragten sie Lawrence.

»Habe ich nicht. Sie gehört mir nicht. Sie gehört ihr«, erwiderte er.

Der Polizist wandte sich mir zu, als ob er mich zum ersten Mal bemerken würde.

»Es ist seine Waffe. Ich benutze sie nie.« Ich lächelte.

Sie wandten sich wieder Lawrence zu. »Auf wessen Namen ist sie ausgestellt?«

Er sagte erst nichts. Ich sah ihm an, dass er versucht war zu lügen, aber inzwischen war mir klar, dass wir in Schwierigkeiten steckten, und ich wollte es nicht noch schlimmer machen, wo wir doch einen Flug erwischen mussten und uns eine Party bevorstand. Wir mussten den Papierkram so schnell wie möglich hinter uns bringen.

»Sie gehört mir, aber er benutzt sie. Ich habe wirklich nichts für Waffen übrig«, sagte ich.

»Wo ist der Waffenschein?«

»Zu Hause. Wir wollten die Waffe ja nicht mitnehmen.«

Einer von ihnen stand auf. »Sie sind verhaftet.«

»Können wir bitte einen Anwalt anrufen?«, fragte Lawrence höflich.

»Natürlich.« Sie zuckten die Achseln.

Lawrence rief einen Anwalt für Strafrecht an. Von einem Moment auf den anderen war ich kein Ehrengast mehr, sondern ein Häftling. Der Anwalt wies mich an, nichts mehr zu sagen, wenn ich befragt wurde.

Das kam überhaupt nicht gut an.

»Kein Kommentar«, wiederholte ich dennoch stoisch.

Sie sahen mich an, nickten einander zu, und dann zuckte einer von ihnen mit der Hand zu Lawrence hin.

»Sie können Ihren Flug nehmen«, dann richtete er einen Finger auf mich, »aber die behalten wir hier.«

»Ich glaube, ich bleibe lieber«, sagte er rasch.

Sie brachten mich in ein Polizeiauto und schlossen mich in einer Arrestzelle ein, nachdem sie mir vorsichtshalber mein Halstuch abgenommen hatten. In dieser schmutzigen kleinen Zelle hätte ich viel Fantasie gebraucht, um eine Möglichkeit zu finden, Selbstmord zu begehen. Keine Haken an der Decke, nicht einmal Stäbe am Fenster.

»Könnte ich bitte ein Glas Wasser haben?«, fragte ich.

Sie lachten mich aus. Es war Freitag und ich war ihnen so etwas von egal. Allmählich bekam ich richtig Angst. Je näher das Ende des Tages rückte, desto höher wurde das Risiko, für die Nacht eingesperrt zu bleiben. Drei lange Stunden später traf mein Anwalt ein, ein riesiger kahler Bursche, der eher wie ein Mafioso aussah.

»Sagen Sie nichts«, wies er mich an. »Überlassen Sie mir das Reden.«

Das hat mir bisher nicht allzu viel eingebracht, war ich versucht zu sagen, hielt mich aber zurück.

Zehn Minuten später kehrte er mit der Nachricht zurück, dass ich das Wochenende im Gefängnis verbringen würde. Ich geriet in Panik, weinte, bettelte die Polizei an, mich gehen zu lassen. Ein Gefängnisaufenthalt war nicht das, was ich mir als Wochenendvergnügen vorgestellt hatte.

Der Anwalt ging und Lawrence gab sich alle Mühe, den Stationsleiter davon zu überzeugen, mich gehen zu lassen. Ich bettelte ebenfalls, entschuldigte mich immer und immer wieder. Und es tat mir ja auch wirklich leid. Lawrence ebenso. Wirklich leid.

Die Beamten mussten Mitleid mit mir bekommen haben oder sie hatten vielleicht verstanden, was passiert war, und hatten Mitleid mit Lawrence, weil sie mich gehen ließen, als der Papierkram erledigt war. Einfach so. Nach der ganzen rüpelhaften Einschüchterungstaktik ließen sie mich ohne ein weiteres Wort gehen. Wir brachten es sogar fertig, den letzten Flug nach Johannesburg an diesem Abend zu kriegen.

Wenige Wochen später erschien ich vor Gericht, angeklagt des Terrorismus. Außerdem hatte ich eine geladene Waffe nicht gesichert. Inzwischen hatten wir einen neuen Anwalt und ich kam mit einer richterlichen Verwarnung davon. Zudem musste Lawrence versprechen, nie wieder das Thema Waffen anzusprechen.

Vor dem Hintergrund dieses Ereignisses vor all den Jahren am Flughafen und nachdem ich mich einer solchen Feindseligkeit seitens meiner Wächter gegenübersah und herausgefunden hatte, dass die meisten unserer Waffen illegal waren, wollte ich nie mehr etwas mit Waffen oder Sicherheit zu tun haben.

Zum ersten Mal seit Lawrences Tod hatte ich das Gefühl, dass sämtliche Feuer gelöscht waren und ich mich endlich ausschließlich unserer Herde, Thabo und Ntombi, der Waisenstation und der Pflege von Lawrences Erbe widmen konnte.

23 DAS FLUSSPFERD, DAS WASSERSCHEU WAR

Als in Lawrence und mir der Wunsch erwuchs, ein Pflegezentrum für Wildtiere auf Thula Thula zu errichten, geschah dies, weil die Wilderei ein wachsendes Problem war und wir helfen wollten. Aber nichts bereitete mich auf die erschütternde Ankunft eines Tierwaisen nach dem anderen vor.

Charlie war ein krankes kleines Flusspferdkalb, das allein in der Nähe des Mzingazi-Sees bei der Richards Bay aufgefunden worden war, etwa 50 Kilometer von Thula Thula entfernt.

»Ich habe eine Abkürzung am Fußweg neben dem See benutzt, weil ich zur Klinik in Mandlazini wollte, da hörte ich, wie etwas durch das Schilf auf mich zurannte«, erzählte Ngema, ein Einheimischer. »Ich dachte erst, ich würde überfallen, und traute meinen Augen kaum, als ich ein Flusspferdbaby sah.«

Jeder weiß, dass sich niemand zwischen eine Flusspferdmutter und ihr Baby stellen sollte, also sah sich Ngema verzweifelt nach einer Fluchtroute um und wollte schon in Windeseile den nächsten Baum hinaufklettern. Doch schon hatte das kleine Flusspferd ihn erreicht und rieb die Nase an seinem Bein.

»Vielleicht hielt es mich für seine Mutter, weil es mir wie ein Entenküken folgte. Wie hätte ich es zurücklassen können? Ich hatte keine Ahnung, was ich tun sollte, aber ich hatte die Notrufnummer des Tierhüters für dieses Gebiet auf meinem Handy gespeichert und mir war klar: Er würde schon wissen, was zu tun war.«

»Kaum eine halbe Stunde später war ich vor Ort. Zum Glück hat er mich erreicht, denn das Kalb hätte sonst die Nacht wohl nicht überlebt«, berichtete Frans, der Wildtier-Ranger.

Die Männer suchten überall nach der Mutter, stets auf der Hut, dass sie sich aus dem Busch unmittelbar auf sie stürzen könnte, aber es waren weder ein Flusspferd noch Flusspferdspuren zu finden. Sie dehnten ihre Suche auf die andere Seite des Sees aus. Sie nahmen sogar Kontakt zu angrenzenden Liegenschaften auf. Niemand hatte sie gesehen. Die Sonne sank am Horizont von Zululand und die beiden Männer überlegten, was sie nun mit dem Kalb anstellen sollten.

»Der See ist ein Risikogebiet für Fleischwilderei«, sagte Frans. »Unmöglich könnten wir das kleine Ding allein zurücklassen. Wir parkten also unseren Geländewagen in der Nähe, um ein Auge auf das Tier zu halten. Aber glauben Sie mir, wir hatten ganz schön Angst. Wenn seine Mutter uns in seiner Nähe gesehen hatte, würde sie uns rammen und den ganzen verdammten Wagen in den See schieben. Aber verflixt noch mal, inzwischen hatte uns das Baby adoptiert und wir fühlten uns für das Kleine verantwortlich.«

»Und er hat sich in das Kleine verliebt«, grinste Ngema.

Ein Team von Rangern traf ein, um die Wache zu übernehmen, aber Frans und Ngema widerstrebte es ebenso, das Flusspferdkalb zu verlassen, wie es diesem widerstrebte, sie gehen zu lassen. Es klebte förmlich an ihren Beinen und quietschte voller Panik, wenn es sie nicht sehen konnte. Doch die Ranger bestanden darauf, dass sie übernehmen wollten.

»Wir sind bewaffnet, ihr nicht. Es ist sicherer, wenn wir bei ihm bleiben.«

Ein Südwestwind heulte durch die Nacht und das Kalb schob sich zum Schutz zwischen die Räder des Geländefahrzeugs. Es war so bitterkalt, dass die Ranger Sorge hatten, ob das Kalb es schaffte. Beim ersten Tageslicht gaben sie per Funk ihre Entscheidung durch.

»Keine Spur von der Mutter. Wir bringen es rein. Over und out.«

Seine Mutter wurde nie gefunden, trotz einer ausgedehnten Suche nach ihr.

»Flusspferdmütter verstecken ihre Neugeborenen anfangs, um sie davor zu bewahren, von territorialen Männchen getötet zu werden, aber sie bleiben eigentlich immer in der Nähe und sind ausgezeichnete Mütter«, sagte Frans stirnrunzelnd. »In all meinen Jahren beim Wildtierschutz ist mir noch nie zuvor ein verlassenes Flusspferdkalb untergekommen.«

Wenige Stunden später traf Charlie in unserer Waisenstation ein. Er hasste es, von seinen Rettern getrennt zu werden, und versuchte, sich vor uns unsichtbar zu machen, indem er uns seinen Rücken und Hintern zukehrte: *Ich sehe euch nicht, also seht ihr mich auch nicht.*

Ein stellvertretender Tierarzt von Richards Bay untersuchte ihn, und mir sank das Herz in die Hose, als ich die Diagnose hörte: offener Urachus. Ich wusste zwar nicht, was das genau war, aber es hörte sich wie ein Todesurteil an. Der Kleine war so pummelig, dass es schwerfiel zu glauben, wie krank er war.

»Ihm tröpfelt Urin aus dem Nabel und er muss vielleicht operiert werden, aber wenn er Glück hat, ist es bloß ein Entwicklungsproblem, das sich auswachsen wird.«

Das fasste ich mal als gute Nachricht auf. Wenn Tiere so klein und verletzlich sind, klammert man sich eben an jeden Strohhalm.

»Das größte Risiko für ihn ist eine Nabelinfektion. Der Bereich ist direkt mit seinem Blutkreislauf verbunden, also würde sich jede Infektion rasch ausbreiten, und er wäre zu schwach, um sie abzuwehren«, erklärte der Tierarzt. »Hoffen wir, dass die Antibiotika ihren Teil erledigen und die Natur den Rest.«

Charlie erhielt eine Spezialnahrung, die so nahe wie möglich an das herankam, was er von seiner Mutter erhalten würde – eine Mischung aus Vollmilch, Eidotter, Mineralstoffen und Vitaminen.

Als er zum ersten Mal seine Flasche bekam, leckte er am Sauger, fand jedoch nicht heraus, wie er die Milch herausbekommen konnte, und quietschte frustriert. Halb knabberte er, halb schlürfte er an dem Sauger, begriff aber einfach nicht, dass er saugen musste. Seine Pflegerin streifte sich einen sterilen Handschuh über, bespritzte die Finger mit Milch und steckte sie ihm ins Maul. Er saugte hungrig. Sie zeigte aufgeregt mit den Daumen nach oben.

»Sein Saugreflex ist schwach, aber es ist ein Anfang«, grinste sie.

»Versuchen Sie es weiter«, drängte der Tierarzt.

Wieder tränkte sie ihre Finger mit Milch, schob den Sauger dazwischen und steckte dieses kleine Bündel Charlie ins Maul. Eine Stunde mühevollen Kampfs später hatte er seine erste Flasche geleert. Drei Stunden später wollte er aber die zweite Flasche nicht nehmen. Axel hatte Dienst. Er setzte sich geduldig neben Charlie und tröpfelte ihm warme Milch ins Maul, bis er herausbekam, dass er die Zunge um den Sauger schlingen, die Lippen schließen und dann saugen musste. Er knurrte zufrieden und trank die Flasche bis zur Neige.

Charlie war schreckhaft und sehr scheu, hatte jedoch schließlich verinnerlicht, dass Streicheleinheiten und Milch auf dem Programm standen, und er fasste allmählich Vertrauen in sein neues Heim. Zwei Wochen mit Nahrung, Liebe und Medikamenten später war Charlie über den Berg. Sein Nabel schloss sich ohne chirurgischen Eingriff und bald fraß er fast ebenso viel wie Ithuba und wurde rasch der Clown der Waisenstation.

Er war rund und glatt und sah wie ein stämmiges Michelin-Baby aus. Es war erstaunlich, wie rasch er seine Stummelbeine bewegen und mit weit geöffnetem Maul dahinjagen konnte, immer auf der Suche nach etwas oder jemandem, worauf er herumkauen konnte. Er konnte sein Maul zu doppelter Kopfgröße aufreißen und erforschte damit sein Terrain, seinen Raum, seine Spielzeuge und seine Menschen. Seine Bisse mit dem Gaumen schmerzten nicht, aber als seine Zähne durchbrachen, wurde sein Maul zu einer Waffe. Nicht umsonst sind Flusspferde Afrikas gefährlichste Geschöpfe und für mehr menschliche Todesfälle verantwortlich als jedes andere große Tier. Sah man sich unser unbeholfenes kleines Flusspferd an, so fiel die Vorstellung schwer, dass es jemals so todbringend sein würde.

Die Pfleger hatten gerade eine kleine Verschnaufpause, als uns ein Hilferuf erreichte, dass ein neugeborenes Breitmaulnashorn gesichtet worden war, das zu klein war, um gesäugt zu werden. Seine Mutter hatte *in utero* nicht genügend Nährstoffe zur Verfügung stellen können und das kleine Ding war bei der Geburt so winzig, dass es die Zitzen seiner Mutter nicht erreichen konnte. Es würde sterben, wenn wir uns nicht einmischten.

Das Team griff sich seine Notfallausrüstung und raste mehr als 220 Kilometer über schlechte Straßen, um es zu holen. Auf dem Rückweg legten sie an einer Tankstelle einen Zwischenhalt ein und sahen nach ihm. Das Kleine rang nach Luft und der Puls war gefährlich tief abgesunken.

»Das gefällt mir überhaupt nicht«, murmelte der Tierarzt. »Wie lange noch bis zur Waisenstation?«

»Eine gute Stunde.«

»Das wird es nicht überleben. Ich lege ihm sofort einen neuen Tropf an.«

Es gab keine Zeit zu verschwenden. Die Ladefläche des Geländewagens wurde zu einer improvisierten Notaufnahme umfunktioniert, um dem Kalb lebensrettende Nährstoffe und Flüssigkeiten zu verabreichen. Was das Team nicht wusste, war, dass Mitglieder der königlichen Zulufamilie Zeugen ihrer verzweifelten Versuche wurden, dem Nashorn das Leben zu retten. Als sie zusammenpackten und losfahren wollten, trat ein Bodyguard im schwarzen Anzug an sie heran. Er hörte sich ihre Erklärung an und gab die Information an die königliche Gesellschaft weiter. Fünf Minuten später kehrte er zurück.

»Königin Zwelithini möchte gern das Kalb segnen«, verkündete er mit gravitätischer Miene.

Und so kam es, dass ein krankes kleines Nashorn einen königlichen Segen erhielt und von der Königin der Zulus auf den Namen Makhosi getauft wurde. Unsere kleine Nashorn-Prinzessin traf kurz nach Sonnenuntergang in der Waisenstation ein und wurde im selben Neugeborenenzimmer untergebracht wie Charlie, getrennt nur von einem Gitter. Beide waren keine Woche alt, unsere weitaus jüngsten Tierwaisen, und Makhosi war in einem so erbärmlichen Zustand, dass wir hofften, dass die Nähe eines weiteren warmen Körpers sie aufmuntern würde. Charlie hatte noch nie zuvor in seinem Leben ein Nashorn gesehen und starrte das merkwürdige Wesen, das in den Raum neben ihn tapste, durch das Gitter an.

Um drei Uhr morgens war Makhosi nahe am Zusammenbruch, aber zu verängstigt, um zu schlafen, und der arme Charlie hatte auch kein Auge zugetan, also entschloss sich das Team, das Gitter zwischen den beiden abzubauen.

Erstaunlicherweise stampfte Makhosi sofort zu Charlie. Er schwang zum Gruß den Kopf hin und her und streckte ihr die Schnauze entgegen. Sie beschnüffelten einander geräuschvoll. Makhosi senkte den Kopf und Charlie öffnete sein Maul und knabberte sanft an ihren Ohren. Sie stand still da, als würde sie gestreichelt. Charlie beruhigte sie und sorgte dafür, dass sie sich sicher fühlte.

Die Pfleger legten Makhosis Matratze neben Charlies, aber sie wollten keine getrennten Betten! Sie kletterte auf seine Matratze, kuschelte sich an ihn und schlief rasch ein. Eine zärtliche Bindung entwickelte sich zwischen unserem verängstigten kleinen

Nashorn und unserem einsamen Flusspferd. Sie trösteten einander, gingen überall zusammen hin, kuschelten sich aneinander, wenn es kalt war, und wenn einer erwachte und nach Futter schrie, verlangte der andere ebenfalls eine Flasche.

Wir können so viel von der süßen Akzeptanz lernen, die Tiere verschiedener Arten füreinander entwickeln. Hier waren zwei Tierwaisenkinder, die nie zuvor so etwas wie den anderen gesehen hatten, aber es spielte für sie keine Rolle. Sie freuten sich riesig, Zimmergenossen zu sein, und halfen einander, sich an eine einschüchternde und unvertraute Umgebung zu gewöhnen.

Makhosi war die Schwächere der beiden. Sie hatte nicht vom Kolostrum der Mutter profitiert, der über alles wichtigen ersten Milch, und hatte einen schlechten Start mit einer schmerzhaften Kolik gehabt, aber das Zusammensein mit Charlie beschwichtigte sie und erleichterte es ihren Pflegern sehr, sie zu füttern und ihre Bauchkrämpfe zu behandeln. Sie war ein winziger Knirps, aber mit der Entschlossenheit eines voll ausgewachsenen Nashorns, und sie lernte sehr schnell, blaue Flecken auszuteilen, wenn sie nicht schnell genug gefüttert wurde.

Zu diesem Zeitpunkt waren Thando, Gugu und Impi zwischen zehn und zwölf Monate alt und damit groß und kräftig genug, dass der viel ältere Ithuba endlich zu ihnen gelassen werden konnte. Also kein neidisches Beobachten mehr durch den Zaun. Und was waren sie doch für eine Bande glücklicher Halbstarker! Ithuba war gern der Größte und die anderen ließen ihn fröhlich den großen Bruder in ihrer neu formierten Nashornherde sein.

Ihr Gehege lag gleich neben dem von Charlie und Makhosi, und die kleine Makhosi stand jeden Tag am Zaun, der die beiden *Bomas* trennte, und drückte die Nase zwischen die Stäbe, um mit der Nashornbande auf der anderen Seite zu »plaudern«. Charlie vergötterte Makhosi, aber er trat nie neben sie, wenn sie mit ihren Freunden nebenan anbandelte. Es war, als würden seine Nashorn-Nachbarn nicht existieren.

Vielleicht hielt er Makhosi für ein Flusspferd, wie er eines war. Wer weiß?

Charlies Zähne brachen allmählich durch. Sein Zahnfleisch schwoll an, wurde wund und er verlor seinen Appetit, kaute auf allem in Reichweite herum und bedeckte seine Matratze, Menschen und Makhosi mit Speichel. Seine Adoptivschwester Makhosi ignorierte seinen knurrigen Zustand, tröstete ihn mit sanften Stößen und hielt im Schlaf ihre Schnauze gegen seine gedrückt, während sie gemeinsam schnarchten.

Sobald seine Schneidezähne voll ausgewachsen waren, wurde aus dem zahnlosen Flusspferdbaby ein junges Kalb mit einem vollen Set perfekter Milchzähne. Es war, als ob er wüsste, dass er auf sie stolz sein musste, weil er mit weit geöffnetem Maul herumrannte und sie jedem präsentierte. Wie sehr wünschte ich mir, wir könnten ihm beibringen, das Maul geschlossen zu halten. Flusspferde sind zwar nicht ganz so gefährdet wie Elefanten, aber der Tag wird kommen, denn Elfenbeinjäger beginnen sich zunehmend auf ihre Zähne zu konzentrieren, weil sie kleiner und damit leichter zu verstecken sind als Elefantenstoßzähne. In dieser verrückten Welt ist kein elfenbeintragendes Tier mehr sicher, und eines Tages wird unser junges Flusspferd ebenfalls gefährdet sein.

Ich mache mir unentwegt Sorgen wegen der Gefahr durch Wilderer für unsere Tiere und ich bin stets dankbar um die Tiere, die wir bisher haben retten können. Es gibt keine größere Belohnung, als neue Tierwaisenkinder spielen zu sehen und zu wissen, dass sie glücklich sind.

Unsere neun Tierwaisen haben – und hatten – sehr eigene Persönlichkeiten und Marotten, aber eine Sache, die sie alle gemeinsam hatten, war die Liebe zum Wasser. Ellie war fröhlich in seinem Planschbecken herumgetollt und die Nashornkälber genossen ihre Schlammbäder. Charlie war unter dem Rasensprenger in seinem Element und immer der Erste, der hinausrannte, wenn es regnete. Daher freute ich mich sehr darauf, ihn als richtiges kleines Flusspferd im Wasser zu sehen. Würde er immer noch in der Wildnis leben, hätte er viel mehr Zeit unter Wasser als an Land verbracht, also war es wichtig, ihn zum Schwimmen zu bewegen. Sobald sein Nabel abgeheilt war, bekam er daher von uns ein großes grünes Planschbecken, das tief genug für ihn war, sodass er teilweise untertauchen konnte.

Charlie beobachtete, wie Axel es mit Wasser füllte. Er war neugierig, aber wachsam. Wir nahmen an, dass der Lärm, mit dem es aufgepustet worden war, ihn verschreckt hatte. Makhosi war sehr angetan, rannte hin und tauchte ihr Maul hinein, um zu trinken. Charlie sah, was sie tat, aber er folgte ihr nicht.

»Er wird morgen reingehen«, sagte Mireille, eine deutsche Tierfotografin, die als Freiwillige in der Waisenstation arbeitete.

Am folgenden Tag verbrachten Makhosi und Charlie den gesamten Nachmittag damit, einander zu jagen und mit einem dicken Seil zu spielen, das in ihrer *Boma* von einem Baum herabhing. Makhosi jagte dem Seil mit einem großen Behagen für ein so winziges Wesen nach, und Charlie kaute am Knoten und versuchte, es herunterzureißen. Das konnten sie stundenlang tun. Makhosi stieß mit dem Kopf gegen das Seil, bis es schwang, und Charlie versuchte es mit seinem gewaltigen Maul zu fangen.

Sie ignorierten das neue Planschbecken völlig.

»Er ist ein Flusspferd, verdammt! Warum will er denn nicht schwimmen?«, brummelte Axel.

»Vielleicht weiß er nicht, was er tun soll«, scherzte Sandy, eine junge amerikanische Freiwillige.

Das war für Axel Ansporn genug. Er sprang ins Becken und schlug in bester Flusspferde-haben-hier-Spaß-Manier um sich.

Halb funktionierte es. Charlie trabte herüber, um sich die Sache näher anzusehen, aber er hatte bloß Augen für seinen Lieblingsmenschen und schnüffelte nicht mal am Wasser.

»Vielleicht ist es ihm zu tief?«, schlug Mireille vor.

Das Wasser wurde abgelassen, bis bloß noch der Boden des Beckens bedeckt war.

Doch Charlie wollte immer noch nicht hineingehen. Ein Sprinkler wurde aufgestellt, sodass Wasser von oben in das Becken prasselte, in der Hoffnung, dass er dazu animiert werden konnte, dem Wasserfluss zu folgen. Er jagte zwar unter der Gischt herum und versuchte, die Tropfen mit dem Maul aufzufangen, und stolperte dabei vor Aufregung über seine eigenen Füße – aber er mied das Becken.

»Wie in aller Welt soll er als erwachsenes Tier ohne Wasser überleben?«, sorgte ich mich.

»Er ist erst sechs Wochen alt, also ist es noch früh«, beschwichtigte der Tierarzt.

»Was ist, wenn er nie ins Wasser will?«

»Natürlich wird er hineinwollen. Vielleicht mag er einfach die Farbe Grün nicht«, sagte Sandy achselzuckend.

Es war einen Versuch wert. Ellies altes Planschbecken wurde aus dem Lager geholt, geflickt und aufgeblasen.

»Bitte schön, Charlie. Ein blaues Planschbecken mit Disneyfiguren drauf.«

Keine Chance. Charlie bevorzugte eindeutig sein Seilspielzeug und das neckische Beißen in Makhosis Hintern gegenüber dem Planschbecken. Wir riefen mehrere Tierreservate an und fragten um Rat, aber niemandem war ein Flusspferd begegnet, das wasserscheu war. Wir überlegten, ob er vielleicht Angst hatte, weil er in der Nähe eines Sees verlassen worden war. Was auch immer der Grund war, wir mussten ihm helfen, seine Angst zu überwinden, da er als erwachsenes Tier ohne Wasser nicht überleben würde.

»Wenigstens mag er Regen und den Sprinkler«, sagte der Tierarzt. »Lassen Sie ihm Zeit.«

Aus heiterem Himmel verlor unser kleiner Clown den Appetit und seine Pfleger schlugen sogleich Alarm.

»Er hat zwei Flaschen ausgelassen«, berichtete Sandy.

Ich werde mich nie daran gewöhnen, wie schnell diese Babys krank werden, und wir haben gelernt, unverzüglich medizinische Hilfe zu holen, wie hoch die Kosten auch sein mögen. Der Tierarzt eilte an einem Feiertagswochenende zu uns.

»Seine Temperatur ist hoch, seine Brust verstopft und sein Atem geht pfeifend«, berichtete er.

Die Diagnose: bakterielle Lungenentzündung. Charlie bekam eine Intensivkur mit Antibiotika. Makhosi war verwirrt, dass er nicht mit ihr spielen wollte, und rannte im Kreis um ihn herum, um ihn zu animieren, sie zu jagen. Er sah ihr lustlos zu und hob nicht einmal den Kopf. Man kann so einiges über ein Tier aus der Art und Weise schließen, wie es mit denjenigen interagiert, die es liebt, und die Tatsache, dass ihm nicht einmal Makhosi eine Reaktion entlocken konnte, war besorgniserregend.

Ellies Tod vor ein paar Monaten war noch immer sehr frisch und wir waren alle extrem angespannt.

Am dritten Tag der Antibiotikagabe schien Charlie sich etwas besser zu fühlen. Er hatte zwar immer noch Fieber, aber er trank wenigstens etwas – nicht viel, aber eine halbe Flasche war besser als nichts. Axel öffnete die Tür zu seiner *Boma* und drängte ihn zu einem Spaziergang.

»Komm schon, junger Herr. Makhosi erwartet dich.«

Charlie schlich hinter Axel her, den Kopf gesenkt, und er wirkte regelrecht deprimiert. Makhosi und Duma sprangen wie aufgeregte Ziegen um ihn herum, als sie ihren Freund sahen. Charlie öffnete sein Maul zu einem halbherzigen Gruß, dann trollte er sich zu Ellies Planschbecken hinüber – und ging schnurstracks hinein!

»Ich traute meinen Augen nicht«, erzählte Axel. »Zwar war der größte Teil des Wassers bereits verdunstet, aber es war genug übrig, dass es seine Füße bedeckte.«

Charlie stand für gut zehn Minuten im Planschbecken. Er legte sich nicht hin und rührte sich nicht großartig, aber immerhin war er im Becken. Es war eine solche Überraschung. War es, weil er immer noch Fieber hatte? War er ins Wasser gegangen, um sich abzukühlen? Hatten Primärinstinkte, wie er seine Körpertemperatur senken konnte, seine Furcht überlagert? Es spielte keine Rolle. Charlie, das Flusspferd, stand im Wasser. Axel stellte sofort den Schlauch an, besprühte ihn sanft und Charlie schüttelte entzückt den Kopf und schnaubte glücklich.

Binnen einer Woche war er wieder der Alte, schlang Unmengen in sich hinein und legte das Gewicht wieder zu, das er verloren hatte. Wir versuchten ihn in ein größeres Planschbecken zu locken, aber er wollte nur Ellies altes blaues Becken. Schließlich nahm er all seinen Mut zusammen und legte sich hinein, aber nur, wenn das Wasser sehr flach war. Selbst als er seinem Planschbecken entwachsen war und den Kopf über den Rand hängen lassen musste, damit er hineinpasste, weigerte er sich, zu einem luxuriöseren Planschbecken zu wechseln. Charlie war vollkommen zufrieden damit, in seinem winzigen bisschen Wasser zu schwelgen.

Makhosi war es zu verdanken, dass er den nächsten Schritt tat. Sie wälzte sich mal wieder in ihrer Schlammsuhle und Charlie musste begriffen haben, dass sie Spaß hatte und dass Schlamm nicht gefährlich war, weil er eines Morgens – ohne zu zögern – zu ihr hineinging.

Das war eher das Verhalten eines Nashorns als das eines Flusspferds, aber egal, es war ein weiterer Mini-Meilenstein. Jetzt mussten wir ihn nur noch dazu bringen, Gefallen daran zu finden, tiefer unterzutauchen. Das größere grüne Planschbecken wurde wieder herausgeholt und mit ein paar Zentimetern Wasser gefüllt – nur einen Bruchteil mehr als in seinem blauem Becken, aber ein ziemliches Stück breiter. Doch Charlie war nicht interessiert.

Ein sengend heißer Tag brachte die Wendung. Charlie schien zu dem Schluss zu kommen, dass er sich beim Herumplanschen im grünen Becken mehr abkühlen könnte als in Makhosis Schlammsuhle oder seinem kleinen blauen Becken. Die Natur ist erstaunlich. Irgendwo in seinen Anlagen schalteten sich seine Instinkte ein und er wusste, dass es an einem so heißen Tag besser war, mehr von seinem Körpers unter Wasser zu bringen. Seine Pfleger hängten wiederholt den Wasserschlauch in das grüne Becken und füllten noch mehr Wasser nach.

Charlie liebte es. Aus dem Flusspferd, das wasserscheu gewesen war, war endlich ein richtiges kleines Flusspferd geworden.

24 LIEBE IM BUSCH

Ich beurteile Menschen oder Tiere nie nach ihrem äußeren Erscheinungsbild, sondern schaue ihnen lieber in die Augen, um zu sehen, wer sie sind. Auf diese Weise hatte auch Lawrence verstanden, dass Nana Thula Thula als ihr neues Zuhause akzeptiert hatte.

»Ich habe es in ihren Augen gesehen«, sagte er zu mir.

»Aber gestern war sie noch so wütend.« Ich runzelte die Stirn.

»Heute ist sie anders.« Er starrte hinaus in den Busch und sammelte seine Gedanken. »Sie hat mich angeschaut, Françoise. Wirklich mich angeschaut und etwas ist zwischen uns geschehen. Ich bin mir jetzt ganz sicher, dass unser Mädchen keinen Fluchtversuch mehr unternehmen wird.«

Natürlich konnte Nana nicht verstehen, was Lawrence sagte, als er ihr immer wieder erklärte, dass sie und ihre Herde bei uns in Sicherheit waren, aber ich glaube, sie nahm die Sanftheit in seiner Stimme wahr und erkannte in seinen Augen, dass er nicht gefährlich war.

Wer braucht schon Worte, wenn die Augen das Reden übernehmen können?

Nehmen Sie Frankie und mich: Ein Blick von ihr, und ich weiß, dass ich sie verärgert habe. Seit unserem Zusammenstoß mit dem Quad vor all diesen Jahren ist sie sauer auf mich – als ob sie mir immer noch übel nähme, dass ich ihr eine solche Angst eingejagt hatte. Sie hat eine Art wie eine Schulleiterin, mich finster anzuschauen, sodass ich mir wünsche, ich könnte mich unsichtbar machen.

Eines Morgens sorgten meine Hunde für einen heftigen Zusammenstoß zwischen ihr und mir. Die Herde war am Zaun und ich war im Garten und beobachtete sie. Jeff, Gin und Gypsy lagen mir zu Füßen. Sie wussten sich zu benehmen, wenn unsere Elefanten zu Besuch waren, also machte ich mir niemals Sorgen, dass sie etwas Dummes anstellen könnten.

Der sogenannte Zaun besteht eigentlich nur aus ein paar Reihen elektrischer Drähte, die Lawrence um das Grundstück des Haupthauses gezogen hat. Er ist ein paar Meter hoch und weist genügend Spannung auf, dass er eine heftige Botschaft an die Elefanten aussendet: *Zutritt verboten*! Hunde und Menschen können jedoch darunter hindurchschlüpfen, ohne das Risiko eines Stromschlags einzugehen.

Frankie und Gobisa standen etwas entfernt vom Rest der Herde, die Rüssel ineinander verschränkt und die Stirn aneinandergelegt, als wollten sie Geheimnisse austauschen. Ich sehe sie gern beieinanderstehen. Leitkuh zu sein ist eine einsame Tätigkeit und ich freue mich für sie, dass sie Gobisa als Gefährten hat. Er ist ihr dermaßen ergeben, dass er sogar die Busch-Etikette missachtet, die diktiert, dass er Platz macht, wenn andere Bullen in die Musth kommen, sodass die Begattung stattfinden kann. Nicht Gobisa. Es kommt regelmäßig zu Scharmützeln mit den testosterongeladenen jungen Bullen, wenn sie zu nahe an sie herankommen, aber Gobisa hält die Stellung und schiebt sie weg.

Zwei Kälber tollten neben den beiden Turteltauben umher und jagten einander zwischen den anderen Elefanten, die hoch wie Säulen neben ihnen aufragten. In einem von beiden erkannte ich Tonic, Nanas Enkel. Er war am selben Tag geboren worden, als ein Python Tonic getötet hatte, meinen Affen jagenden Jack Russell, und um die Erinnerung an ihn zu bewahren, benannte ich das neue Kalb nach ihm.

Als die Babys Nana erreichten, kam Tonic schlitternd zum Stehen und schlüpfte für ein morgendliches Saugen unter sie. Sie ließ ihn sich satt trinken, während sie mit dem Rüssel sein

Gesicht streichelte. Er war der Erstgeborene ihrer Tochter Induna, aber da Induna zu jung gewesen war, um ihre eigene Milch zu produzieren, hatte Nana bereitwillig ausgeholfen. Zum Glück für Tonic stillte seine Großmutter immer noch ihren eigenen Sohn und hatte daher genügend Milch zum Teilen.

Die Art und Weise, wie unsere Elefanten einander helfen, inspiriert mich, und ich habe über die Jahre so viel von ihnen gelernt. Sie leben auf eine harmonische, natürliche Weise mit endlosem Respekt und Liebe zueinander zusammen, nach einfachen Regeln, wobei das eigene Ego zum Besten aller zweitrangig ist. Ja, die Bullen tragen hin und wieder Machtkämpfe aus, aber das hat nichts mit dem Ringen um persönlichen Gewinn zu tun, durch das so viele Regierungen zerfallen. Wie sehr wünschte ich mir, dass unser Planet von Elefanten beherrscht würde! Politik gäbe es nicht und er wäre ein so viel sichererer und glücklicherer Ort.

Der kleine Tonic war immer noch dabei zu saugen, als ich sah, wie Siya und Khaya auf der anderen Seite der Herde auf einem Feldweg heranfuhren, der parallel zu meinem Garten verläuft. Sie winkten und stellten ihren Motor aus, um sich zusammen mit mir an den Elefanten zu erfreuen. Die Hunde erkannten den Geländewagen, sprangen aufgeregt auf und ab und kläfften übermütig.

»Es sind bloß Siya und Khaya«, wollte ich sie beschwichtigen.

Doch Gin ist sehr eigenwillig, und schon schoss er über den Rasen, duckte sich unter dem elektrischen Zaun hindurch und jagte wie ein Minigeschoss durch die Herde.

»Gin, bei Fuß!«

Er ignorierte mich total, war auf Siya und Khaya fixiert und hatte keinen Sinn für irgendwelche Gefahren. Frankie sah das dahinjagende, fast fliegende Fellknäuel und trompetete entrüstet. Ich hielt mir die Hände an den Kopf und schrie Gin an, er solle zurückkommen. Frankie jagte ihm nach und wurde dabei immer schneller. Siya sprang aus dem Geländewagen, konnte jedoch nichts tun, ohne sein Leben zu riskieren.

Jeff tigerte hin und her, denn er spürte, dass Gin in Schwierigkeiten steckte. Die beiden verbindet eine Hassliebe und ich packte ihn vorsichtshalber am Halsband, falls er sich entschloss, ausgerechnet heute Gin genügend zu mögen, um einen Rettungsversuch zu starten.

»Gin, nein!«, rief Siya und versuchte, ihn mit Gesten fernzuhalten.

Frankie war einen Meter von Gin entfernt. Ein Tritt, und er würde zerquetscht. Erst in diesem Augenblick bemerkte er den grauen Berg, der immer dichter herankam. Er jaulte vor Entsetzen auf, wirbelte auf seinen Hinterpfoten herum und floh unter den Drähten zurück, wobei er kaum den Boden berührte. Frankie stürmte ihm nach, blieb nur knapp vor dem Zaun stehen und durchbohrte mich mit einem wütenden Blitzen der Augen.

»Tut mir leid«, sagte ich hilflos.

Sie schoss mir einen »Du solltest es besser wissen«-Blick über die Schulter zu und stolzierte zu Gobisa zurück. Ich drückte Gin an mich und er leckte mir übers Gesicht, ebenso froh wie ich darüber, dass er entkommen war.

»Wie soll ich denn je wieder gut bei ihr angeschrieben sein?«, brummelte ich.

Kurze Zeit später reiste ich mit einigen Freundinnen nach Durban zu einer Spendenaktion. Sie endete um sechs Uhr abends und wir waren ausgehungert, hatten aber nirgends einen Tisch reserviert, also schlug jemand vor, zum Abendessen in ein nahe gelegenes Pub zu gehen.

»Ohne mich«, lachte ich. »Da ist es viel zu laut für ein Buschmädchen. Wir können uns da drin nicht unterhalten! Ich habe viele von euch seit Ewigkeiten nicht mehr gesehen. Gehen wir doch stattdessen nach Hause und ich mache schnell etwas für uns zu essen.«

»Wer geht denn zum Reden in ein Pub?« Michelle grinste.

»Komm schon, Frankie«, drängte eine andere Freundin. »Es wird dir guttun, wenn du siehst, wie der Rest der Welt lebt, wenn er nicht arbeitet.«

Widerstrebend gab ich nach und verzog theatralisch das Gesicht bei der Musik, die aus den Lautsprechern über der Tür zum Pub plärrte. Michelle hakte sich bei mir unter und zog mich hinein. Ein silberhaariger Mann saß an der Bar, den Rücken uns zugekehrt, und drehte sich um, als wir herantraten.

»Hallo.« Er lächelte.

Ich sah in die freundlichsten Augen, fühlte mich ein wenig geschmeichelt und überlegte, ob wir uns zuvor schon einmal begegnet waren. Vielleicht war er Gast in Thula Thula gewesen. Meine Freundinnen gingen davon aus, dass ich ihn kannte, und scharten sich um uns. Jemand bestellte eine Flasche Alto Rouge, dazu fünf Gläser. Südafrika ist ein solches Dorf. Die Menschen schließen leicht Freundschaften und haben eine natürliche Art, mit jedem zu plaudern, den sie treffen. Der totale Gegensatz zu den reservierten Parisern.

»Ich bin Clément«, sagte der Mann.

»Dein Name klingt französisch«, sagte Michelle.

»So etwas in der Art, vermutlich. Ich bin Mauritier, wurde jedoch hier geboren.« Er sah mich an. »Du bist eindeutig Französin.«

»*C'est vrai.* Ich lebe schon seit einer Ewigkeit hier und werde immer noch meinen Akzent nicht los.«

»Und glaub mir, es wird schlimmer, je länger sie hier lebt«, neckte mich Michelle.

Er lebte und arbeitete in Durban. Obwohl er von Thula Thula gehört hatte, gestand er doch verlegen ein, dass er den *Elefantenflüsterer* nicht gelesen hatte.

»Ich schicke dir ein Exemplar«, versprach ich.

Eine Stunde später warf ich einen Blick auf die Uhr und überlegte, ob mir meine Freundinnen wohl erlauben würden zu flüchten.

»Geht dir der Krach hier auch so auf die Nerven?«, fragte Clément. »Ich passe auf das Haus meiner Schwester gleich hier um die Ecke auf. Warum koche ich nicht ein mauritisches Curry für uns alle?«

Ich war heilfroh, aus dem Pub rauszukommen. Wir alle begaben uns in unsere Autos und folgten Clément zu einem ruhigen, ganz in Weiß gehaltenen Strandhaus. Wir ließen uns auf der Veranda nieder und lauschten den Wellen, die auf die Felsen schlugen, während uns bei dem Duft nach Knoblauch, Kreuzkümmel und Chili, der von der Küche herübertrieb, das Wasser im Mund zusammenlief.

Clément und ich saßen beim Essen nebeneinander und plauderten über Gott und die Welt. Er sagte mir, wo ich den besten Flusskrebs in Durban bekommen könnte, und ich verriet ihm ein Geheimrezept für eine narrensichere *Crème brûlée*. Ich erfuhr, dass er ebenfalls aus einer großen Familie stammte und vier Schwestern, einen Bruder und drei Enkel hatte.

Es wehte kein Windhauch und um Mitternacht sahen wir, wie der Mond über den Horizont stieg und das Meer in einen glitzernden bernsteingelben Teich verwandelte. Wir redeten so lange miteinander, dass uns die anderen schließlich uns selbst überließen und nach Hause fuhren. Ich bemerkte es nicht einmal. Als ich nach Hause fuhr, hatte ich das Gefühl, ihn seit Jahren zu kennen. Eine Woche später gingen wir richtig miteinander aus. Er traf mit Rosen und diesen sanften Augen ein, und bevor ich wusste, wie mir geschah, hatte ich mich verliebt.

Welche Überraschung! Ich glaubte, ich hätte es so gut hinbekommen, mein Herz zu verschließen. Niemals hätte ich gedacht, dass ich mich noch einmal verlieben könnte. Nach dem Verlust von Lawrence hatte ich mich in die Arbeit gestürzt. Anfangs geschah es, um meinen Kummer zu begraben, aber dann wurde es einfach zu einer schlechten Angewohnheit. Es gab immer so viel zu tun, dass ich kaum genügend Zeit für mich selbst hatte, ganz zu schweigen für ein neues »Wir«.

Mit Clément fand ich das Gleichgewicht in meinem Leben wieder. Wir beide lieben das Kochen, den Busch, den Ozean und daheim zu sein. Er versteht, wie wichtig mir Thula Thulas menschliche und tierische Familien sind, selbst wenn sie sich von ihm fernhalten.

Als meine Mutter 92 wurde, flogen Clément und ich nach Frankreich, damit sie sich kennenlernen konnten. Meine Eltern waren 67 Jahre verheiratet und lebten ein sehr normales Leben, wie auch meine Brüder und meine Schwester. Alle haben sie einen Doktortitel, stabile Familien und ein gesundes Leben. Ich bin das schwarze Schaf – bin in andere Länder gegangen, habe eine gute Karriere zugunsten des Lebens in Afrika aufgegeben und bin nicht einmal heimgekehrt, als ich mit Mitte 50 Witwe wurde.

Ich war nervös, weil meine Mutter eine sehr traditionelle französische Matriarchin war. Respekt und Höflichkeit waren ihr wichtig und sie gehörte einer Generation an, die Wert auf Zurückhaltung legte. Sie zeigte selten ihre Gefühle, ganz bestimmt nicht jemandem gegenüber, den sie kaum kannte.

Clément ist das totale Gegenteil. Er ist ebenso locker und freundlich, wie sie reserviert und formell ist. Seine Wurzeln sind mauritisch, aber er wurde in Südafrika geboren, und er spricht Französisch in einem zufälligen Mischmasch – zum Teil Französisch, zum Teil Englisch. Obwohl niemand in meiner Familie ein Wort Englisch spricht, wusste ich zumindest, dass er sich halbwegs mit ihnen verständigen konnte.

»Maman, das ist Clément«, sagte ich. »Clément, meine Mutter.«

Er küsste ihr die Hand. *»Enchanté.«*

Sie war bezaubert.

»Françoise m'a beaucoup parlé de toi«, sagte er. Françoise hat mir viel von dir erzählt.

Ich erstarrte. Er hatte die vertrauliche Anredeform benutzt – *toi* –, wie es alle Mauritier tun.

Sie war etwas weniger bezaubert.

Ohne sich seines Fauxpas bewusst zu sein, plauderte er weiter, fragte sie nach ihrer Sammlung antiker Teelöffel, verschlang genüsslich und mit viel Tamtam eine zweite Portion ihrer *Tarte Tatin* und bat sie mehrfach um das Rezept.

Danach taute sie ein wenig auf und am folgenden Tag noch wesentlich mehr, weil sie die meiste Zeit des Nachmittags mit Kochen verbrachte und ich wusste, dass sie es für ihn tat. Wie ich bekochte sie gern Menschen, die sie liebte. Und als sie ihn bat, ihr beim Zwiebelschneiden zu helfen, wusste ich, dass wir ihren Segen hatten.

In der kurzen Zeit entwickelte sich eine solche echte Wärme zwischen ihnen, dass sie uns beide, als wir abfuhren, mit einer selten offen gezeigten Zuneigung umarmte. Sechs Wochen später verstarb sie friedlich im Schlaf und ich frage mich oft, ob sie sich frei gefühlt hatte zu gehen, weil sie wusste, dass ich nicht mehr allein war.

Kurz vor ihrem Tod hatte ich mich auf einen Besuch von Susanne Simonsen und ihrer Schwester gefreut. Während der letzten beiden Jahre hatten wir darüber gesprochen, etwas zu Ehren ihres verstorbenen Schwiegervaters Jorgen zu tun, dessen Entdeckung von Thula Thula drei Generationen ihrer Familie in den Busch geführt und ihnen allen eine tiefe Hingabe für den Schutz der Wildtiere eingepflanzt hatte. Wir fassten den Entschluss, dass ihre Reise die ideale Gelegenheit wäre, um eine kleine Zeremonie abzuhalten, während derer wir eine Gedenktafel mit seinem Namen an der Waisenstation anbringen würden. Ihre letzte Spende hatte die Kosten für extrastarke Gitterstäbe beglichen, damit unsere kleinen Nashornrabauken nicht entwischten, also war es die perfekte Zeit, um den bedeutenden Einfluss dieser Großzügigkeit zu würdigen. Ihrem Schwiegervater diese schlichte Anerkennung zukommen zu lassen, bedeutete Susanne so viel, da er ihr eigenes Leben so stark beeinflusst hatte.

Als ich sie anrief, um ihr vom Tod meiner Mutter zu berichten und dass ich am Boden zerstört sei, weil ich nicht an der Zeremonie teilnehmen konnte, zeigte sie sich von ihrer üblichen großzügigen Seite.

»Das wird schon laufen. Fahr zu deiner Familie«, drängte sie. »Promise und Christiaan werden mit mir feiern.«

Ich fuhr nach Frankreich zum Begräbnis und kämpfte darum, mit der Tatsache zurechtzukommen, dass ich meine Mutter so bald nach meinem Besuch bei ihr verloren hatte. Ich war zehn Tage weg und erst nach meiner Rückkehr nahm mich meine Assistentin Jojo beiseite und berichtete mir, welch katastrophale Wendung das Ereignis genommen hatte.

»Christiaan und ich sind vor den anderen zur Waisenstation gegangen, damit wir ein paar Dinge vorbereiten konnten«, sagte sie grimmig.

Als sie dort ankamen, teilte ihnen ein sehr verlegener Axel mit, dass sie die Gedenktafel nicht dort aufstellen durften.

»Du machst Witze, was?«, lachte Christiaan.

Leider nicht. Der Verwaltungsdirektor, der in Durban residierte, hatte telefonisch explizit die Anweisung erteilt zu verhindern, dass die Zeremonie stattfand.

Ich starrte Jojo entsetzt an. Die kleinliche menschliche Politik hatte meine lieben Freunde voll erwischt. Dabei hatte ich mir allergrößte Mühe gegeben, sie davor zu bewahren. Susanne wollte doch bloß ihren Schwiegervater mit einer Gedenktafel ehren und dann ein paar Fotos machen, die dabei helfen würden, über ihr Netzwerk der ganzen Welt von Thula Thulas Tierschutzprojekten zu berichten.

»Was ist dann passiert?«, fragte ich.

»Promise und Siya sind mit den Simonsens eingetroffen und …« Sie schwieg. »Es war so peinlich. Ich versuchte, das Beste daraus zu machen, und habe Susanne vorgeschlagen, dass wir eine Stelle am Mkhulu-Stausee für die Gedenktafel suchen, aber davon wollte sie nichts wissen.«

»Sie gehört nicht mitten in den Busch und insbesondere nicht an Thula Thulas heiligsten Ort«, hatte Susanne vehement protestiert.

Wenn ich dort gewesen wäre, bezweifle ich, dass die Anweisung, die Gedenktafel nicht dort anzubringen, erteilt worden wäre. Es war eine schockierend herzlose Sache, das zu tun, während ich 10 000 Kilometer weit entfernt war und meine Mutter beerdigte.

Man musste Axel zugutehalten, dass er den Simonsens die neuen Gitterstäbe zeigte und sich mutig mit fotografieren ließ. Er tat sein Bestes, mit der sehr unangenehmen Situation umzugehen, in die ihn sein Vorgesetzter gebracht hatte.

Daraufhin hatte Susanne die schwierige Aufgabe, nach Dänemark heimzukehren und ihrem Ehemann und Schwager zu berichten, dass ihr Vater nicht so geehrt worden war, wie sie es gehofft hatten. Zu diesem Zeitpunkt wusste sie nichts von den Schwierigkeiten mit dem Management, die ich an der Waisenstation hatte, und als die sanftmütige und umsichtige Person, die sie ist, ließ sie es dabei bewenden und brachte das Thema auch später nicht mir gegenüber zur Sprache. In gewisser Hinsicht machte mich ihre Freundlichkeit noch sprachloser darüber, dass die Partner, denen ich die Waisenstation anvertraut hatte, der Familie, die uns so viel geholfen hatte, dermaßen die kalte Schulter gezeigt hatten.

»Wenn die Simonsens darüber hinwegkommen können, dann solltest du es auch«, riet mir Clément.

Er war während jener schrecklichen Zeit der ruhende Pol und ich konnte mir nur immer wieder ins Gedächtnis rufen, dass die Tiere in der Waisenstation das Wichtigste waren.

Nur sehr wenige Menschen wussten von dem Konflikt, den ich mit dem externen Managementteam ausfocht, und es war mir auch lieber so. Es war quälend, darüber zu sprechen, erschien so kleinlich, wenn man das große Ganze betrachtete, und widersprach allem, wovon Lawrence und ich geträumt hatten – nämlich etwas zu schaffen, das über Thula Thula hinausging, sodass alle, die Tiere liebten, eine Möglichkeit finden konnten, zu helfen und sich am Wildtierschutz zu beteiligen.

Obwohl Lawrence damals schon ein paar Jahre verstorben war, wusste ich nicht genau, wie die Menschen darauf reagieren würden, dass ich einen neuen Mann kennengelernt hatte. Ich weiß nicht, warum ich mich so sehr quälte, denn alle waren begeistert davon und es berührte mich sehr, dass Lawrences Mutter Regina uns beide anlässlich ihres 90. Geburtstags zum Anthony-Clan einlud.

Aber Clément musste erst noch die Musterung durch meine Hunde überstehen und ich war sehr gespannt auf ihre Reaktion. Gin liebt alle, also war das eine leichte Sache, aber mein Labrador Jeff war fast zehn Jahre alt und hinsichtlich meiner Person sehr besitzergreifend geworden. An dem Tag, als sich die beiden zum ersten Mal trafen, lag er tief schlafend auf dem Küchenfußboden. Ich ging auf Zehenspitzen an ihm vorüber und warf Clément einen warnenden Blick zu.

»Sei vorsichtig. Er ist knurrig und mag keine Fremden.«

Jeff hörte meine Stimme und hob den Kopf, sah mich an, sah Clément an, registrierte, dass ich mit jemandem gekommen war, den er nicht kannte, dann klopfte er zweimal mit dem Schwanz auf den Boden und nahm seine Alte-Männer-Siesta wieder auf.

»Zwei erledigt, bleibt noch einer.« Clément grinste.

Gypsy ist mein scharfsinnigster Hund. Sie ist schlau und hat ein ausgezeichnetes Näschen für Probleme. Wenn sie ihn also nicht mochte, wäre es ein schlechtes Zeichen. Clément hatte einen Beutel mit Knochen dabei, aber sie lässt sich nicht leicht hinters Licht führen und hätte seine Taktik sogleich durchschaut – wenn sie sich nicht zuvor Hals über Kopf in ihn verliebt hätte. Nicht dass er bei ihr an erster Stelle stand. Sie schnappte sich ihren Knochen und verschwand nach draußen, ohne sich umzuschauen.

»Das war so eine Art Nicht-Reaktion!«, lachte ich.

»Sie wird später zurückkommen und sich bedanken«, lächelte er.

Er hatte recht. Sie tat es und jetzt sind wir fünf, die um den besten Platz auf dem Sofa rangeln.

Sogar Gobisa drückte der Sache seinen Stempel der Anerkennung auf.

An einem Wochenende kam Clément nach Thula Thula herauf, um ein paar Tage mit mir zu verbringen, und überredete mich, meinen Posteingangskorb im Stich zu lassen und stattdessen mit ihm auf eine Wildtier-Beobachtungsfahrt zu gehen, was eine ziemliche Meisterleistung war, da ich das kaum noch tat.

Meine Nervosität in Gegenwart der Herde entwickelte sich langsam und ohne dass mir richtig bewusst wurde, dass ich irgendwelche Ausreden vorbrachte, um nicht in den Busch fahren zu müssen – für gewöhnlich Ausreden, die mit der Arbeit zu tun hatten, denn wer könnte etwas dagegen sagen? Ich war gern mit unseren Elefanten aus der Sicherheit meines Hauses zusammen, aber ich fühlte mich immer unsicher und war besorgt, wenn ich zu Fuß unterwegs war oder in einem Auto saß, und nach Lawrences Tod hatte meine Ängstlichkeit immer größere Ausmaße angenommen.

Widerstrebend folgte ich Clément in den Geländewagen und sorgte dafür, dass ich in der Mitte saß, er auf der einen Seite und ein Gast auf der anderen. Ich saß kerzengerade da und gab mir alle Mühe, meine Nervosität zu verbergen.

Es hatte seit Wochen nicht geregnet und die Hügel von Zululand sahen aus wie ein Gemälde: Schichten um Schichten goldener Savanne vor einem tiefblauen Himmel. Kein Maler malt so lebhaft wie Mutter Natur.

Unser Ranger Andrew erfragte bei Siya über Funk den Ort, an dem die Herde zuletzt gesehen worden war.

»Wir haben gesehen, wie sie nach Süden zogen«, berichtete er.

»Also wird es wohl bald regnen«, sagte Andrew zu uns.

Der Himmel war klar und wolkenlos und Regen erschien eigentlich unmöglich, aber unsere Elefanten irrten sich nie. Im Busch brauchen wir keine Wetterstation, wir beobachten unsere Tiere. Wenn eine Kaltfront kommt, sucht die Herde Schutz im Süden des Reservats, wo mehr Bäume stehen und die Wahrscheinlichkeit geringer ist, dass sie ausrutschen, wenn sie nasse und schlammige Hügel hinabgehen.

Regen wird in unserem Zululand-Paradies von den Einheimischen als Segen erachtet. Ich lächelte in mich hinein. Diese Segnungen konnten zu keiner besseren Zeit kommen. Zwei unserer verwaisten Nashörner, Ithuba und Thando, hatten sozusagen »ihren Abschluss gemacht« und waren in das Reservat zurückgekehrt, aus dem sie gekommen waren, und die nächsten beiden, Impi und Gugu, standen ebenfalls kurz vor der Rückkehr. Aufgrund der Probleme mit den Leuten in der Waisenstation war ich nicht anwesend gewesen, als Ithuba und Thando sie verlassen hatten, aber ich hatte vom Reservat gehört, dass sie sich gut eingewöhnten. Ich hätte alles darum gegeben, bei diesem wichtigen Meilenstein dabei zu sein, aber zu jener Zeit war es weniger schmerzvoll für mich, wenn ich mich fernhielt. Dennoch war es hart, richtig hart, ausgeschlossen zu sein. Was mich weitermachen ließ, war, dass wir die Waisenstation ursprünglich genau deswegen eingerichtet hatten: damit diese kleinen Wesen irgendwann in die Wildnis zurückkehren konnten.

Ruckartig wurde ich in die Gegenwart zurückkatapultiert, weil das Fahrzeug über die Steppe holperte, als Andrew umdrehte. Keine Viertelstunde später sahen wir die Herde etwa 500 Meter voraus, wie sie über den Feldweg auf uns zukam.

Andrew hielt das Geländefahrzeug in der Nähe einer prächtigen Akazie an.

»In wenigen Minuten werden sie äsen«, sagte er voraus.

Akazien sind die Königinnen der afrikanischen Wildnis: hohe, zähe Überlebende von Dürren, die ihre speerscharfen Dornen innerhalb anmutiger Blattgewölbe verstecken. Unsere Elefanten lieben sie.

Mein Herz schlug heftig, als sie auf uns zuschlenderten, langsam und stetig. Frankie und Nana voraus, die anderen Mütter dahinter mit ihren Kleinen, die sich an ihren Schwänzen festhielten, und viel weiter hinten die Bullen: Mabula, Gobisa und unser sanfter Riese Mandla. Frankie blieb wie aufs Stichwort unter der Akazie stehen und brach einen Zweig ab, den sie flink mit ihrem Rüssel in ihr Maul beförderte. Nandi ging beschützend auf Nanas blinde Seite und führte ihre Mutter zu einem Baum ohne Dornen.

Da beide Leitkühe abgelenkt waren, entschloss sich unser jüngster Elefant Themba, uns anzugreifen, und schleuderte seinen Rüssel in der Luft herum wie ein Lasso. Aber wie alle Kinder hatte er noch nicht begriffen, dass Mütter – und Tanten – Augen im Hinterkopf haben. Frankie fuhr herum, wobei aus ihrem Maul Blätter sprossen, und warnte ihn kollernd, sich zu benehmen. Ich hielt meine Augen auf sie gerichtet, voller Angst, sie würde begreifen, dass ich auch im Geländewagen saß.

Themba blieb wie angewurzelt stehen, starrte sie achtsam an und flog dann wie eine Kugel in die entgegengesetzte Richtung zu Mandla rüber. Babyelefanten greifen liebend gerne spielerisch an und dieser kleine Kerl quoll über von Schalk und Energie.

Mandla mag ein furchterregender Bulle von sechs Tonnen Gewicht sein, aber er hat einen weichen Kern und er ist der beste Onkel, den ein Kalb sich nur wünschen kann. Er senkte langsam den Kopf und Themba krachte in eine Mauer aus Muskeln und Schädel – und kippte um. Mandla rollte seinen Rüssel um ihn und half ihm sanft wieder auf die Beine.

»So wird Themba lernen, wen er zum Kampf herausfordern kann und wen nicht«, lächelte Andrew.

Die Herde ging umher, knabberte vollkommen sorglos an Bäumen und Gras. Eine Woge der Zuneigung zu ihnen und zu ihrer bedächtigen Lebensweise überkam mich und gleichzeitig war ich bestürzt, dass ich mir überhaupt erlaubt hatte, in ihrer Gegenwart so ängstlich zu sein. Sie zeigten mir jeden Tag, wie glücklich sie waren, und doch hatte ich über die Jahre allmählich damit aufgehört, kostbare Zeit in ihrer Nähe zu verbringen.

Und was Frankie betrifft – entweder ignorierte sie mich geflissentlich oder sie hatte gar nicht bemerkt, dass ich dort war.

Plötzlich blieb Gobisa stehen und fuhr ruckartig mit dem Kopf zu uns herum. Sein Rüssel schoss hoch, drehte sich in unsere Richtung und nahm den Duft jedes Insassen im Geländefahrzeug auf. Dann kam er auf uns zu. Ich biss die Zähne zusammen und beobachtete Frankie wie ein Falke. Clément nahm meine Hand und lächelte mich an. Er kennt den Busch und war nicht im Geringsten besorgt.

»Er kommt bloß vorbei und sagt Hallo«, murmelte Andrew. »Bleibt ruhig, haltet still und seht nach, ob eure Handys und Blitzlichter abgeschaltet sind.«

Gobisa ging direkt zu Clément und blieb vor ihm stehen. Wir hielten den Atem an. Er sah auf ihn herab, wobei sein gewaltiger Körper den Himmel versperrte. Clément schaute auf und seine Hand packte die meine fester. Sie starrten einander an. Gobisa lehnte seine gewaltige Stirn gegen das Dach des Geländewagens und seine Stoßzähne stupsten Clément in die Seite. Das Fahrzeug schaukelte und quietschte unter dem Gewicht.

»Ich sah in diesen haselnussbraunen Augen nur Frieden«, sagte Clément später zu mir.

Erstaunt beobachtete ich, wie Gobisa seinen Rüssel über Clément gleiten ließ. Ein Elefant kann eine Eiche aus dem Boden reißen, aber er kann auch mit unendlicher Zartheit streicheln. Sein Rüssel flatterte über Cléments Brust, weiter zu seinem Gesicht und erforschte seine Wangen, die Nase und das Haar.

»Er hat mich die ganze Zeit über angeschaut, als ob er etwas von mir erwartete. Ich wusste nicht, was er wollte, also habe ich einfach seinen Blick erwidert. Er war heiter und seine Augen waren freundlich. Ich konnte die Furchen in seiner Haut erkennen, die Adern auf seinen Ohren. Aber ich wollte kein Held sein und ihn meinerseits berühren. Nicht ich bin derjenige, der mit Elefanten spricht.« Er lächelte sarkastisch.

Andrew startete den Geländewagen und Gobisa trat zurück. Der Motor schnurrte geduldig, während wir darauf warteten, dass er wegging, aber er musterte weiterhin schweigend Clément, bevor er erneut an ihn herantrat und ihn ein letztes Mal mit seinem Rüssel berührte, bevor er zum Rest der Herde zurückschlenderte.

Ich drückte Cléments Hand, verblüfft und erfüllt von einer tiefen Ruhe.

Wer weiß, warum Gobisa so zielsicher auf Clément zugegangen ist? Meine Zulu-Ranger sind der Ansicht, dass er als ältester Bulle der Herde meinen neuen Gefährten überprüft hat. Wenn Augen die Fenster zur Seele sind, dann weiß ich, dass er nun beruhigt war, weil ich mit jemandem zusammen war, der mich glücklich machte und der sich nie zwischen mich und sie stellen würde.

25 NIRGENDWO IST ES SICHER

Ein weißer Blitz erhellte mein Schlafzimmer. Donner krachte wie Gewehrschüsse. Das Gewitter war nahe, sehr nahe, und es hämmerte schon seit Stunden auf uns ein. Ich streichelte Gypsy, um sie zu beruhigen, als ich bemerkte, dass mein Handy läutete.

Ich griff danach und überprüfte, wer um zwei Uhr morgens anrief. Unbekannte Nummer. Ich warf das Handy auf meinen Nachttisch zurück und ließ mich wieder in die Kissen fallen.

Es läutete erneut. Einmal verwählt ist ein Versehen, zweimal eher unwahrscheinlich.

»Hallo?«, murmelte ich.

»Es hat die Waisenstation getroffen. Sie haben zwei Nashörner erschossen und die freiwilligen Helfer angegriffen.«

Es war der Sachbearbeiter für die Waisenstation, der aus Johannesburg anrief. Ich schoss kerzengerade in die Höhe. *Getroffen. Erschossen. Angegriffen.* Ich konnte seine Worte gar nicht verarbeiten. Ich rief meine Assistentin Kim an. Niemand meldete sich. Ich versuchte es bei Vusi. Niemand ging ran. Entweder schliefen sie oder sie hörten es nicht wegen des Gewitters oder der Nachtzeit. Ich streifte meine Kaki-Kleidung und einen Pulli über, rannte zum Cottage gleich neben meinem und hämmerte an die Tür meiner Geschäftsführerin. Sie war erst wenige Wochen bei uns, und ich sollte nun herausfinden, dass sie, abgesehen davon, eine überaus starke und fähige Frau zu sein, in einer Krise die Nerven und einen klaren Kopf behalten konnte.

»Lynda! Ich bin's! Mach auf!« Ich stand zitternd im Regen da und wartete darauf, dass sie mich einließ. »Wilderer sind in der

Waisenstation. Bei diesem Wetter komme ich mit den Straßen nicht allein zurecht. Wir brauchen dein Geländefahrzeug.«

Angesichts des Entsetzens auf meinem Gesicht stellte sie keine Fragen. »Gib mir fünf Minuten.«

Der Regen prasselte hart wie Hagel herab, als wir zu ihrem Wagen sprinteten. Dann krochen wir im Schneckentempo über den Feldweg, denn wir konnten kaum etwas erkennen. Wir sprachen kein Wort und unsere Herzen pochten wie wild. Es gab vier Freiwillige, die Axel halfen – tierverrückte Mädels, die einen weiten Weg gekommen waren, um unsere Kälber zu pflegen. Ich konnte meine Gedanken nicht richtig sortieren. Was würden wir vorfinden? Waren sie verletzt oder, noch schlimmer, getötet worden? Das Gesicht eines Nashorns einzuschlagen ist barbarisch und die Männer, die das tun, sind extrem gefährlich – gefährlicher als diese vertrauensvollen jungen Mädchen ahnen konnten. Selbst wenn sie alles taten, was ihnen die Männer befahlen, könnte eine falsche Bewegung oder ein falsches Wort bei einem der erregten Wahnsinnigen ihr Ende bedeuten.

Die Fahrt dauerte eine halbe Ewigkeit. Langsam, unendlich langsam kämpften wir uns durch den strömenden Regen, bis wir die lange Zufahrt zur Waisenstation erreichten.

Unsere Anti-Wilderer-Nashornwächter waren die Ersten, die ich zu Gesicht bekam. Einer von ihnen rannte uns entgegen.

»Was habt ihr euch bloß dabei gedacht, allein hier rauszufahren?«, brach es aus ihm heraus. »Die Angreifer könnten immer noch im Reservat sein! Schnell, geht in Deckung!«

Ich starrte ihn an. Der Gedanke war mir gar nicht gekommen, dass eine Fahrt dorthin ohne Bewachung gefährlich sein könnte.

»Ist jemand verletzt?«, fragte ich.

Er nickte mit grimmigem Gesicht und brachte uns nach drinnen. Die Polizei war bereits dort und durchsuchte die Waisenstation nach allem, was die Wilderer vielleicht zurückgelassen hatten.

Ich fand die Mädchen eng zusammengekauert im Büro vor, verstört und desorientiert. Ich nahm sie fest in die Arme und war so erleichtert, dass sie am Leben waren. Die junge Caitlin war erst seit ein paar Stunden bei uns und ihr Traum von der Arbeit mit verwaisten Tieren hatte sich abrupt in einen wüsten Albtraum verwandelt.

Der Regen prasselte lautstark auf das rostige Blechdach. Wir konnten einander kaum verstehen. Die Mädchen redeten unter Tränen und Schluchzern. Alle waren wie gelähmt. Niemand wusste, was zu tun war. Wer anzurufen war. Wie Hilfe zu bekommen war. Mir wurde klar, dass Larry von Security 4-U anwesend sein sollte.

»Hat jemand Larry Erasmus angerufen?«, fragte ich benommen.

Sie wussten es nicht. Ich war wie ein Roboter auf Automatik, kaum funktionsfähig. Ich fummelte nach meinem Handy. Larry meldete sich sofort. Er war bereits unterwegs.

»Der Wächter konnte entkommen und hat mich informiert. Wie schlimm ist es?«, rief er über den Donner hinweg.

»Schlimmer als schlimm. Wo bist du?«

»Die Straße ist eine Katastrophe mit den ganzen Baustellen, also habe ich den Umweg hinten durchs Reservat genommen. Das Gewitter ist auch nicht gerade hilfreich. Meine anderen Wächter in Bereitschaft sind unterwegs und die Leitzentrale hat die Polizei verständigt. Sind sie schon da?«

»Sie sind vor uns hier eingetroffen«, erwiderte ich.

Bald darauf war auch er da und wir rekonstruierten gemeinsam, was geschehen war.

Gegen neun Uhr abends, nachdem das Team die erste Abendfütterung beendet hatte, durchbrachen fünf schwer bewaffnete Männer den Zaun, machten die Kameras funktionsunfähig, schnitten Kabel durch und krochen auf den Carport zu, wo der Wächter Schutz vor dem Gewitter gesucht hatte. Zwei Männer griffen ihn von hinten an, zerrten ihn in den Vorratsraum und holten mit vorgehaltener Pistole Informationen aus ihm heraus: *Wann ist die nächste Fütterung? Wie viele Leute sind hier? Wie viele Gewehre? Welche Sicherheitsvorkehrungen gibt es hier? Wo ist der Hund? Wo sind die Hörner? Wenn du lügst, töten wir dich.*

Draußen tobte weiter der Gewittersturm und übertönte seine Schreie. Sie nahmen ihm Waffe, Handy, Funkgerät und Schuhe ab, fesselten ihn und verriegelten die Tür. Dann warteten sie wie geduldige Raubtiere bis zur nächsten Fütterung ab.

Axel und die Freiwilligen waren bereits zu Bett gegangen – fünf unbewaffnete junge Menschen, die nichts von den bis an die Zähne bewaffneten Räubern ahnten, die sich draußen in den Schatten verbargen.

Um halb zwölf Uhr nachts gingen die Lichter in der Küche an und die beiden Mädchen, die für die Fütterung zuständig waren, bereiteten plaudernd und lachend die Flaschen für Impi, Nandi, Storm, Gugu, Charlie, Makhosi und den neuesten Zuwachs Isimiso zu. Sechs hungrige Nashornkälber und ein rotzfreches kleines Flusspferd warteten bereits quietschend auf ihren Mitternachtssnack.

Binnen Sekunden, nachdem sie hinausgegangen waren, wurden die Mädchen überfallen und wieder nach drinnen gezerrt. Die Männer schleuderten ihnen Fragen entgegen: *Bring uns zu dem Jungen. Wo ist der Hund? Gebt uns eure Handys. Wo sind die Funkgeräte?*

Sie wurden gezwungen, die Männer zu Axel zu bringen, der mit Duma in seinem Zimmer war. Eines der Mädchen, Nicole, begriff, dass die Angreifer Duma womöglich töten würden.

»Axel, wach auf! Wir brauchen dich!«, riefen sie durch die geschlossene Tür. »Lass Duma drin.«

Das war keine ungewöhnliche Aufforderung. Schlangen waren ein regelmäßiges Problem im Haus und Axel nahm sofort an, dass die Mädchen Hilfe dabei brauchten, eine loszuwerden. Duma im Zimmer in Sicherheit zurückzulassen, erschien daher sinnvoll. Ihm kam auch der Gedanke, dass Duma wahrscheinlich deswegen vorhin gebellt hatte.

»Sitz. Still«, befahl er Duma, als er die Tür öffnete.

Er sah sich vier bewaffneten Männern gegenüber, die beiden verwundeten Mädchen dazwischen. Axel blieb ruhig und zog die Tür hinter sich zu. Duma rührte sich nicht und bellte auch nicht. Die Mädchen und Axel wurden ins Büro geschoben, wo andere Wilderer bereits die Datenkabel zu den Überwachungsgeräten ausstöpselten. Die Männer wussten genau, wohin sie gehen, was sie tun und dass sie auf einen Hund achten mussten.

Zwei Wochen zuvor war eine Drohne über das Reservat geflogen. Unsere Politik bestand darin, solche Geräte sofort abzuschießen, aber in der Minute, als unsere Wächter nahe genug herangekommen waren, erloschen ihre Scheinwerfer und sie verschwand in der Dunkelheit. Wir hatten vermutet, dass sie nach Thabo und Ntombi gesucht hatten, jetzt aber waren wir uns ziemlich sicher, dass sie die Waisenstation ausspioniert hatten.

Die Verbrecher verfügten über Geld und Hightech-Equipment und sie hatten eindeutig seit Wochen Informationen gesammelt, vielleicht sogar seit Monaten. Gewöhnliche Diebe hätten den Computer und die Videoüberwachungsgeräte zertrümmert, aber diese technikversierten Männer wussten, dass sämtliche Verbindungen zur Außenwelt einfach dadurch gekappt wären, indem die Kabel abgesteckt wurden. Das Team war isoliert und hilflos.

Die Männer waren aggressiv und nervös. Sie zwangen Axel, ihnen dabei zu helfen, die übrigen Freiwilligen einzusammeln.

Eines der Mädchen wurde übel zugerichtet, während die Angreifer den anderen wegen der Hörner zusetzten, die sie in einem der Schuppen vermuteten. Welche Hörner? Zwar war die Erlaubnis erteilt worden, Gugus und Impis Stummelhörner zu entfernen, bevor sie in ihr ursprüngliches Reservat zurückkehrten – etwas, das auch getan worden war, als Ithuba und Thando weggingen –, aber die Entfernung der Hörner war noch nicht erfolgt. Die Wilderer mussten gewusst haben, dass Gugu und Impi in Kürze die Waisenstation verlassen sollten. Glaubten sie, dass ihre Hörner bereits entfernt worden waren? Oder glaubten sie, Ithubas und Thandos Hörner befänden sich immer noch in der Waisenstation? Wir werden es nie erfahren.

Die Männer zerrten Axel mit sich, während sie die Waisenstation nach den Hörnern durchsuchten. *Gib uns die Hörner! Öffne die Räume! Warum ist diese Tür verschlossen?*

»Das ist das Büro des Managers. Ich habe keinen Schlüssel dafür«, erwiderte Axel, ohne die Stimme zu heben.

Sie schlugen ihm wieder und wieder mit einer Machete auf den Rücken.

Es muss einen Safe geben! Wir wollen die Hörner!

»Es gibt keinen Safe. Wir würden die Hörner nie hier aufbewahren.«

Die Zeit lief den Wilderern allmählich davon. Sie gaben es auf, Axel zu befragen, fesselten ihn und die Mädchen mit Klebeband und Stricken und schlossen sie im Büro ein.

In der einen Minute hatte sich das Team darauf vorbereitet, die Kälber zu füttern, und in der nächsten waren sie Gefangene und wussten nicht, ob sie mit dem Leben davonkommen würden. Axel gab sich alle Mühe, den Mädchen ganz schnell zu vermitteln, wie sie die Gefahr verringern konnten, dass man ihnen etwas antat.

»Seht zu Boden. Kein Blickkontakt. Wehrt euch nicht. Tut alles, was sie euch sagen«, drängte er sie.

Drei Männer bewachten die jungen Leute, während die beiden anderen, bewaffnet mit Gewehren und einer Axt, durch die Dunkelheit zu den Kälbern eilten. Ich kann mir nicht annähernd die Angst vorstellen, die das Team um ihre verletzlichen Nashornkälber ausgestanden hat, und wie absolut vernichtend das Geräusch von Gewehrschüssen gewesen sein muss.

Sie erschossen Gugu und Impi für Hörner, die nicht größer als die Faust eines Kindes waren.

Gugu starb auf der Stelle, der süße Impi nicht. Den Wilderern war das völlig egal. Sie hielten ihn am Boden fest und hackten ihm mit der Axt ins Gesicht. Impis winzige dunkle Augen glitzerten verwirrt und entsetzt. Der Aberglaube sitzt tief im ländlichen Zululand. Augen sehen und haben Erinnerungen, also taten sie das Undenkbare: Sie stachen ihm die Augen aus.

Eine halbe Stunde später waren die Männer mit ihrer Beute verschwunden.

Das Team wartete, zu entsetzt, um sich zu rühren, die Augen an die Uhr oberhalb der Tür geheftet. Nach 20 langen Minuten lösten sie einander nervös die Fesseln. Sie waren verwirrt und benommen. Waren die Angreifer wirklich verschwunden? Konnten sie gefahrlos zu den Kälbern gehen? Welches Schlachtfeld würde sie dort erwarten? Sie fanden ein Funkgerät, erreichten aber niemanden. Eines der Mädchen entdeckte ein Handy, das die Wilderer nicht mitgenommen hatten. Sie riefen mich an, versuchten es bei meiner Assistentin, riefen bei Leuten außerhalb des Reservats an. Ein verzweifelter Anruf nach dem anderen.

Was sie nicht wussten, war, dass der Wächter aus dem Vorratsraum entkommen war und barfuß durch das Reservat rannte, um Alarm zu schlagen. Aus Angst, wieder erwischt zu werden, mied er die Straßen und schlug sich in der stockfinsteren Nacht durch den Busch, riss sich die Füße auf, achtete aber weder auf den Regen noch auf den Schmerz. Er erreichte die Lodge, fand die Nachtwache, und beide zusammen riefen in der Leitzentrale von Security 4-U an – genau zur selben Zeit, als der Manager von außerhalb des Reservats Larry Erasmus erreichte.

»Es ist alles auf einmal geschehen. Während ich am Apparat war, erhielt ich drei Anrufe von meiner Leitzentrale«, sagte er. »Ich hörte durch den ersten Anruf von dem Überfall, und von meinem Wächter erhielt ich die näheren Einzelheiten und wusste, dass wir es mit Profis mit echter Feuerkraft zu tun hatten.«

Eine Woche zuvor hatten Wilderer eine private Farm in der Nähe überfallen und Larry hatte bei der Schießerei einen Mann verloren, also ging er kein Risiko ein. Er schloss seinen Safe auf, nahm Waffen und Munition heraus und forderte telefonisch zusätzliche Verstärkung an. Zuletzt weckte er seine Frau und gab ihr einen Abschiedskuss. Er hatte keine Ahnung, wie lange er fort sein würde, aber er wusste um die Gefahr, der er sich gegenübersah.

Zurück in der Waisenstation, fand das Team Gugu tot vor. Impi war halb in seinem Tümpel untergetaucht und kämpfte darum, Luft durch seine entsetzlichen Gesichtsverletzungen zu bekommen. Er jaulte vor Schmerz, während er versuchte, aus dem Wasser zu kommen.

Geblendet und zu Tode erschrocken geriet Impi bei der kleinsten Berührung in Panik. Niemand konnte nahe genug an ihn herankommen, um ihm zu helfen. Bis zum heutigen Tag ist der Gedanke an ihn und die Qual seiner Pfleger für mich unerträglich. Sie hatten ihn von Hand aufgezogen und sie konnten nichts für ihn tun, ihn nicht einmal festhalten. Sie flehten Larry an, ihn zu erschießen, ihn von seiner Qual zu erlösen.

»Ich hätte es auch unbedingt tun wollen«, sagte Larry hinterher mit rauer Stimme. »Aber ich weiß, wie so etwas abläuft. Schauplätze von Verbrechen darf man nicht durcheinanderbringen. Dennoch quält es mich immer noch, dass ich es nicht getan habe – nicht tun konnte –, um seine Qualen zu beenden.«

Die Tragödie war, dass beide Nashornkälber nur wenige Tage davon entfernt waren, ausgewildert zu werden. Ursprünglich stammten sie aus verschiedenen Reservaten, und alle hatten mit Klauen und Zähnen darum gekämpft, ihre Besitzer davon zu überzeugen, dass sie zusammenbleiben durften. Die Besitzer waren sogar in die Waisenstation eingeladen worden, damit sie mit eigenen Augen sahen, wie stark die Bindung zwischen Impi und Gugu war und welches Trauma es für sie bedeuten würde, wenn sie getrennt würden.

Der kleine Impi hatte die Tötung seiner Mutter durch Wilderer überlebt und starb jetzt auf dieselbe höllische Art und Weise.

Zarte kleine Wesen, die für Keratin getötet wurden, das an unseren Fingern wächst.

Ich schaltete in den Überlebensmodus, um das Team und die Tiere beschützen zu können, und holte unsere Chefköchin Tom, die in der Lodge wohnte, aus dem Bett, um Zimmer für die Mädchen aufzuschließen. Es war spät, sie waren erschöpft und wir mussten sie vom Schauplatz des Überfalls wegbekommen.

Axel und Nicole wollten die Waisen aber nicht verlassen. Charlie und die vier verbliebenen Kälber schrien vor Hunger und Panik. Sie spürten das Durcheinander und brauchten Nahrung und Trost.

Weitere Männer von Security 4-U trafen ein, bewaffnet und kampfbereit. Larry war jedoch nicht zufrieden und klingelte den Kommandanten der Bereichspolizei aus dem Bett, damit dieser weitere Männer zur Unterstützung schickte.

Das Wetter wurde besser. Sonnenlicht ergoss sich in die Nacht des Elends.

Als Erstes am Morgen fuhr meine Assistentin Kim die Mädchen zur Empangeni Garden Clinic für eine medizinische Erstversorgung und zur Traumaberatung. Mike Toft traf ein und schläferte Impi ein. Vusi erreichte einen hiesigen Farmer, der uns seinen Frontlader lieh und uns half, die Leichen aus der *Boma* zu schaffen, sodass man sie zur letzten Ruhe betten konnte.

Diese 24 Stunden rauschten irgendwie vorüber. Ich erinnere mich nur in blitzartigen Ausschnitten daran. Die aschfarbenen Gesichter der jungen Leute, der explosive Lärm des Sturms, Impis grässliche Verletzungen, das Chaos in meinem Herzen.

Ich blockte den Schmerz ab, sonst hätte er mich vernichtet. Eine Weile verlor ich den Glauben an die Menschheit. Ich verlor die Hoffnung, Nashörner retten zu können. Die Nachfrage nach ihren Hörnern wird nie aufhören, sie werden immer in Gefahr sein, ebenso wie die Männer und Frauen, die ihr Leben riskieren, um sie zu bewachen. Ich schwankte zwischen dem Gefühl völliger Resignation, weil unsere Sicherheitsleute das Töten nicht hatten unterbinden können, und der Erleichterung, dass sie keine Todesfälle riskiert hatten, indem sie mitten in den Überfall geplatzt waren. Es hätte zu einer ausgewachsenen feindseligen Pattsituation kommen können. Wenn die Wilderer so etwas einem lebendigen Tier antun konnten, hätten sie nicht zweimal überlegt, einen Menschen zu töten.

Die Waisenstation liegt auf einem Hügel, eine perfekte Position für die Wilderer, jeden Wächter oder Polizisten zu erschießen, der es wagte heranzukommen. Egal, wie gut bewaffnet und in hochriskanten Situationen trainiert Larrys Anti-Wilderer-Männer auch sein mochten, sie hätten in dieser Situation auf dem Präsentierteller gesessen. Und sie wären außerstande gewesen, das Feuer zu erwidern, da unsere Leute sich im selben Gebäude befanden wie die Angreifer.

Was konnte ich also tun, außer mich zusammenzureißen und weiterzumachen? Ich hatte aus tiefstem Herzen gehofft, dass es uns allen gelingen würde, unsere Differenzen beiseitezulegen und die Partner zu sein, die wir sein sollten. Die Nashörner brauchen uns, damit wir für sie kämpfen und unser Bestes tun, damit sie in Sicherheit sind. Aber – und das fragte ich mich unentwegt – ist es denn überhaupt irgendwo sicher? Was kann man gegen Männer tun, die furchtlos sind und nichts zu verlieren haben, die bis an die Zähne mit Jagdgewehren und Sturmgewehren bewaffnet sind? Aber wenn wir es gar nicht erst versuchen, werden noch mehr sterben.

Am Tag nach dem Überfall erhielt ich einen Anruf von Megan aus England. Sie hatte uns kurz nach Ellies Tod verlassen und ihr drehte sich der Magen um bei dem Gedanken daran, dass zwei kleine Kälber, bei deren Pflege sie geholfen hatte, getötet worden waren. Sie wusste, dass wir zusätzliche Sicherheitskräfte benötigten, damit die Waisenstation für einen weiteren Überfall gerüstet war, und sie wusste auch, dass wir uns das eigentlich nicht leisten konnten.

»Wie kann ich helfen?«, fragte sie. »Soll ich eine Crowdfunding-Kampagne starten? Was brauchst du?«

»Wir haben unsere Sicherheit aufgestockt, aber wir brauchen mehr, und wir brauchen außerdem dringend Schutz für den gesamten Rest des Reservats, damit die Wilderer nicht wieder eindringen.«

»Ich fange mit einem Ziel von 6300 Dollar an«, versprach sie.

Sie erreichte ihr Ziel in fünf Stunden.

Spenden flossen aus der ganzen Welt herein. Die Menschen waren entsetzt und wollten helfen. Die Welle der Unterstützung war unglaublich. Es gab so viel Liebe, Besorgnis und guten Willen. Ein Farmer aus Mosambik kam sogar zu Fuß zu uns, um uns seine Spende zu bringen.

So viel Güte leuchtete über uns.

Die Spendensumme schoss in den Himmel: Innerhalb von 24 Stunden waren über 30 000 Dollar hereingeflossen, und das

Geld strömte weiter herein, bis eine Summe von 56 000 Dollar erreicht war.

Wir stationierten rund um die Uhr bewaffnete Wächter und richteten zusätzlichen Schutz für das Personal während der nächtlichen Fütterungszeiten ein. Wir verstärkten die Bodentruppen, um ein Sicherheitsnetz rund um die Waisenstation aufzuspannen. Wir nutzten die Ressourcen von Security 4-U komplett aus: Jeder verfügbare Mann, den Larry hatte, war auf Thula Thula.

Und das war erst der Anfang. Ich beauftragte Christiaan, der militärische Erfahrung hatte, damit, die langfristigen Sicherheitsmaßnahmen für uns zu koordinieren und eng mit Security 4-U zusammenzuarbeiten. Wir wollten alles nur Erdenkliche tun, damit der Waisenstation nichts mehr geschehen konnte. Wir holten Spezialisten, die unser gesamtes System evaluieren, reparieren und aufstocken sollten. Die nationale und örtliche Polizei jagte die Wilderer. Bei den Behörden herrschte höchste Alarmstufe. Die Clips auf den Überwachungskameras, die gerettet werden konnten, wurden an ein Labor in Pretoria zur Analyse geschickt. Die Untersuchung ist nach wie vor im Gange und wird erst aufhören, wenn die Männer gefasst worden sind.

Die Entfernung der Hörner bei den verbliebenen Kälbern erhielt oberste Priorität. Nicole blieb, kümmerte sich weiter um die Tierwaisen und beruhigte sie. Charlie und Makhosi waren besonders verzweifelt und bekamen Notfalltropfen verabreicht, um sie zu beruhigen.

Thabo und Ntombi spürten die Gefahr und hielten sich wochenlang nahe am Haupthaus und der Lodge auf und schliefen stets in Sichtweite zu uns. Selbst mit bewaffneten Wächtern rund um die Uhr fühlten sie sich im Busch nicht sicher und kehrten an den Ort zurück, wo sie aufgewachsen waren.

Nana und Frankie spürten den Aufruhr ebenfalls und verschwanden, versteckten die Herde in den Tiefen des Reservats, bis sie das Gefühl hatten, dass die Bedrohung vorüber war.

Debatten tobten um die Zukunft der Waisenstation. Das externe Management wollte die Tiere an einen anderen Ort bringen, der ihrem Gefühl nach sicherer war. Sicherer? Ist es irgendwo wirklich sicher, wenn niemand weiß, wie weit Verbrechersyndikate bereit sind zu gehen? Einige von uns wollten unbedingt, dass sie blieben. Andere meinten, dass es besser für sie wäre zu gehen. Ich ertrug den Gedanken nicht, dass die Kälber weggehen sollten, insbesondere die verletzlichsten – Charlie, Makhosi und Isimiso. Die Waisenstation war die einzige Heimat, die sie je gekannt hatten.

Inmitten dieses Chaos wurde ein vier Jahre altes Nashorn in einem Pariser Zoo abgeschlachtet – der erste Fall von Wilderei bei Nashörnern in Europa. Das erschütterte mich zutiefst. Nirgendwo war es sicher. Nirgendwo. Wenn Nashörner nicht einmal in Zoos sicher waren, wie könnten sie dann jemals in der Wildnis sicher sein?

Naiv, wie ich war, hatte ich geglaubt, dass alle zum Besten der Tiere kooperieren würden, aber das Gegenteil trat ein. Die Auseinandersetzung mit dem Managementteam verschlimmerte sich bis zu dem Punkt, dass Entscheidungen getroffen wurden, ohne mich, Four Paws oder die *Amakhosi* zu konsultieren.

Und dann konnte ich nicht mehr kämpfen.

Unsere beiden älteren Kälber, Storm und Nandi, waren die Ersten, die uns verließen und dorthin zurückkehrten, wo sie geboren worden waren. Ich tröstete mich damit, dass sie in Anbetracht ihres Alters bereit waren, neue Erfahrungen zu machen und den wunderbaren Prozess starten konnten, wilde Nashörner im Busch zu werden. So blieben Duma, zwei Nashörner und unser Liebling, das Flusspferd. Doch sie zogen zu meinem Kummer ebenfalls um. Ende April des Jahres 2017, nur zehn Wochen nach dem Überfall, war unsere Waisenstation eine leere Hülle.

Die darauffolgenden Tage waren einige der dunkelsten meines Lebens. Immer wenn ich durch das Reservat fuhr und die Waisenstation oben auf dem Hügel sah, überwältigte mich ein Gefühl tiefen Verlustes. Ich sagte mir dann immer wieder, dass es kein Schlag ins Wasser gewesen war, dass wir doch so viel Gutes getan hatten. Vier Nashornkälber sprangen noch munter herum und zwei weitere, dazu der kleine Charlie, wuchsen zu gesunden Tiere heran, die in der Wildnis gediehen. Aber ich konnte mich einfach nicht an den Dingen festklammern, die gut geklappt hatten, wenn so viel Schlechtes geschehen war.

Die Menschen zogen nicht an einem Strang, Beziehungen zerbrachen, Freundschaften gingen zu Bruch. Die Zusammenarbeit mit dem externen Management zerbröckelte. Die *Amakhosi* und unser australischer Sponsor Four Paws fühlten sich im Stich gelassen und hintergangen von den Menschen, in denen sie Partner gesehen hatten. Die Anschuldigungen hinsichtlich der Sicherheit Thula Thulas, die mir entgegengeschleudert wurden, hätten mich fast vernichtet, aber ich wollte keinesfalls in eine öffentliche Auseinandersetzung hineingezogen werden, und selbst heute vermeide ich es, in die Details zu gehen. Es hat keinen Zweck. Monatelang lag ich nachts wach, gequält von allem, was geschehen war, und von den darauffolgenden schrecklichen Nachwirkungen.

Wilderei endet nicht bei uns, sie ist größer als wir. Solange es einen Markt für Horn und Elfenbein gibt, werden Menschen Nashörner und Elefanten abschlachten. Das Töten von Elefanten wegen ihres Elfenbeins ist bei uns keine so große Bedrohung wie anderswo in Afrika, aber es ist im Kommen.

Ich glaube nicht an das platte Klischee, dass alles aus einem bestimmten Grund geschieht, sondern ich glaube fest daran, dass wir nach einem Schicksalsschlag selbst eine Möglichkeit finden müssen, um ihm einen Grund zu verleihen. Dass wir unser Bestes tun müssen, damit etwas Gutes daraus erwächst. Und für mich bedeutete das, die Tore unserer Auffangstation wieder weit zu öffnen und sie mit neuen Menschen zu betreiben, die Teil unseres Thula-Thula-Teams sind. Meine Methode, mit Kummer umzugehen, besteht darin, Dinge zu reparieren und Lösungen zu finden. Ganz oben auf der Liste steht dabei der Schutz unserer Tiere.

Das Geld, das Megan gesammelt hatte, war ein Gottesgeschenk, und jeder einzelne Cent floss in den Einbau allerneuester Sicherheitsvorkehrungen, die zum Ziel hatten, Wilderer daran zu hindern, auch nur in die Nähe des Gebäudes zu gelangen. Der äußere Begrenzungszaun der Waisenstation wurde repariert und mit einer Hightech-Alarmanlage verbunden. Bewegungsdetektoren fangen jetzt die leiseste Bewegung auf. Im ganzen Reservat gibt es Infrarot-Nachtsichtkameras, die Aktivitäten aufzeichnen und Informationen über ein cloudbasiertes Portal weitergeben. Wenn ein Wilderer eine Kamera ausschaltet, ertönt sowohl im Haus als auch in einer externen Überwachungszentrale ein Alarm. Überwachungsmonitore wurden von der Waisenstation in ein Überwachungsbüro gebracht, das nicht auf dem Gelände liegt.

Die bittere Realität ist, dass es nur wenige Probleme löst, Thula Thula für Wilderer schwerer zugänglich zu machen. Die Wilderer gehen dann eben in ein anderes Reservat. Wie können wir organisiertes Verbrechen bekämpfen, das über mehr Mittel verfügt, als wir jemals haben werden?

Wir verwenden keine Sprechfunkgeräte mehr, um uns darüber auszutauschen, wo sich unsere Tiere aufhalten. Die Gefahr des Abhörens ist zu hoch. Wir verwenden nur noch sichere Handys. Thabo und Ntombi tragen seither Peilhalsbänder und sind niemals ohne bewaffnete Wächter unterwegs. Unsere Angestellten tragen mobile Panikknöpfe und wissen, was im Ernstfall zu tun ist, wen sie anrufen müssen, wie sie reagieren müssen. Es gibt zwar keine hundertprozentige Sicherheit, aber eines ist sicher: Wir lassen uns nie wieder unvorbereitet erwischen!

Es fühlte sich so gut an, die Waisenstation für einen neuen Anfang vorzubereiten. Es bedeutete nicht, dass es mich nicht im Innern schmerzte. Es bedeutete, dass ich mich von Schmerz und Trauma nicht niederdrücken ließ.

So habe ich Lawrences Tod und die Attacke auf Thabo überlebt.

Kämpfen für das, woran ich glaube – das ist der Grund, warum ich jeden Morgen aufstehe.

26 DEN TRAUM AM LEBEN ERHALTEN

Die Tragödie war so nahe bei meinem Haus geschehen und hatte unschuldige Menschen und Tiere in Mitleidenschaft gezogen, die eigentlich gefahrlos in unserer Welt leben sollten. Ich kämpfte Tag für Tag darum, mich nicht von Angst und Verzweiflung überwältigen zu lassen. Ich wollte nicht die Freude verlieren, ich wollte das Gute im Leben und in den Menschen sehen. Trotz der entsetzlichen Dinge, die Menschen zu tun imstande sind, bin ich immer noch die ewige Optimistin, die daran glaubt, dass es mehr gute Menschen als böse in dieser Welt gibt. Es wird immer Leute geben, die uns enttäuschen, oder Hindernisse, die unüberwindlich erscheinen, aber wenn wir unser Ziel immer vor uns sehen, dann werden wir wissen, was wir zu tun haben.

Aufgeben ist für mich keine Option, selbst wenn das bedeutet, dass ich wieder ganz von vorne anfangen muss.

Abgesehen davon war ich mit meinem Anliegen nicht allein und ich war so bewegt von der Großherzigkeit der Menschen, die ebenso entschlossen waren wie ich, unsere Türen offen zu halten. Einer dieser Menschen war Megan, die ich für den unwahrscheinlichen Fall anrief, sie zu einer Rückkehr nach Südafrika überreden zu können.

»Könntest du dir vorstellen zurückzukommen und uns dabei zu helfen, die Waisenstation wieder instand zu setzen?«, fragte ich.

»Klar! Und ich werde so lange bleiben, wie ihr braucht, um ein festes Team zusammenzustellen«, versprach sie und rief daraufhin sofort ihre beste Freundin an.

»Vicky, da sind schlimme Sachen passiert, aber es ist eine Einrichtung, die zu etwas Erstaunlichem werden könnte. Lass uns sehen, was wir tun können, um sie wieder auf die Beine zu stellen!«

Eine Woche später trafen die beiden ein, krempelten die Ärmel hoch und machten sich daran, die Einrichtung von oben bis unten zu überholen – reinigen, reparieren, streichen. Mit jugendlichem Elan und einem breiten Grinsen im Gesicht hauchten sie dem Ort wieder Leben und Energie ein, und eines der ersten Dinge, die sie taten, war, ein großes Schild mit der Aufschrift *»Welcome!«* aufzustellen. Ihre Begeisterung war ansteckend und motivierte alle noch mehr, eine neue Vision für die Waisenstation zu entwickeln.

Binnen Tagen gesellte sich Bruce zu unserem Team, ein stämmiger Boxer, der verletzt und einsam in den lebhaften Straßen von Empangeni aufgefunden worden war. Von dem Augenblick an, als der Hund seine neue Heimat erkundete, verliebten wir uns alle in ihn. Er nahm seinen Job als Spielgefährte von Gypsy und Gin sowie als Leibwächter von Megan und Vicky sehr ernst, aber das hinderte ihn nie daran, sich nachmittags ein Schläfchen auf dem Sofa zu gönnen.

Ich führte weitere Gespräche mit den *Amakhosi*, um ihr Vertrauen langsam wiederzugewinnen und gemeinsame Ziele für die Zukunft zu entwickeln. Was das vorherige Managementteam nie ernst genommen hatte, war die Tatsache, dass die Waisenstation auf Stammesland lag – Teil der ursprünglichen Erweiterung, die Lawrence und die fünf *Amakhosi* gemeinsam beschlossen hatten –, und es ist nur der Vision dieser fünf Oberhäupter zu verdanken, dass unser Traum von der Errichtung eines Pflegezentrums für Wildtiere überhaupt möglich war. Ihr fortwährender Segen und ihre Hingabe sind mir sehr wichtig, und sie waren ebenso erfreut wie ich, dass wir es mit einem Team aus Thula Thula betrieben. Die Gespräche verliefen so gut, dass wir sogar darüber sprachen, das Reservat noch weiter auf ihr Land auszudehnen.

Unser anderer wichtiger Partner war Four Paws. Heli Dungler hatte mit eigenen Augen gesehen, wie destruktiv die menschliche Politik geworden war, aber er setzte sich weiterhin dafür ein, die Waisenstation offen zu halten, und zu meiner großen Erleichterung zögerte er nicht, die finanzielle Unterstützung durch die Stiftung fortzusetzen.

»Wir haben daran gedacht, einen Zufluchtsort für ehemalige Zirkuselefanten zu schaffen«, sagte er kürzlich zu mir. »Vielleicht ist das die Gelegenheit, um zu sehen, ob wir die Waisenstation auf eine andere Ebene heben können.«

»Das ist eine wundervolle Idee«, erwiderte ich sanft. »Das passt perfekt zu dem, was wir auf Thula Thula tun.«

»Wahrscheinlich lässt sich das erst in ein oder zwei Jahren realisieren, also werden wir in der Zwischenzeit die Waisenstation für andere Wildtiere offen halten, die Hilfe brauchen.«

Bis Mitte Juli des Jahres 2017 war ein neues Joint-Venture-Abkommen mit Four Paws und den örtlichen *Amakhosi* unterzeichnet. Wir waren erneut offiziell Partner und begeistert davon, wieder loszulegen. Da wir nach diesem Wendepunkt unseren Fokus erweiterten, änderten wir den Namen in Thula Thula Wildlife Rehabilitation Centre.

Die kleine Lucy, ein Babyducker, war unser erstes gerettetes Tier. Sie wurde von einem aufmerksamen Polizisten vor Wilderern gerettet, die sie entweder als Schoßtier oder, noch schlimmer, wegen des Fleischs verkaufen wollten. Ducker sind kleine Antilopen, die ihren Namen von dem Afrikaans-Wort *duik* haben – »abtauchen, ducken« –, weil sie sich in die Deckung eines Buschs flüchten, wenn sie bedroht werden. Sie war ein wunderschönes Wesen mit karamellbraun-grauer Färbung, einer schmalen, spitzen Schnauze, langen, koboldgleichen Ohren und dunklen, seelenvollen Augen. Sie war dehydriert und so unterernährt, sodass sie lediglich 2,7 Kilo wog.

Inzwischen hatte es die Runde gemacht, dass wir Vorstellungsgespräche für ein festes Team führten, und ich erhielt täglich Bewerbungen. Es war großartig, dass trotz allem, was geschehen war, so viele junge Männer und Frauen bei uns arbeiten wollten.

Im Oktober übernahmen Kayleigh und Yolandie die Zügel von Megan, und wir haben diese Entscheidung nicht bereut. Kayleigh ist groß gewachsen und anmutig, mit einer sanften Zuversicht sowie mit einem abgeschlossenen Studium jeweils in Zoologie und Wildtiermanagement. Yolandie ist eine quirlige junge Frau mit einem großen Lachen, die ein Jahrzehnt Erfahrung in der Pflege von Wildtieren vorzuweisen hat.

»Ich habe immer gedacht, dass ich mal Tierärztin werde, aber als ich älter wurde, begriff ich, dass ich lieber Tiere schützen als sie heilen möchte«, sagte sie in ihrem Vorstellungsgespräch.

Eines Morgens, kurz nach ihrer Einstellung, nahm ich Kathy, eine örtliche Journalistin, die ich gut kannte, mit hinauf zum Pflegezentrum, damit sie einen Artikel über dessen Wiedergeburt schreiben konnte. Ich rief Gypsy, damit sie mitkam. Sie sprang ausgelassen aus meinem Chefbüro heraus, dicht gefolgt von Gin, und beide wirkten sehr selbstgefällig.

»Hat Lynda euch wieder Leckerlis gegeben?« Ich verzog das Gesicht.

Lynda kam heraus, die Hände in die Höhe gehalten. *Sorry*, formte sie mit dem Mund, sah aber nicht so aus, als ob es ihr wirklich leidtäte. Normalerweise nehme ich Gin nicht mit, weil er nicht die besten Manieren hat, aber er schmollte mit seinem besten »Du kannst Gypsy nicht ohne mich mitnehmen«-Ausdruck, sodass ich nachgab. Gypsy hüpfte in den hinteren Fußraum und Gin wollte folgen, kam jedoch nicht hoch. Er legte die Pfoten auf die Kante des Wagens und bettelte mit verzweifeltem Blick um Hilfe.

»Du wiegst eine Tonne!«, ächzte ich. »Wenn wir zur Waisenstation kommen, werde ich dich auf der neuen Waage wiegen.«

Ich schlüpfte hinters Lenkrad und rief, bevor wir losfuhren, Siya über die Freisprechanlage an.

»'n Morgen, Siya. Wo sind die Elefanten heute?«

»Keine Sorge. Sie sind nirgendwo in deiner Nähe. Sie sind am Mine-Stausee und wie es aussieht, haben sie es sich dort für den Tag eingerichtet.«

»Das sind gute Neuigkeiten, danke. Melde mich später bei dir.«

»Das klingt so, als wolltest du nicht auf sie stoßen«, sagte Kathy überrascht.

Ich lächelte, gab jedoch keine Antwort.

»Du hast doch keine Angst vor ihnen, oder?«, neckte sie mich.

Ich sann über diese Frage nach, fühlte mich ertappt und wusste nicht so recht, was ich antworten sollte.

»Ich liebe sie, aber ich habe auch jede Menge Respekt vor ihnen.«

»Klingt so, als wolltest du mir durch die Blume sagen, dass du Angst vor ihnen hast«, bemerkte sie leichthin. »Das muss hart sein. Hast du auch Angst vor den Babys?«

»Nie! Ich liebe die Kleinen. Ich liebe auch die Großen, aber wenn ich in einem Auto bin, fühle ich mich einfach exponiert und verwundbar. Das geht zurück auf eine schlimme Erfahrung mit Frankie vor langer Zeit.«

»Wie schlimm? Hat sie dir etwas angetan?«

»Nein, aber sie war einschüchternd, und ich befürchte irgendwie, dass sie sich an die Ereignisse erinnert und immer noch wütend auf mich ist. Vielleicht ist es auch ein Mangel an Selbstvertrauen, denn ich weiß ja eigentlich, dass sie jetzt ein völlig anderer Elefant ist als der, auf den wir mit dem Quad gestoßen sind …« Ich zuckte mit den Schultern. »Um ehrlich zu sein, ich weiß wirklich nicht, warum ich so bin.«

»Hat irgendeiner der Elefanten jemals jemanden auf Thula Thula verletzt?«

Eine Erinnerung an Mnumzane blitzte vor mir auf, der in einem durch Schmerz hervorgerufenen Wutanfall Lawrences Landrover angegriffen und umgestürzt hatte. Lawrence und zwei Besucher waren in dem Fahrzeug eingeschlossen, während Mnumzane wiederholt ihr Geländefahrzeug attackiert hatte. Ich hatte Lawrences panikerfüllten Funkspruch angenommen.

Mnumzane greift uns an! Er hat den Landy umgekippt und wir stecken im Innern fest. Hol Hilfe!

Ich weiß noch genau, wie es mir damals die Luft abgeschnürt hat. Lawrence hatte einen gesunden und realistischen Respekt vor unseren Elefanten. Als ich daher das Entsetzen in seiner Stimme hörte, wusste ich, dass er in Lebensgefahr war.

»Wir hatten einen Bullen, der versucht hat, Lawrence und zwei Gäste umzubringen«, murmelte ich. »Er war derart außer Kontrolle geraten, dass die Ranger nicht an den Landrover herankamen, um die Leute rauszuholen.«

»Oh, mein Gott, das klingt ja entsetzlich! Wie in aller Welt sind sie davongekommen?«

»Nana und Frankie haben sie gerettet. Sie sind aus dem Nirgendwo aufgetaucht und es ist ihnen gelungen, den Bullen lange genug von dem Fahrzeug wegzudrängen, dass die Ranger die anderen herausziehen konnten. Es war besonders schockierend, weil Mnumzane Lawrences blauäugiger Junge war, und ich dachte die ganze Zeit: *Wenn er Lawrence das antun konnte, was könnte er dann mir antun?*« Ich schüttelte den Kopf und sah sie stirnrunzelnd an. »Das hatte ich alles ganz vergessen.«

»Es muss sehr traumatisch gewesen sein«, sagte sie leise.

»Es ist seltsam, weil ich immer angenommen habe, dass ich in ihrer Gegenwart nach dem Drama mit Frankie so ängstlich geworden bin. Aber wenn ich jetzt so darüber nachdenke, stimmt das nicht, weil Lawrence und ich noch Jahre danach zusammen Wildtier-Beobachtungsfahrten unternommen haben. Die Sache mit Frankie war ein gewaltiger Weckruf für uns, aber er war wichtig. Wir verstanden nichts von Elefanten und waren so verdammt naiv. Wir hätten niemals mit diesem lärmenden Quad herumdüsen dürfen, aber das habe ich erst im Nachhinein verstanden, und das hat dazu geführt, dass ich begriffen habe, wie mächtig und wild sie sind. Aber es hat nicht dazu geführt, dass ich mich vor ihr fürchtete.«

Ich war selbst erstaunt über meine Erkenntnis. Sie zeigt eindeutig, wie ungesund es ist, seine Angst zu begraben. Bis zur Tragödie mit der Waisenstation hatte ich nie innegehalten, um meine verwirrende Angst vor der Nähe zu den Tieren wirklich zu hinterfragen. Ich liebte sie doch so inständig. Stattdessen hatte ich sie von mir weggeschoben und die Schuld einfach Frankie gegeben. Es stimmt zwar, dass sie unbeherrscht war, was es mir zweifelsohne erleichterte, zu dem Schluss zu kommen, dass sie wütend auf mich sein musste.

Ich weiß nicht, ob das Trauma des Angriffs meine Verwundbarkeit wieder an die Oberfläche geholt hatte, aber ich fühlte mich zum ersten Mal seit Lawrences Tod bereit, mich allem zu stellen.

»Darf ich dich etwas fragen?«, sagte Kathy. »Wovor genau hast du Angst?«

Als sie ihre Frage ausgesprochen hatte, bekam ich eine Gänsehaut. Ich hatte Angst vor ihrer Unberechenbarkeit. Angst davor, dass sie mir etwas antun könnten wie Mnumzane, der fast Lawrence getötet hatte. Es war nicht Frankie, die mich aus der Fassung gebracht hatte, es war Mnumzane. Er war zum Berserker geworden und dieses erschreckende Umschalten vom hingebungsvollen Elefanten zu einer Tötungsmaschine hatte meine Angst ausgelöst. Es war eine derart mächtige und unerwartete Erkenntnis, dass es mir den Atem raubte.

»Habt ihr, du und Lawrence, je herausgefunden, warum er so aggressiv geworden ist?«, fragte Kathy.

»Er hatte einen infizierten Stoßzahn, von dem wir nichts wussten und der ihm entsetzliche Schmerzen bereitete. Er wurde schließlich so gefährlich, dass Lawrence ihn töten lassen musste. Es hat ihm das Herz gebrochen.«

»Das ist vielleicht eine dumme Frage, aber wenn Mnumzane nicht mehr hier ist, warum hast du dann immer noch Angst?«

Ich lächelte sie an, weil ich spürte, wie sich eine zentnerschwere Last von meinen Schultern hob.

»Dafür gibt es überhaupt keinen Grund. Die Herde ist glücklich und sie vertraut mir. Vor einer Weile war ich mit Clément auf Wildtier-Beobachtungsfahrt und sie waren so friedlich. Tatsächlich hat mich Frankie nicht einmal angesehen.«

Ich schwieg gedankenverloren und versuchte, Erinnerungen sinnvoll zusammenzufügen, die rascher an die Oberfläche stiegen, als ich Schritt halten konnte. Kathy hatte recht, meine Angst war unbegründet. Lawrence und ich hatten nach dem Vorfall mit Frankie Stunden in seinem klapprigen alten Landrover im Busch verbracht und ich war nicht im Geringsten schreckhaft oder besorgt gewesen. Nicht einmal als wir mitten im Nichts einen Dämmerschoppen hielten. Ich war gern in der Wildnis draußen gewesen, mit nichts weiter als Busch und wilden Tieren rings um uns herum.

Nach Mnumzanes Angriff erteilte Lawrence den Befehl, dass niemand mehr irgendwo ins Reservat gehen durfte, ohne von einem Ranger in einem geeigneten Geländefahrzeug begleitet zu werden, und dass die Ranger die ganze Zeit über wissen mussten, wo Mnumzane war. Das sorgte für viel zusätzliche Spannung in unserem Alltag.

Von da an bin ich nie mehr ohne Lawrence auf Wildtier-Beobachtungsfahrt gegangen, also ist es vermutlich keine Überraschung, dass ich nach seinem Tod fast überhaupt nicht mehr in den Busch gegangen bin.

All das kam im Verlauf dieser einen Fahrt zutage. Ich war erstaunt, dass ich zuvor nie zwei und zwei zusammengezählt hatte, und ich werde Kathy für immer dankbar sein, dass ihre einsichtigen Fragen mir geholfen haben, einer Sache auf den Grund zu gehen, vor der ich seit Jahren weggerannt war.

Ich hielt vor den Toren zur Waisenstation an und wartete, dass der Wächter uns hineinließ, dann fuhr ich hindurch, wobei Gypsy und Gin hinten wahnsinnig vor Aufregung wurden. Ich ließ sie hinaus und sie rannten übermütig im Kreis herum, bevor sie losrasten, um Kayleigh, Yolandie und Bruce, den Boxer, zu begrüßen.

»Testen wir die Waage mit ihnen«, sagte ich zu Kayleigh.

Die Waage war eine vor Kurzem erfolgte Spende – ein extrem wichtiges Utensil, mit dem wir das Gewicht der Neuankömmlinge überprüfen und ihre Entwicklung im Lauf der Zeit überwachen können. Bruce und Gypsy sprangen gleichzeitig darauf, aber keiner von beiden stand lange genug still, um einen Wert zu erhalten. Kayleigh brachte es fertig, Bruce herunterzulocken, dann las sie laut Gypsys Gewicht ab.

»Viereinhalb Kilo.«

»Du bist dran, Gin«, sagte ich.

Er sah mich unsicher an, aber ich schob ihn weiter.

»15 Kilo! Das ist dreimal so schwer wie Gypsy. Gin, du bist ein fettes Dickerchen geworden«, lachte ich.

Er trat von der Waage hinunter, den Schwanz eingekniffen, und schlich in eine Ecke des Raums, wobei er mich ganz traurig ansah. Ich nahm ihn in die Arme und zog ihn zu mir.

»Keine Sorge. Wir machen aus dir wieder den schlanken Jack Russell, der du mal gewesen bist«, versprach ich und tätschelte ihm den dicklichen Rumpf.

15 Kilo ist für einen kleinen Hund wie ihn gar nicht gesund, daher wurde er ab diesem Tag auf Diät gesetzt. Was für eine erbärmliche Zeit! Sein Futter zu reduzieren war sowohl hart für mich als auch für ihn. Ein paar Wochen später musste ich in die Auffangstation und nahm Gin in der Hoffnung mit, dass er ausreichend Gewicht verloren hatte, um ihn nicht mehr mit der Diät zu quälen.

Er weigerte sich, auf die Waage zu gehen.

Nichts, nicht einmal ein Leckerli, brachte ihn dazu. Er wusste, dass beim letzten Mal etwas schiefgelaufen war, und wollte nicht einmal den Raum betreten. Er wusste nicht, dass er zu dick war, aber er wusste, dass die Waage ihn in Schwierigkeiten gebracht hatte. Ich gab nach und wog ihn nicht. Es erschien mir nicht fair, ihn auf die Waage zu zwingen, wo ich es doch auch nicht wollte.

Tiere sind so sensibel. Er wusste, dass wir ihn neckten, und er war verletzt. Menschen sind genauso. Wir alle haben eine verwundbare Seite, die reagiert, wenn sie verletzt oder erschreckt wird, aber wir haben die Möglichkeit, etwas daran zu ändern.

Ich entschloss mich in diesem Augenblick, mich meiner größten Angst zu stellen. Keine Ausreden mehr, keine Hinhaltetaktik. Mein Lebenswerk hatte darin bestanden, die Herde in Sicherheit und beieinanderzuhalten, also war es höchste Zeit für mich, wieder mutig aufs Rad zu springen.

Nervenaufreibend war für mich dabei, dass ich wusste, dass Tiere Angst spüren, und ich hatte mich immer davor gefürchtet, dass dadurch in ihnen eine Art wütende Reaktion ausgelöst würde. Aber was, wenn dem nicht so wäre? Was wäre, wenn sie meine Angst spürten und verstünden? Was wäre, wenn es sie nicht wütend auf mich machte, sondern eher zu sanfterem Verhalten führte?

Ich liebte sie und sie wussten es trotz meiner Anspannung, wenn sie zu nahe kamen. Mein Entschluss stand fest. Ich würde ihnen meine Angst bringen und mein Vertrauen in ihre Liebe setzen.

Mit dem Handy in der Hand ging ich allein auf die Veranda. Es war September und im Busch sprossen überall atemberaubende Frühlingsblumen. Schlanke Grashalme schoben sich durch den Boden und die Bäume waren ein Kaleidoskop aus Knospen in jeder Grünschattierung. Irgendwo da draußen waren meine geliebten Elefanten und kauten die neuen Blätter.

Ich tippte die Nummer eines meiner Ranger ein, dem ich am meisten vertraute.

»Hi, Françoise«, meldete er sich.

»Morgen, Andrew. Könntest du bitte eine Wildtier-Beobachtungsfahrt für mich arrangieren?

27 FRANKIE UND FRANKIE

Elf Uhr, Montagvormittag, 25. September 2017. Die erste Wildtier-Beobachtungsfahrt seit Jahren, auf die ich mich wirklich freute. Aber ich war nach wie vor ein Nervenbündel! Trotz all meiner neu gewonnenen Erkenntnisse schlief ich nicht gut und warf mich die ganze Nacht herum. Nur zu verstehen, was einem Angst einjagt, verscheucht die Ängste nicht. Es gibt keinen Feenstaub, der einem hilft, die Angst zu überwinden. Dazu braucht man den guten, alten Mut.

Der Himmel war von einem milchigen Blau und eine beißende Kühle lag in der Luft. Der Winter wollte Zululand einfach nicht loslassen. Der Plan sah vor, von der Lodge loszufahren, also traf ich früh ein, um ein rasches Treffen mit Mabona dazwischenzuquetschen. Es ging um eine Hochzeit, die an diesem Wochenende stattfinden sollte.

Bevor ich den Wagen auch nur abgestellt hatte, wusste ich, dass die Elefanten hier waren.

»Sie sind kurz nach dem Frühstück eingetroffen und seitdem am Flussufer auf und ab gewandert«, sagte Mabona.

Wir hatten die Lodge am Nseleni errichtet, aber zu dieser Zeit des Jahres ist der Fluss ausgetrocknet und die Herde kommt nicht so oft her wie im Sommer während der Regenzeit. Es war schwer, nichts in den Zufall hineinzuinterpretieren, dass sie hier waren. Warum hatten sie sich ausgerechnet diesen Tag ausgesucht, um zur Lodge zu kommen? Ich ging über den Rasen, um ihnen zusammen mit der Tierfotografin Mireille zuzusehen, die sich sogleich hinkauerte, um den besten Schnappschuss zu machen.

Die ganze Herde war da – Nana und Frankie, die großen Jungs, die Kleinen – und schlenderte auf ihre wunderbare gemächliche Art und Weise umher. Elefanten haben es niemals eilig, egal, ob sie irgendwohin gehen oder etwas fressen. Nie in meinem Leben habe ich einen Elefanten gesehen, der sein Futter rasch hinunterschlang. Die einzige Zeit, die sie kennen, ist die afrikanische Zeit, wo das zählt, was heute ist, und morgen ein anderer Tag ist.

Ich beobachtete Mabula, wie er zu einem Marula-Baum schlenderte, locker seinen Rüssel um einen Zweig schlang und ihn langsam herabzog, bis er brach. Daraufhin ließ er sich Zeit, das Blattwerk zu kauen.

Die Kälber wälzten sich in einer natürlichen Sandgrube herum, warfen Sand in die Höhe und bliesen ihn über sich hinweg. Sogar unser kleiner Themba, das jüngste Kalb, bekam den Dreh heraus.

Frankie stand unter einer hoch aufragenden Kap-Asche und überblickte ruhig ihre Familie. Ich fragte mich, woran sie wohl dachte. Überlegte sie, wie glücklich und sorgenfrei sie waren? Wie wir wissen, haben Elefanten ein überragendes Gedächtnis, also hatte sie die dunklen Tage ihres Lebens nicht vergessen, bevor sie zu uns kam – geboren in Simbabwe, verkauft an ein Tierreservat in Südafrika, fast in einem chinesischen Zoo geendet. Im Herzen wusste ich, dass sie verstand, wie Lawrence und ich sie und die Herde gerettet hatten und dass ich weiterhin dafür kämpfte, sie zu beschützen.

So viel Wasser war den Nseleni hinuntergeflossen seit diesen frühen Tagen. Wir waren beide frühzeitig Oberhäupter geworden und hatten Verantwortung auf uns genommen, von der wir nie geglaubt hätten, dass wir sie übernehmen müssten.

Du hast dich schneller daran gewöhnt als ich, dachte ich wehmütig, *aber ich schaffe es auch noch.*

Zwei Kälber fingen ein chaotisches Spiel an: Sie griffen einander spielerisch an und wirbelten ihre wackeligen Rüssel in der Luft umher, während sie aufeinander einschlugen und sich gegenseitig rammten, ungeachtet der anderen Elefanten, gegen die sie prallten, oder der Nähe zum Flussufer.

Frankie trabte hinüber und stellte sich zwischen sie und den steilen Abhang. Das Flussbett war trocken, aber das machte es nur umso gefährlicher. Sie unterbrach ihre Tollerei nicht, sondern stand einfach beschützend daneben und sorgte dafür, dass ihnen nichts passierte.

So habe ich immer Freude an meinen Elefanten gehabt – auf dem gegenüberliegenden Flussufer, von der anderen Seite eines elektrischen Zauns oder aus der Ferne über ein Tal hinweg. Ich sah auf meine Uhr und spürte mein allzu bekanntes Nervenflattern. Die Wildtier-Beobachtungsfahrt sollte in einer Stunde losgehen.

Wir fuhren pünktlich los, kurz nach elf Uhr vormittags. Ich war aufgeregt und ängstlich, aber auch beruhigt, weil Andrew und Muzi mein Ranger und mein Fährtenleser waren. Wenn sie überrascht waren, dass ich sie um eine Fahrt gebeten hatte, so zeigten sie es nicht.

»Frankie wird genervt sein, weil ich hier bin«, sagte ich halb im Scherz.

Muzi wandte sich um und sah mich mit ernsten Augen an. »Es wird ihr gefallen.«

Ich nickte mit angespanntem Lächeln. Kathy, die Journalistin, saß rechts neben mir, die Tierfotografin links, und Clément saß hinter mir mit zwei Gästen. Wir fuhren in einer Staubwolke zu den Toren der Lodge hinaus. Ich starrte auf meine Hände hinab, während mein Herz heftig pochte. Auf Beobachtungsfahrten fühlte ich mich immer so, aber heute war sie besonders mit Emotion beladen. Ich wollte so sehr, dass sie gut verlief.

»Da sind sie«, murmelte Andrew.

Mein Kopf fuhr hoch. Die Elefanten hatten sich zu beiden Seiten unseres Geländewagens verteilt, auch vor uns, und versperrten uns den Weg. Ich suchte nach Frankie. Da war sie. Rechts von mir, gut zehn Meter entfernt. Sie nahm uns scheinbar nicht zur Kenntnis, aber das Flattern ihrer Ohren verriet sie. Sie wusste, dass wir da waren. Ich holte tief Luft, lehnte mich zurück und entspannte mich.

Sie schlenderten umher, taten, was sie jeden Tag tun: fressen, umhergehen, einander berühren, miteinander kommunizieren, einfach ihr Leben leben, Zufriedenheit ausstrahlen.

Gobisa überquerte die Straße und hielt inne, blickte uns mit seinen seelenvollen Augen an.

»Pass auf. Er sucht dich, Clément«, scherzte Muzi.

»Schon in Ordnung. Er weiß, wo er mich finden kann.« Clément zuckte grinsend mit den Achseln.

Gobisa trottete weiter, kaute an ein paar Akazienzweigen, dann schlenderte er dorthin, wo Mabula und Ilanga fraßen.

»Passt auf«, sagte Andrew ruhig. »Das sind Frankies Jungs und sie sind nicht sonderlich scharf auf ihren Freund.«

Beide jungen Bullen trompeteten Gobisa laut zu und schwangen verärgert die Köpfe. Er hielt inne, ein würdiger alter Mann, den die Grobheit der jüngeren Generation verdutzte. Es war sieben Jahre her, seit Lawrence ihn als Vaterfigur in die Herde integriert hatte, um die heranwachsenden Bullen zu lenken und zu kontrollieren, aber in der Zwischenzeit war Mabula größer und stärker als er geworden und hatte ihn schließlich als dominanten Bullen abgelöst, zweifelsohne genährt von einer reichlichen Portion Feindseligkeit aufgrund der Beziehung zu seiner Mutter. Ilanga schaute es sich von seinem großen Bruder ab und war ebenso unwirsch.

Keiner wollte Gobisa irgendwo in seiner Nähe haben. Er wich zur Seite aus und näherte sich dem Baum aus einer anderen Richtung, aber Mabula lief hin und stieß ihn mit dem Kopf weg. Ilanga stolperte ihnen nach, aufgeblasen und feindselig.

Nicht in der Stimmung für ein Duell verließ Gobisa seine unduldsamen Stiefsöhne und schlenderte über die Straße zurück zu Frankie. Er wirkte nicht sonderlich beunruhigt, aber er tat mir leid. Gemischte Patchworkfamilien bereiten offenbar selbst bei anderen Arten Probleme. Frankie streichelte Gobisas Hals mit ihrem Rüssel, dann gingen sie gemütlich Seite an Seite im Gleichschritt weiter, wobei ihre Körper sich berührten.

Ich spürte Cléments Hand auf meiner Schulter und wandte mich um.

»*Ça va?*«, lächelte er.

Ich nickte, dass alles mit mir in Ordnung war, und es entsprach der Wahrheit. Ich war so glücklich, bei der Herde zu sein, und es fühlte sich an, als würde ich alte Freunde wiederentdecken – Freunde, die ich seit sehr langer Zeit nicht mehr gesehen hatte, bei denen jedoch das Vertrauen und die Liebe und die Freude übers Beisammensein nie geschwunden waren. Ich bat Kathy sogar, den Platz mit mir zu tauschen, sodass ich an der äußeren Seite des Geländewagens sitzen konnte.

Elefanten verfügen über einen außergewöhnlichen Geruchssinn und beim ersten Anzeichen von Gefahr heben sie ihren Rüssel, um jegliche Bedrohung zu orten. In Kenia sind sie dafür bekannt, dass sie den Unterschied zwischen Stämmen erfassen können – den Massai, die sie jagen, und den Kamba, die es nicht tun.

Frankie wusste, dass ich im Geländewagen war, und wenn sie mich nicht dort hätte haben wollen, dann hätte sie das deutlich gezeigt, aber ihr Rüssel war nicht steil in die Höhe gegangen, um zu schnüffeln, und sie hatte nicht einmal in meine Richtung geschaut, als würde sie mich absichtlich ignorieren.

Verblüfft starrte ich sie an. Genau das tat sie! Mir schwoll das Herz vor Dankbarkeit. Sie war nicht wütend auf mich. Meine Anwesenheit war ihr nicht zuwider. Sie würde meine Angst nicht ausnutzen. Sie ließ mich wissen, dass meine Anwesenheit dort für sie in keiner Hinsicht einen Unterschied ausmachte.

Ich kann die Energie, die mich umgab, nur als rein, fast göttlich, beschreiben. Einen Augenblick lang schien alles stillzustehen. Es fühlte sich an, als würde mich jede Wolke, jedes Blatt, jeder Vogel und jedes Insekt in Frieden baden. Mein Herz war so offen und heiter und ich verspürte tiefe Demut, weil die Herde mich so freundlich willkommen hieß.

Wenn man so lange wie ich mit einer Angst lebt, ist es unglaublich, davon befreit zu werden. Meine Angst hatte ihre Wurzeln in realen Ereignissen, war jedoch zu einem Ungeheuer mit einem Eigenleben mutiert. Natürlich sind unsere Elefanten nach wie vor zu unberechenbarem Verhalten fähig, aber der Unterschied zwischen heute und der Zeit vor fast 20 Jahren ist der, dass sie damals wild und gefährlich waren, wohingegen sie jetzt wild sind und in Harmonie leben.

»Françoise«, sagte Mireille drängend und holte mich dadurch aus meiner Träumerei. »Etwas stimmt nicht mit Susanna. Ihr Rüssel ist zu kurz.«

Susanna, eines der jungen Kälber, stand links vom Geländewagen. Je nachdem, wie ein Elefant seinen Kopf hält, baumelt die Rüsselspitze für gewöhnlich nahe am Boden. Ihr Rüssel hing aber gut 40 Zentimeter darüber.

»Haibo!«, rief Muzi aus.

»Andrew? Muzi? Was meint ihr?«, fragte ich.

»Verletzung durch eine Schlinge. Sie muss sich mit dem Rüssel in einer Schlinge verfangen, aber irgendwie wieder losgerissen haben.« Andrew verzog das Gesicht. »Und dabei muss der Draht den unteren Teil abgeschnitten haben.«

Mir wurde flau im Magen. Niemand sagte ein Wort. Der Rüssel ist einer der empfindlichsten und sensibelsten Teile eines

Elefanten, und der Schmerz musste sie fast wahnsinnig machen. Sie stand benommen und starr neben ihrer Mutter. Ich fühlte mich so hilflos und war so wütend auf die Männer, die die Fallen aufgestellt hatten.

Rasch durchblätterte Mireille ihre Fotos und schüttelte entsetzt den Kopf.

»Sieh mal. Heute Morgen, bevor wir die Lodge verlassen haben, war ihr Rüssel noch intakt«, sagte sie.

Das ist das Entsetzen, das Wilderei mit Schlingen in einem auslöst. Um zehn Uhr morgens war Susanna ein glückliches junges, sorgloses Kalb, und am Mittag hatte sie eine lebensbedrohliche Verletzung. Es war sogar noch herzzerreißender, weil sie bereits ein Trauma durch eine Schlinge erlitten hatte, als sie winzig klein gewesen war. Jene Schlinge hatte ihr einen Teil des Ohrs abgerissen.

In der einen Minuten hatten wir die Nähe zu diesen hoch entwickelten, anmutigen Wesen genossen, und in der nächsten hatten wir auf Alarmstufe Rot geschaltet, um einem Kalb mit einer schrecklichen Wunde zu helfen.

Es ist eine so wichtige Ermahnung: Niemand weiß, was als Nächstes kommt, und das macht es umso dringender, die kostbaren Augenblicke des Friedens zu genießen, wenn sie uns begegnen.

Wir jagten zur Lodge zurück, schickten Mireilles Fotos zum Tierarzt und baten um Rat. Mike war besorgt, aber die Tatsache, dass die Verletzung anscheinend ein sauberer Schnitt ohne schlimm aufgerissenes Fleisch und Muskeln war, sprach sehr zu ihren Gunsten.

»Es bedeutet, dass eine bessere Chance auf Heilung besteht, ohne dass Narbengewebe ihre Nasengänge blockiert«, erklärte er. »Und sie hat immer noch ausreichend Rüssel übrig, um Zweige zu packen und Wasser aufzusaugen. Ich habe von schlimmeren Rüsselverletzungen gehört und ich bin mir sicher, sie wird lernen, sich an ihre Behinderung zu gewöhnen. Im Augenblick müsst ihr nur aufpassen, dass keine Sepsis entsteht. Ruft mich an, wenn die Ranger das leiseste Anzeichen für eine Entzündung oder einen Infekt erkennen.«

Wir debattierten, ob sie präventiv Antibiotika bekommen sollte, um möglichen Komplikationen vorzubeugen, entschieden uns jedoch zugunsten einer engen Überwachung dagegen. Oberste Priorität hatte, sich zu vergewissern, dass sie fressen und saufen konnte.

Doch am Ende dieses Tages hatte sich die Herde zerstreut und war verschwunden, daher konnten wir nicht in Erfahrung bringen, wie es Susanna ging. Am folgenden Tag war jedes verfügbare Geländefahrzeug und jeder Ranger draußen und suchte nach Susanna. Es erstaunt mich immer wieder, dass wir die Herde manchmal einfach nicht finden können. 29 verschwundene Elefanten sind eine Menge, aber ich habe mittlerweile gelernt: Wenn sie nicht gefunden werden wollen, werden sie auch nicht gefunden.

Ich war außer mir vor Sorge. Was, wenn sich Susannas Wunde infiziert hatte? Woher wüssten wir das? Wie konnten wir sichergehen, dass sie fraß? Zum Glück wurde sie immer noch von ihrer Mutter gesäugt und zum Saugen brauchte sie ihren Rüssel nicht. Die Milch würde ihr die notwendigen Nährstoffe zur Verfügung stellen, damit sie kräftig blieb, während ihre Wunde heilte.

Aber ich wollte kein Risiko eingehen – bis wir sie nicht saugen gesehen hatten, konnte ich mich nicht entspannen. Doch die Herde blieb die ganze Zeit über in ihrem Versteck. 24 Stunden vergingen und die Uhr tickte.

In der Morgendämmerung des folgenden Tages kehrten Siya und Muzi wieder in den Busch zurück, um nach ihnen Ausschau zu halten. Ich stand kurz davor, einen Suchtrupp aus der Luft herbeizurufen, als über Funk die fantastische Nachricht kam, dass die Herde sich wiedervereinigt hatte und sich im Tal unten aufhielt, wo das Gras weicher und für Susanna leichter mit ihrem geschädigten Rüssel zu fressen war.

»Der Herde hat sich um sie gestellt und bildet einen Schutzwall«, berichtete Siya.

»Soll das heißen, ihr habt sie nicht wirklich fressen gesehen?«, fragte ich besorgt.

»Schicke jetzt Fotos.«

Mein Handy piepte und ich öffnete die Fotos, die er schickte – Susanna saugend, die Stirn gegen die Seite ihrer Mutter gedrückt, den verletzten Rüssel hoch in die Luft gehoben, damit ihm nichts zustoßen konnte. Ich schluckte heftig. 48 Stunden, seitdem wir sie zuletzt gesehen hatten, und sie fraß. Ich umklammerte mein Handy, kämpfte gegen die Tränen an.

»Danke, Siya.«

Susanna war noch nicht über den Berg, aber dass sie saugte, war eine riesige Erleichterung. Nicht nur wegen der Nährstoffe, sondern auch wegen des Trostes, den das Saugen ihr spenden würde.

Erst da traf es mich mit voller Wucht, wie bedeutsam die Anwesenheit der Herde während meiner Wildtier-Beobachtungsfahrt gewesen war. Susanna war gerade verletzt worden und dennoch hatte Frankie die Herde erst nach unserer Begegnung in das Versteck geführt.

Elefanten verfügen über eine außergewöhnliche Fähigkeit, Dinge zu erspüren. Oftmals, wenn Lawrence vom Reservat weg gewesen war und zurückkehrte, kamen sie zur Begrüßung, trafen fast zur gleichen Zeit ein wie er, und einmal kehrten sie sogar um, als er seinen Flug verpasst hatte.

Hatte Frankie die Bedeutung dieser Beobachtungsfahrt für mich gespürt? Ich glaube ja. Deswegen war sie auf Distanz geblieben und hatte mich während unseres gesamten Aufenthalts dort ignoriert. Und warum brachte sie ein paar Wochen später die Herde und Susanna zu meinem Haus und ging erst am folgenden Tag – eine noch nie da gewesene Zeitspanne, die sie am selben Ort geblieben waren? Erst als ich am folgenden Morgen sah, dass sie immer noch da waren, dämmerte mir, dass sie das Gegenteil davon tat, mich zu ignorieren. Sie blickte zum Haus hinauf, sah mich direkt mit ihren weisen, sanften Augen an, trat auf ihre elefantenhafte Art mit mir in Verbindung. Leises Kollern erfüllte die Luft und hallte in meinem Herzen wider. Ich ging über den Rasen auf sie zu und sah, wie sie ihren Rüssel zwischen die Drähte schob, um die Frühlingsblumen auf meiner Seite zu sammeln, als wollte sie eine Mahlzeit mit mir teilen.

Immer wieder zeigt sie mir, was für eine erstaunliche Anführerin und Lehrerin sie ist und dass sie jeden Tag mit Mitgefühl, Einsicht und Freundlichkeit lebt, ob sie nun ein Auge auf die Kleinen in der Nähe eines Flusses hält, Susanna zu Gras führt, das leichter zu fressen ist, oder ruhig an den Blumen in meinem Garten knabbert, um mich daran zu erinnern, dass ich vor nichts Angst haben muss.

NACHWORT

2. März 2018

Sechs Jahre ist es her, seit Lawrence gestorben ist. So viel ist geschehen, so viele Lektionen wurden gelernt und Hindernisse überwunden.

Wir haben allen Widrigkeiten zum Trotz überlebt, aber ich hätte es nicht geschafft ohne die gegenseitige Loyalität und Hingabe aller auf Thula Thula. Gemeinsam mit Freiwilligen, Gästen, die zu Freunden wurden, Spendern und Beiträgern halten wir diese Leidenschaft lebendig und tun alles, was in unserer Macht steht, um unsere zerbrechliche Umwelt nachhaltig zu sichern.

Unsere Herde ist auf 29 Elefanten angewachsen und es werden mehr. Susannas Rüssel ist wunderbar abgeheilt und sie hat sich gut an ein Leben mit dem fehlenden Rüsselteil gewöhnt. Thabo und Ntombi sind neun Jahre alt und ein glückliches, unzertrennliches Paar – und ich warte ungeduldig darauf, dass sie mich endlich zur »Nashorn-Oma« machen! Unser Pflegezentrum hat jetzt drei Tierwaisen: ein Baby-Kudu und ein Baby-Gnu leisten seit Anfang Januar der kleinen Lucy Gesellschaft.

Wir verwandeln Lawrences Vision von der Erschaffung eines riesigen Schutzgebiets in ein wachsendes, nachhaltiges Erbe für zukünftige Generationen, und am Horizont zeichnen sich bereits zwei Erweiterungsprojekte an.

Das Erste mit privaten Nachbarn: weitere 1500 Hektar, was für die Wildtierbehörden hinsichtlich des Verhältnisses von Land zu Elefanten bedeutet: Sie können wieder etwas abhaken. Zudem haben wir dann genug Platz, um Löwen anzusiedeln, und können somit endlich ein Reservat für die Big Five werden.

Die zweite, sehr aufregende Entwicklung ist, dass die fünf *Amakhosi* im Prinzip damit einverstanden sind, dass wir das Schutzgebiet auf zusätzliche 3500 Hektar Stammesland erweitern – prächtiges Buschland, das für die Viehhaltung ungeeignet ist, jedoch perfekt für den Naturschutz. Eine Machbarkeitsstudie ist noch im Gang, aber in der Zwischenzeit haben wir bereits die Hälfte der Summe in Form von Spenden erhalten, die nötig ist, um dieses Gebiet einzuzäunen, und der Tag, an dem wir den alten Zaun niederreißen können, rückt immer näher.

Wir stecken mitten in einem Forschungsprojekt, um den sozialen und emotionalen Einfluss unserer Verhütungsmethode auf die Herde zu untersuchen. Elefanten gedeihen in einer vertrauten Umgebung und es bereitet mir Sorge, dass wir diesen ursprünglichen Teil dessen unterbinden, was sie sind.

Ich habe meine eigenen Träume für Thula Thula. Wir haben in der Nähe des Pflegezentrums ein Zeltlager für Freiwillige eröffnet, wo Menschen aus der ganzen Welt zusammen mit jungen Leuten aus örtlichen Gemeinden in einfachen Zelten leben, sodass sie der Natur und dem Tierleben näher sind. Wir bringen ihnen alles über das Leben im Busch bei, damit sie den Wert des Naturschutzes für ihr eigenes Wohlergehen und das des Planeten erkennen können.

Und ich werde Lawrences alten Landrover abstauben und reparieren lassen. Er wird mein Geländefahrzeug sein, das mich wieder mit dem Busch verbindet, den ich so liebe.

Ich feiere nun schon meinen 30-jährigen Aufenthalt in Südafrika. In dieser Zeit habe ich gelernt, niemals aufzugeben, an meinen Träumen festzuhalten, immer nach dem Silberstreif am Horizont Ausschau zu halten, und ich weiß, dass die Schwierigkeiten der Vergangenheit schließlich verblassen, wenn ich nach vorne blicke.

Thula Thula ist meine Heimat – und wird es für immer bleiben.

Françoise Malby-Anthony
Thula Thula, Südafrika